U0313726

工程力学简明教程

主　编　冯晓九

副主编　南景富　黄跃光

参　编　高　艳　胡林岚

主　审　邹广平

哈尔滨工业大学出版社

内 容 简 介

本书是根据教育部高等工业学校工程力学基本要求编写而成的。书中知识体系构建以必须、够用、实用为原则，以服务于长三角地区经济以及全国其他地区经济为目的，充分体现高等职业教育理论与实践并重特色，着重培养学生的职业技术技能。

全书包括刚体的静力学平衡、变形体的承载能力两部分，共13章。

内容包括静力学基本概念与物体受力分析、平面汇交力系与平面力偶系、平面任意力系、空间力系、静力学在工程中的应用、轴向拉伸与压缩、扭转、弯曲内力、弯曲应力、弯曲变形、应力状态与强度理论、组合变形、压杆稳定。

本书可作为高等职业学校工科类本专科生各专业工程力学课程的教材，也可供电大、函授、业余大学的学生及其他工程技术人员、自学考试者参考。

图书在版编目（CIP）数据

工程力学简明教程/冯晓九主编. — 哈尔滨：哈尔滨工业大学出版社，2010.3（2015.2 重）

ISBN 978-7-5603-2993-2

Ⅰ.①工… Ⅱ.①冯… Ⅲ.①工程力学—高等学校：技术学校—教材 Ⅳ.①TB12

中国版本图书馆 CIP 数据核字（2010）第 019640 号

策划编辑 孙连嵩 刘 威
责任编辑 孙连嵩 宋福君
出版发行 哈尔滨工业大学出版社
社 址 哈尔滨市南岗区复华四道街 10 号 邮编 150006
传 真 0451-86414749
网 址 http://hitpress.hit.edu.cn
印 刷 哈尔滨石桥印务有限公司
开 本 787mm×1 092mm 1/16 开 印张 18.625 字数 433 千字
版 次 2010 年 3 月第 1 版 2015 年 2 月第 3 次印刷
书 号 ISBN 978-7-5603-2993-2
定 价 32.00 元

前　言

　　为了更好地适应新一轮高等教育改革，按照教育部以社会需求为导向，积极调整人才培养类型结构和专业结构的精神，满足社会应用型人才培养的要求，培养出高职高专院校的技术技能型人才，我们组织多位具有多年教学经验、科研实践经验、企业经历的老教师编写了本书。本书注重工程实际中的力学原理和工程计算方法的应用，力求深入浅出，理论联系实际，满足对专科层次学员的教学要求。

　　本书可作为高等职业学校理工科类本专科生工程力学课程的教材，也可供电大、函授、业余大学的学生及其他工程技术人员、自学考试者参考。

　　全书包括刚体静力学平衡、变形体的承载能力两部分，共 13 章。在内容的安排上，先讲授刚体静力学平衡部分，然后讲授变形体的承载能力部分。

　　本书由扬州职业大学冯晓九教授担任主编，南景富、黄跃光担任副主编。冯晓九教授编写第 1、2、3 章，南景富编写第 8、9、10、11 章，黄跃光编写第 12、13 章，高艳编写第 4、5 章，胡林岚编写第 6、7 章。全书由冯晓九统稿，由哈尔滨工程大学邹广平教授审阅。

　　由于编者水平有限，书中难免存在一些不足之处，望读者批评指正。

编　者

2009 年 12 月

目　录

第一篇　刚体的静力学平衡

第二篇　变形体的承载能力

第一篇

刚体的静力学平衡

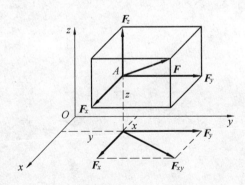

第 1 章　静力学基本概念与物体受力分析

1.1　静力学概述

静力学是研究物体在力系作用下平衡规律的科学。

在静力学中研究的物体主要是刚体。刚体是指物体在力的作用下，其内部任意两点之间的距离始终保持不变，即在力的作用下大小和形状保持不变的物体。它是在研究力对物体作用的外效应时，由实际的物体抽象而来的理想化的力学模型。

物体的平衡是指物体相对于惯性参考系处于静止或做匀速直线运动的一种状态，它是物体运动状态的一种特殊形式。

物体能否处于平衡状态，取决于它所受到的一群力，即力系。能使物体保持其平衡状态的力系称为平衡力系。要判断一个力系是否为平衡力系必须先研究力系对物体作用的总效应。对于一个复杂的力系对物体作用的总效应，往往可以用一个简单力系对物体作用的总效应来代替。寻找一个简单力系来等效替代一个复杂力系的过程，称为力系的简化。这样，判断任何一个复杂力系是否为平衡力系，就可根据其简单的等效力系是否为平衡力系来确定。

当然，在分析具体的物体的平衡时，还应对每个物体进行受力分析，正确地判断它所受的力系是由哪些力所组成的。

由上所述，静力学主要研究以下 3 个问题：

（1）物体的受力分析；

（2）力系的等效简化；

（3）力系的平衡条件及其应用。

其中物体的受力分析及力系的等效简化还是研究动力学的基础，而整个静力学内容则是学习材料力学、机械原理、机器零件等后续课程的必备知识。静力学的理论和方法在解决许多实际工程技术问题的过程中有着广泛的应用。

本章首先对静力学进行概述，其次介绍了力与力系的基本概念，它们是静力学的基础，最后介绍了工程中的约束与约束反力及物体受力分析。

1.2　力与静力学公理

1.2.1　力

人们经过长期的生产实践和理论概括，逐步建立起力的概念。力是物体与物体间相互的机械作用，这种作用可以使物体的机械运动状态发生改变，也可以使物体的形状发生变化。力使物体运动状态发生改变的效应称为力的外效应或运动效应；力使物体形状发生变化的效应称为力的内效应或变形效应。在静力学中，把物体抽象为刚体，因此只研究力的外效应。

力对物体作用的效应取决于力的大小、力的方向、力的作用点，它们称为力的三要素。当这三个要素中任何一个改变时，力的作用效应也随之改变。

力是一个既有大小又有方向的量，因此，力是矢量。它常用带箭头的直线线段来表示，如图 1.1 所示。其中线段的长度 AB 按一定比例表示力的大小，线段的方位（与水平方向的夹角 θ）和箭头的指向表示力的方向，线段的起点表示力的作用点。通过力的作用点沿力的方位的直线，称为力的作用线。在本书中，凡是矢量都用粗斜体字母表示，如力 F；而这个矢量的大小(标量)则用细斜体的同一字母表示，如 F。

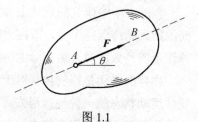

图 1.1

在国际单位制中，力的单位是牛顿（N）或千牛顿（kN）。

1.2.2　静力学公理

静力学公理是人们在长期的生活和生产实践中，经过反复的观察和实践总结出来的客观规律，它正确地反映了作用于物体上力的基本性质，是进一步研究复杂力系平衡性质的理论基础。

公理 1　二力平衡公理

作用于刚体上的二力使刚体保持平衡的充分必要条件是：该二力的大小相等、方向相反，并作用在同一直线上。

这个公理说明，一个刚体只受两个力作用而处于平衡时，它们的作用线必与它们的作用点之连线相重合。这种受二力作用而平衡的刚体常称为二力杆或二力构件，如图 1.2（a）所示。一物体在 A、B 两点受力而平衡，根据二力平衡条件，作用于二力构件上的两力必沿两力作用点的连线，或为拉力，或为压力，且大小相等、方向相反，如图 1.2（b）所示。

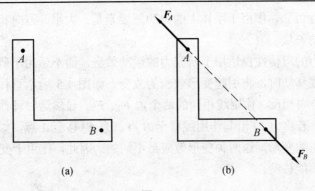

图 1.2

应该指出，该公理揭示的是作用于刚体上的最简单力系的平衡的充要条件。对于非刚体来说，只是必要条件，而非充分条件。如图 1.3 所示，软绳受两个等值反向的拉力作用可以平衡，当受两个等值反向的压力时，就不能平衡了。

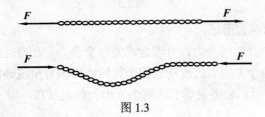

图 1.3

公理 2　加减平衡力系公理

在已知力系作用的刚体上，加上或减去一个平衡力系，不会改变原力系对刚体的作用效果。

这个公理是力系等效替换的理论依据，而且只适用于刚体。

推论 1　力的可传性

作用于刚体的力可以沿其作用线移至同一刚体内任意一点，并不改变其对于刚体的作用效应。

证明：设有力 F 作用于刚体上的 A 点，如图 1.4 (a) 所示。在其作用线上任取一点 B，在 B 点加上两个相互平衡的力 F_1 和 F_2，使得 $F_2 = -F_1 = F$，如图 1.4 (b) 所示。根据公理 1，F 和 F_1 也是一个平衡力系。所以，由公理 2 可以去掉这两个力，这样由作用于刚体 B 点的力 F_2 等效地替换了作用于 A 点的力 F。即力 F 相当于从作用点 A 沿其作用线移到了任意点 B，如图 1.4 (c) 所示。

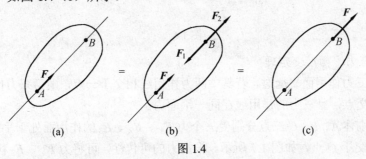

图 1.4

由力的可传性可知,作用于刚体上的力的三要素是:大小、方向和作用线,即对于刚体来说,力是滑动矢量。

应该指出,力的可传性仅适用于研究力的运动效应,而不适用于研究力的变形效应。因为力沿其作用线移动时,将引起变形效应的改变。如图 1.5 所示直杆,在两端 A、B 处施加大小相等、方向相反、作用线相同的两个力 F_1、F_2,显然这时杆件产生拉伸变形,如图 1.5(a)所示。若将力 F_1 沿其作用线移至 B 点,力 F_2 移至 A 点,如图 1.5(b)所示,这时杆件则产生压缩变形,这两种变形效应是不同的。因此,作用于变形体上的力是定位矢量,其作用点不能移动。

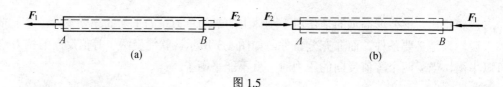

图 1.5

公理 3　力的平行四边形法则

作用于物体上某一点的两个力,可以合成为一个合力。合力也作用于该点上,合力的大小和方向可由以这两个力为邻边所构成的平行四边形的对角线确定,这称为力的平行四边形法则。如图 1.6 所示,合力矢等于这两个分力矢的矢量和,即

$$F = F_1 + F_2$$

为了简化计算,通常只需画出半个平行四边形,即三角形就可以了,如图 1.6(b)所示。由只表示力的大小和方向的分力矢和合力矢所构成的三角形称为力三角形,这种求合力矢的方法称为力的三角形法则。

这个公理是复杂力系简化的理论基础。

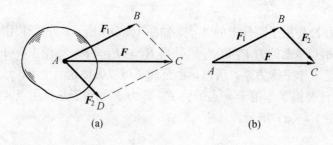

图 1.6

推论 2　三力平衡汇交定理

当刚体受三力作用而平衡时,若其中两力作用线相交于一点,则第三力作用线必通过两力作用线的交点,且三力的作用线在同一平面内。

证明：设刚体 A、B、C 三点分别受三个力 F_1、F_2、F_3 的作用而处于平衡,其中 F_1、F_2 的作用线相交于 O 点,如图 1.7 所示。根据力的可传性,可将力 F_1、F_2 移至 O 点,利

用公理 3，力 F_1、F_2 可用其合力 F_{12} 来替换，此时刚体受二力 F_{12} 和 F_3 作用而平衡。由公理 1，F_3 与 F_{12} 必共线，所以力 F_3 的作用线亦在力 F_1 和 F_2 所构成的平行四边形的平面上，且通过 F_1、F_2 作用线的交点 O。

公理 4　作用与反作用定律

两物体间的相互作用力总是大小相等，方向相反，沿同一直线，分别作用在这两个物体上。

这个公理概括了自然界中物体间相互作用力的关系，表明一切力总是成对出现的。有作用力必有其反作用力，这是分析物体间相互作用力的一条重要规律，为研究由多个物体组成的物系问题提供了理论基础。

公理 5　刚化原理

如果变形体在某一力系作用下处于平衡，则此变形体可刚化为刚体，其力系必满足其平衡条件，这就是变形体的可刚化原理。

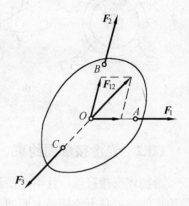

图 1.7

这一原理为把刚体平衡条件的理论应用于变形体的平衡问题提供了理论依据。

1.3　约束和约束力

在力学中通常把物体分为两类：一类称为自由体，另一类称为非自由体。在空间的位移不受任何限制，即可以自由运动的物体称为自由体，如空中飞行的飞机、人造卫星等。而工程中大多数物体的运动都要受到一定的限制，使某些方向的运动不能发生，这样的物体称为非自由体，也称为被约束物体，如行驶的火车、厂房、桥梁等。对非自由体某些位移起限制作用的周围物体，称为约束。换句话说，约束是指加于物体上的限制条件，如钢轨对于火车是约束，地面对于厂房是约束，吊灯的灯绳对于灯是约束等。

物体受到约束时，物体与约束之间必然有相互作用力，约束对物体的作用力称为约束反作用力，简称约束反力或反力，它是一种被动力。物体除受约束力外，还受到各种荷载如重力、风力、水压力、切削力等已知力作用，它们是促使物体运动或有运动趋势的力，称为主动力。显然约束反力作用点应在两物体的接触处，其方向总是与物体可能运动的方向相反。一般情况下，约束反力是未知的，它与约束的性质、物体的运动状态以及所受其他力等因素有关，必须由力学规律求出。

下面介绍几种在工程实际中常见的约束类型和确定约束力的方法。

1.3.1　柔性体约束

用柔软的、不可伸长、也不计重量的绳索、胶带、链条等柔性体连接物体而构成的约束，统称为柔性体约束。这类约束的特点是只能限制物体沿着柔性体伸长的方向运动。因此，柔性体的约束力只能是拉力，作用在连接点或假想截割处，方向沿着柔性体的轴线而背离被约束物体，如图 1.8 和图 1.9 所示。

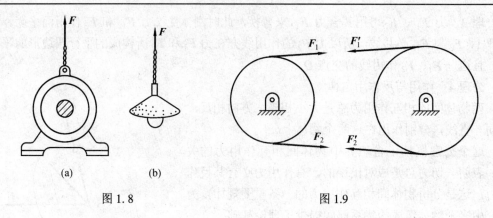

图 1.8　　　　　　　　　　　　　图 1.9

1.3.2　光滑接触面约束

两物体直接接触，且不计接触处摩擦面而构成的约束，称为光滑（接触）面约束。这类约束的特点是不论接触表面的形状如何，只能限制物体沿过接触点的公法线而趋向接触面方向的运动。所以，光滑接触面的约束力只能是压力，作用在接触点，方向沿着接触表面在接触点的公法线而指向被约束物体，如图 1.10 所示。

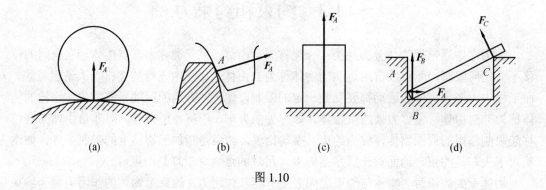

(a)　　　　　　　(b)　　　　　　　(c)　　　　　　　(d)

图 1.10

1.3.3　光滑铰链约束

1. 光滑圆柱形铰链

工程实际中，常用圆柱形销钉将两个构件连接起来，如图 1.11（a）所示。这种约束称为圆柱形铰链，简称铰链约束。其计算简图如图 1.11（b）所示。铰链约束中的圆柱形销钉与物体上的圆孔如果不计摩擦，可视为两个光滑圆柱面接触。所以约束力沿接触面的公法线方向，并且通过圆孔和铰链中心，如图 1.12（a）所示。一般情况下，当主动力尚未确定时，接触点的位置也不能预先确定，即约束反力的方向不能预先确定。故在受力分析时，常把铰链约束反力表示为作用在铰链中心的两个大小未知的正交分力，如图 1.12（b）所示。

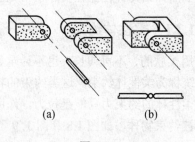

(a)　　　　　　　(b)

图 1.11

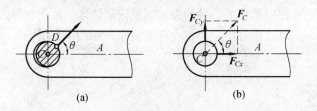

图 1.12

在圆柱形铰链连接的两构件中，若其中一个构件被固定在地面上或机架上，则称这种铰链约束为固定铰链支座，简称铰支座。铰支座的计算简图和约束反力如图 1.13 所示。

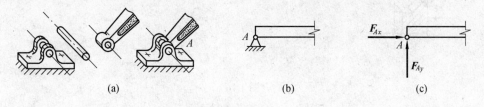

图 1.13

径向轴承如图 1.14（a）所示，是工程中常见的一种约束，简化模型如图 1.14（b）所示。其约束反力与光滑圆柱铰链相似，也可用正交分力表示，如图 1.14（c）所示。

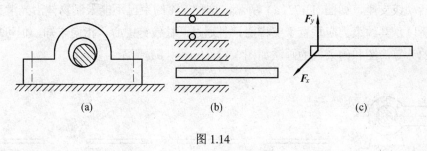

图 1.14

2. 光滑球铰链

球铰链是指通过圆球和球壳将两个构件连接在一起的约束，如图 1.15（a）所示。这类约束的特点是能限制构件球心的任何移动，而不能限制构件绕球心的任意转动。若忽略摩擦，与圆柱铰分析类似，其约束力应是通过球心但方向不能预先确定的一个空间力，可用三个正交分力表示，如图 1.15（b）所示。

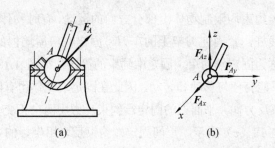

图 1.15

止推轴承也是工程中常见的一种约束，用来限制转轴的轴向位移，其约束力的性质与球铰链大体相同，所以，也可用三个正交分力表示，如图 1.16 所示。

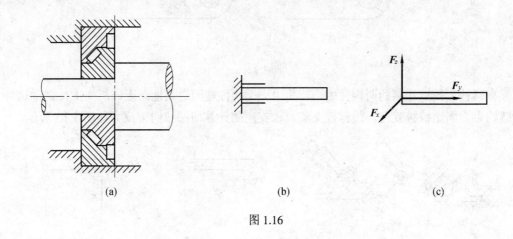

图 1.16

3. 活动铰支座

在铰支座和支撑面之间装上一排滚轮，这种复合约束称为滚动铰支座或辊轴铰支座，简称为活动铰支座，如图 1.17（a）所示。这种支座约束已不能限制物体沿光滑支撑面的运动，所以，其约束力应垂直于支撑面，且通过圆柱铰链中心，指向未知，但可以假设。其常见的计算简图和约束力的画法如图 1.17（b）~（e）所示。

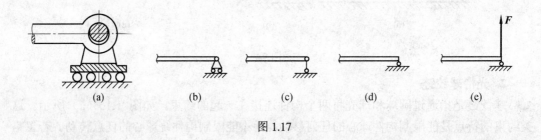

图 1.17

1.3.4 固定端约束

上面介绍的三类约束均限制物体沿部分方向的运动，有时物体会受到完全固结作用，如深埋在地里的电线杆，紧固在刀架上的车刀，固定在房屋墙内的雨篷、阳台等，如图 1.18（a）这类约束称为固定端约束。固定端约束的简图，如图 1.18（b）所示。它的特点是物体在固定端处不能有任何移动和转动，因此在固定端处作用有限制物体移动的约束反力和限制转动的约束反力偶。平面上的固定端约束反力用两个正交分力表示，反力偶用平面力偶表示，如图 1.18（c）所示。空间固定端约束反力用坐标的三个正交分力表示，反力偶也用沿坐标轴的三个分量表示，如图 1.18（d）所示。

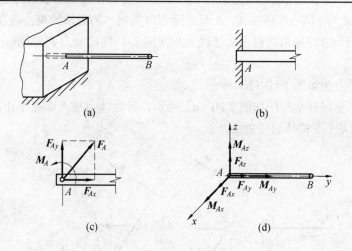

图 1.18

1.4　物体的受力分析和受力图

静力学研究自由刚体的平衡条件，对于非自由体，可以利用解除约束原理，将全部约束假想地解除，而用约束力代替约束的作用，这样非自由体就被抽象成为一个不受任何约束的自由体了。解除约束原理：当受约束的物体在某些主动力的作用下处于平衡，若将其部分或全部约束除去，代之以相应的约束力，则物体的平衡不受影响。

在解决力学问题时，首先要选定需要研究的物体，即确定研究对象。将研究对象假想地从周围的物体(称为施力体)中分离出来，单独画出其简图，这种图又称为分离体图。在分离体图上画出其所受到的全部外力，即包括所有主动力和约束反力，这样的图称为研究对象的受力图。

取研究对象，画受力图，是研究力学问题的基础，也是解决力学问题的关键步骤。

下面举例说明画受力图的方法及步骤。

例 1.1　均质杆 AB 在图 1.19（a）所示平面内平衡，不考虑摩擦，试画出 AB 杆的受力图。

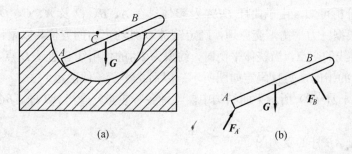

图 1.19

解：（1）取 AB 杆为研究对象（即取分离体），并单独画出其简图。

（2）画主动力。有作用于 AB 杆质心处的重力 G。

（3）画约束力。因 AB 杆在 A、B 两处受到周围物体的光滑约束，故在 A 处及 B 处受周围物体施加于 AB 杆的沿接触面公法线而指向圆心 O 的约束力 F_A 和垂直于 AB 杆的约束力 F_B。

AB 杆的受力图如图 1.19（b）所示。

例 1.2 汽车闸杆示意图如图 1.20（a）所示，各物体自重及摩擦不计，试分别画出直杆 BC 和曲杆 OBA 及整体的受力图。

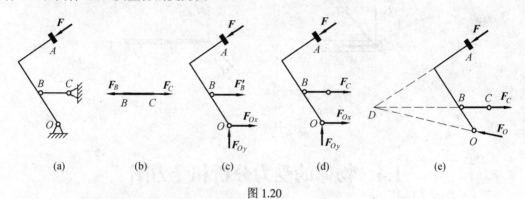

图 1.20

解：（1）画直杆 BC 的受力图。

取 BC 杆为研究对象，因此杆为二力杆，故 B、C 两点约束反力沿杆轴线方向，设为拉力，如图 1.20（b）所示。

（2）画曲杆 OBA 的受力图。

取 OBA 杆为研究对象，其上所受主动力为 F，B 点处受 BC 杆的拉力 F_B'（销钉固定于曲杆的 B 点处），它与 F_B 互为作用力与反作用力。O 处为固定铰支座，约束反力可用正交分力表示，如图 1.20（c）所示。

（3）画整体的受力图。

取整体为研究对象(将整体视为一个物体)，其上所受主动力为 F，O 处反力（与图 1.20（c）图中 O 处反力一致）为 F_{Ox}、F_{Oy}，C 点处所受反力（与图 1.20（b）相一致）为 F_C。B 点处为内约束，约束反力以作用力与反作用力的方式存在，在研究对象中，互相抵消，不必画出。所以整体受力图如图 1.20（d）所示。

再进一步分析可知，由于曲杆 OBA 及整体只在 A、B、O 及 A、C、O 三处有力作用而平衡，所以根据三力平衡汇交原理，确定铰链 O 处约束力的方位。以整体为例，D 点为力 F 和 F_C 作用线的交点，当整体平衡时，约束力 F_O 的作用线必通过 D 点，如图 1.20（e）所示；至于 F_O 的指向，暂且假定如图所示，以后由平衡条件确定。

例 1.3 图 1.21（a）所示平面结构中，不计各杆重量，画出 AB 杆、BC 杆和 CD 杆的受力图。

解：（1）画 AB 杆的受力图。

取 AB 杆为研究对象，所受主动力为 F。A 端为固定端，其约束反力为 F_{Ax}、F_{Ay} 和约束反力偶 M_A。B 点为铰链约束，约束反力为正交分力 F_{Bx}、F_{By}，如图 1.21（b）所示。

（2）画 BC 杆的受力图。

取 BC 杆为研究对象，所受主动力为力偶矩 M，约束反力为 F_{Bx}、F_{By} 及 F_{Cx}、F_{Cy}，如图 1.21 (c) 所示。

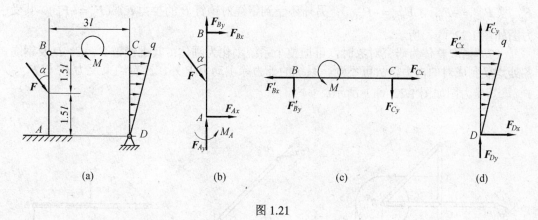

图 1.21

（3）画 CD 杆的受力图。

取 CD 杆为研究对象，所受主动力为分布力，C 点处反力为 F'_{Cx}、F'_{Cy}，D 点为固定铰支座，约束反力为 F_{Dx}、F_{Dy}，如图 1.21 (d) 所示。

例 1.4　图 1.22 (a) 所示的平面构架，由杆 AB、DE 及 DB 铰接而成。A 为滚动支座，E 为固定铰链。钢绳一端拴在 K 处，另一端绕过定滑轮 I 和动滑轮 II 后拴在销钉 B 上。物重为 P，各杆及滑轮的自重不计。（1）试分别画出各杆、各滑轮、销钉 B 以及整个系统的受力图；（2）画出销钉 B 与滑轮 I 一起的受力图；（3）画出杆 AB、滑轮 I、II、钢绳和重物作为一个系统时的受力图。

解：（1）取杆 BD 为研究对象（B 处为没有销钉的孔）。由于杆 BD 为二力杆，故在铰链中心 D、B 处分别受 F_{DB}、F_{BD} 两力的作用，其中 F_{BD} 为销钉给孔 B 的约束反力，其受力图如图 1.22 (b) 所示。

（2）取杆 AB 为研究对象（B 处为没有销钉的孔）。A 处受有滚动支座的约束反力 F_A 的作用；C 为铰链约束，其约束反力可用两个正交分力 F_{Cx}、F_{Cy} 表示；B 处受有销钉给孔 B 的约束反力，亦可用两个正交分力 F_{Bx}、F_{By} 表示，方向暂先假设如图。杆 AB 的受力图如图 1.22 (c) 所示。

（3）取杆 DE 为研究对象。其上共有 D、K、C、E 四处受力，D 处受二力杆给它的约束反力 F'_{DB}（$F'_{DB}=-F_{DB}$）；K 处受钢绳的拉力 F_K，铰链 C 受到反作用力 F'_{Cx} 与 F'_{Cy}（$F'_{Cx}=-F_{Cx}$，$F'_{Cy}=-F_{Cy}$）；E 为固定铰链，其约束反力可用两个正交分力 F_{Ex} 与 F_{Ey} 表示。杆 DE 的受力图如图 1.22 (d) 所示。

（4）取轮 I 为研究对象（B 处为没有销钉的孔）。其上受有两段钢绳的拉力 F'_1、F'_K（$F'_K=-F_K$），还有销钉 B 对孔 B 的约束反力 F_{B1x} 及 F_{B1y}，其受力图如图 1.22 (e) 所示（亦可根据三力平衡汇交定理，确定铰链 B 处约束反力的方向，如图中虚线所示）。

（5）取轮 II 为研究对象。其上受三段钢绳拉力 F_1、F_B 及 F_2，其中 $F'_1=-F_1$。轮 II 的受力图如图 1.22 (f) 所示。

（6）单独取销钉 B 为研究对象，它与杆 DB、AB、轮 I 及钢绳等四个物体连接，因此这四个物体对销钉都有力作用。二力杆 DB 对它的约束反力为 F'_{BD}（$F'_{BD}=-F_{BD}$）；杆 AB 对它的约束反力为 F'_{Bx}、F'_{By}（$F'_{Bx}=-F_{Bx}$，$F'_{By}=-F_{By}$）；轮 I 给销钉 B 的约束反力为 F'_{B1x} 与 F'_{B1y}（$F'_{B1x}=-F_{B1x}$，$F'_{B1y}=-F_{B1y}$）；另外还受到钢绳对销钉 B 的拉力 F'_B（$F'_B=-F_B$）。其受力图如图 1.22（g）所示。

（7）当取整体为研究对象时，可把整个系统刚化为刚体；其上铰链 B、C、D 及钢绳各处均受到成对的内力，故可不画。系统的外力除主动力 P 外，还有约束反力 F_A 与 F_{Ex}、F_{Ey}，其受力图如图 1.22（h）所示。

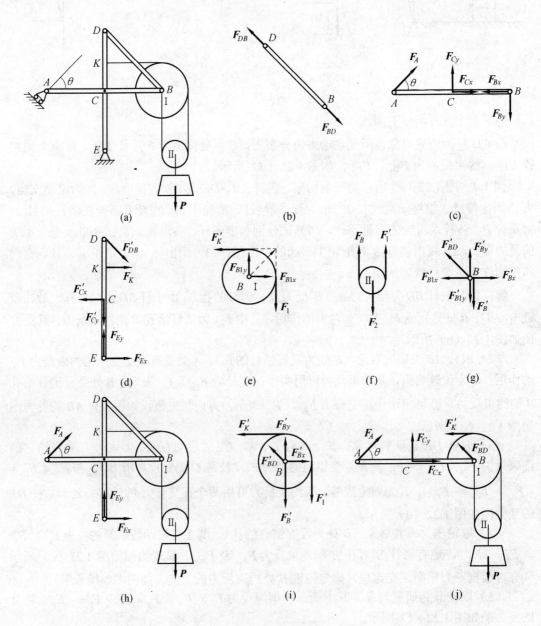

图 1.22

（8）当取销钉 B 与滑轮Ⅰ一起为研究对象时，销钉 B 与滑轮Ⅰ之间的作用与反作用力为内力，可不画。其上除受三绳拉力 $\boldsymbol{F}_B'$、$\boldsymbol{F}_1'$ 及 $\boldsymbol{F}_K'$ 外，还受到二力杆 BD 及杆 AB 在 B 处对它的约束反力 $\boldsymbol{F}_{BD}'$ 及 $\boldsymbol{F}_{Bx}'$、$\boldsymbol{F}_{By}'$，其受力图如图 1.22（i）所示。

（9）当取杆 AB、滑轮Ⅰ、Ⅱ以及重物、钢绳（包括销钉 B）一起为研究对象时，此时可将此系统刚化为一个刚体。这样，销钉 B 与轮Ⅰ、杆 AB、钢绳之间的作用与反作用力，都是作用在同一刚体上的成对内力，可不画。系统上的外力有主动力 $\boldsymbol{P}$，约束反力 $\boldsymbol{F}_A$、$\boldsymbol{F}_{BD}'$ 及 $\boldsymbol{F}_{Cx}$、$\boldsymbol{F}_{Cy}$ 外，还有 K 处的钢绳拉力 $\boldsymbol{F}_K'$，其受力图如图 1.22（j）所示。

首先应该指出，由于销钉 B 与四个物体连接，销钉 B 与每个连接物体之间都有作用与反作用关系，故销钉 B 上受到的力较多，问题就比较复杂，因此必须明确其上每一个力的施力物体。当然，当分析各物体在 B 处的受力时，应根据求解需要，将销钉单独画出或将它属于某一个物体，在题目中没有要求或解题不用画销钉受力图，可把销钉认为归属于与之相连的任一物体上，不用单独取出，这样可使问题求解简单。因为各研究对象在 B 处是否包括销钉，其受力图是不同的，如图 1.22（e）与图 1.22（i）所示。以后凡遇到销钉与三个以上物体连接时，都应注意上述问题。

其次，准确地判断二力杆的受力，将给后面的求解带来方便。

另外，遇到轮上缠有绳索时，把轮与绳索取为一体，在绳与轮非缠绕处断开。这样，绳与轮间的力即为内力，而不用去分析。

通过以上示例，可以归纳出画受力图应遵循的步骤及注意事项如下：

（1）根据题目要求选取研究对象，并画出其简图。

（2）在研究对象的简图上进行受力分析。先画主动力(一般情形下，主动力为已知力)，后画约束力。画受力图的关键在于分析约束力的个数，以及分析并画出每个约束力的作用线位置和力的方向等。所以画约束力时要注意：

① 凡是去掉约束的地方，都要画上约束力，并要根据约束类型和其他条件定出(或假定出)约束力的方向和作用线位置；

② 若有二力构件，一定要根据二力平衡公理，确定其约束力的作用点和作用线的位置；

③ 若研究对象受三个不平行的共面力的作用而平衡，则可根据三力平衡汇交定理，确定某一约束力的指向或作用线的位置；

④ 每画一力都要追问其施力物体，既不要多画力，也不要漏画力。在画几个物体组合的受力图时，研究对象内各部分间相互作用的力(内力)不画，研究对象施于周围物体的力也不画；

⑤ 若将由几个物体组成的物体系统拆开，画其中某个物体或某些物体组成的新物系的受力图时，拆开处的约束力都应满足作用与反作用定律。

本章小结

1. 基本概念

力、刚体和平衡是静力学的基本概念。

（1）力对物体有两种效应：外效应和内效应。静力学只研究力的外效应。

（2）刚体是不变形的物体，它是实际物体的一种抽象化模型。在静力学中视物体为刚体，使得所研究的问题大为简化。

（3）平衡是指物体相对于惯性参考系做匀速直线运动或静止。

2. 静力学公理

静力学公理是静力学的理论基础。

二力平衡公理表示了最简单力系的平衡条件。

加减平衡力系公理阐明了力系简化的条件。

这两个公理、力的可传性原理和三力平衡汇交定理只适用于刚体，而不适用于变形体。

平行四边形公理表示了最简单力系的合成法则。

这三个公理提供了力系简化和平衡的理论基础。

作用与反作用公理表示了两个物体相互作用时的规律。作用力与反作用力虽然等值、反向、共线，但是分别作用在两个物体上。它不是二力平衡公理中所指的两个作用在同一刚体上的力，因此，不能认为作用力与反作用力互相平衡。公理四与公理一有本质的区别，不能混同。

3. 物体的受力分析

（1）约束与约束反力

限制非自由体某些位移的周围物体，称为约束。约束对被约束物体的作用力称为约束反力。

约束反力以外的力称为主动力。

（2）几种常见约束类型的约束反力

柔索的约束反力沿柔索本身且背离被约束物体(拉力)。

光滑接触面的约束反力通过接触点沿接触面公法线，指向被约束物体。

光滑铰链的约束反力通过铰链中心，方向待定。通常用两个正交分力来表示，指向任意假定。

活动铰支座的约束反力通过铰链中心，垂直于支承面，指向可任意假定。

（3）受力图

画受力图是力学中重要的一环。若受力图错了，必将导致错误的结果。因此，应认真对待，反复练习。

（4）画受力图的步骤

① 首先根据问题的要求确定研究对象，并将确定的研究对象，从周围物体的约束中分离出来。

② 画已知力，例如重力、荷载等。

③ 画约束反力。先分析研究对象和周围物体的连接属于哪类约束，再根据约束性质画约束反力。

（5）要特别注意两点

① 确定研究对象，明确分析"谁"的受力情况。

② 着重领会受力图的"受"字，只能将研究对象受到的力画在受力图上，不能将研究对象作用给别的物体的力画上去，并且只画外力，不画内力。

③ 善于判断二力构件，并应用二力平衡公理和三力平衡汇交定理简化受力图。

习　题

1.1 试画出下列图中圆柱 *C*、杆 *AB*、*AE*、*ABC*、轮 *A* 各物体的受力图。物体的重力除标出者外，均忽略不计，所有接触处皆视为是光滑的。

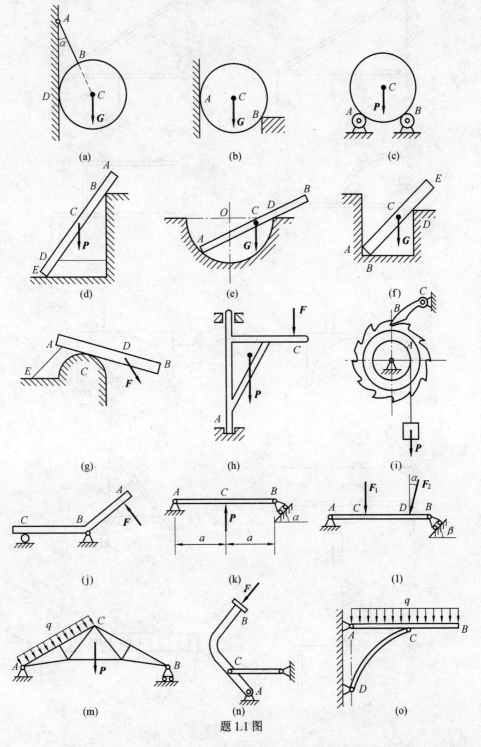

题 1.1 图

1.2 试画出下列各物体（不包含销钉与支座）的受力图与系统整体受力图。凡未注重力者均不计其重量，所有接触处皆视为是光滑的。

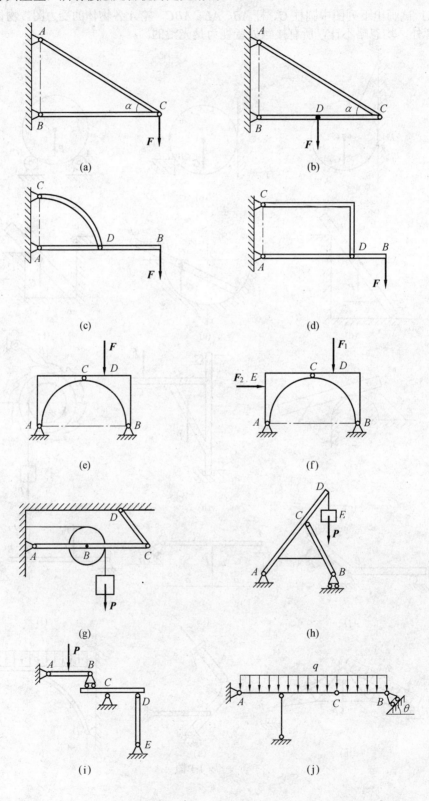

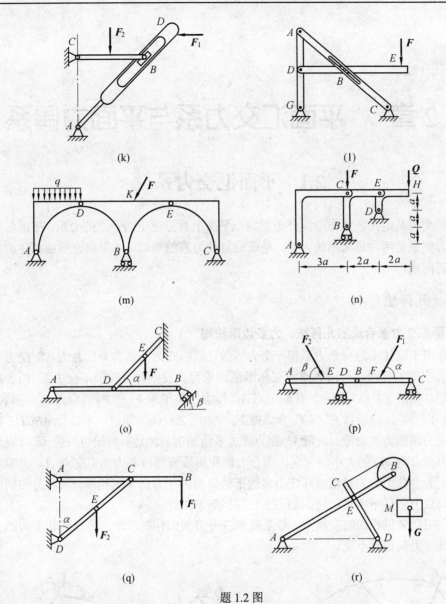

題 1.2 图

1.3　试画出下列各物体的受力图、销钉 A 及整个系统的受力图。

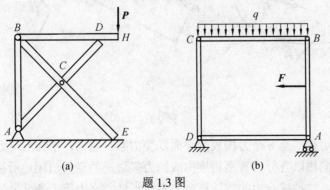

題 1.3 图

第2章 平面汇交力系与平面力偶系

2.1 平面汇交力系

平面汇交力系是指各力作用线分布在同一平面上且汇交于同一点的力系。平面汇交力系和平面力偶系是两种最简单的力系，是研究复杂力系的基础。本章将介绍这两种力系的合成与平衡问题。

2.1.1 几何法

1. 平面汇交力系合成的几何法、力多边形法则

如果作用于刚体上的一个力系和一个力等效，则称此力为该力系的**合力**。汇交力系的合力可连续应用平行四边形法则或力三角形法则求得。设刚体受平面汇交力系 F_1、F_2、F_3、F_4 作用，如图 2.1（a）所示。任取一点 A，作力三角形求 F_1 和 F_2 的合力 F'，再将 F' 与 F_3 合成为力 F''，最后将 F'' 与 F_4 合成得 F_R，如图 2.1（b）所示。多边形 $ABCDE$ 称为此平面汇交力系的力多边形，矢量 $\overrightarrow{AE}$ 称为此力多边形的封闭边。封闭边矢量 $\overrightarrow{AE}$ 即表示此平面汇交力系合力 F_R 的大小与方向，而合力的作用线应通过各力的汇交点 A。力多边形的矢序规则为各分力的矢量沿着环绕力多边形边界的同一方向首尾相接，而合力矢则应沿相反方向构成力多边形的封闭边，如图 2.1（c）所示。

另外，根据矢量相加的交换律，任意变换各分力矢的作图次序，可得形状不同的力多边形，但其合力矢仍然不变。

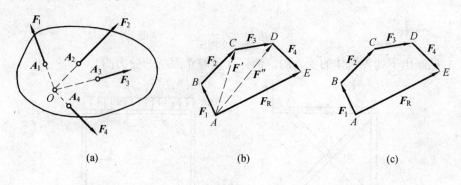

图 2.1

显然，此法可推广至 n 个力构成的平面汇交力系。总之，平面汇交力系可合成为一个合力，大小和方向由以各分力首尾相接构成的力多边形的逆向封闭边所决定，其作用线通过力系的汇交点，这种求合力的方法称为力多边形法。合力等于各分力矢量和的表达式为

$$F_R = F_1 + F_2 + \cdots + F_n = \sum_{i=1}^{n} F_i = \sum F \qquad (2.1)$$

2. 平面汇交力系平衡的几何条件

由于平面汇交力系可合成为一个合力，故平面汇交力系平衡的充分必要条件是该力系的合力等于零，即

$$F_R = \sum F = 0 \qquad (2.2)$$

根据平面汇交力系简化的几何法，当合力等于零时，力多边形中的第一个力矢量的始端与最后一个力矢量的末端相重合。因此，平面汇交力系平衡的几何条件是：力多边形自行封闭。

求解平面汇交力系的平衡问题时可用图解法，即按比例先画出封闭的力多边形。然后，再用尺和量角器在图上量得所要求的未知量；也可根据图形的几何关系，用三角公式计算出所要求的未知数，这种解题方法称为几何法。

例 2.1　如图 2.2（a）所示的压路碾子，自重 $P = 20$ kN，半径 $R = 0.6$ m，障碍物高 $h = 0.08$ m。碾子中心 O 处作用一水平拉力 F。试求：（1）当水平拉力 $F = 5$ kN 时，碾子对地面及障碍物的压力；（2）欲将碾子拉过障碍物，水平拉力至少应为多大；（3）力 F 沿什么方向拉动碾子最省力，此时力 F 为多大？

解：（1）选碾子为研究对象，其受力图如图 2.2（b）所示，各力组成平面汇交力系。根据平衡的几何条件，力 P、F、F_A 与 F_B 应组成封闭的力多边形。按比例先画已知力矢 P 与 F（见图 2.2（c）），再从 a、c 两点分别作平行于 F_B、F_A 的平行线，相交于点 d。将各力矢首尾相接，组成封闭的力多边形，则图 2.2（c）中的矢量 $\overrightarrow{cd}$ 和 $\overrightarrow{da}$ 即为 A、B 两点约束反力 F_A、F_B 的大小与方向。

从图 2.2（c）中按比例量得

$$F_A = 11.4 \text{ kN}, \quad F_B = 10 \text{ kN}$$

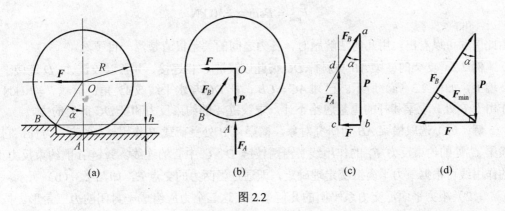

图 2.2

由图 2.2（c）的几何关系，也可以计算 F_A、F_B 的数值。由图 2.2（a），按已知条件可求得

$$\cos \alpha = \frac{R-h}{R} = 0.866$$

$$\alpha = 30^{\circ}$$

再由图 2.2（c）中各矢量的几何关系，可得

$$F_B \sin \alpha = F$$

$$F_A + F_B \cos \alpha = P$$

解得

$$F_B = \frac{F}{\sin \alpha} = 10 \text{ kN}$$

$$F_A = P - F_B \cos \alpha = 11.34 \text{ kN}$$

根据作用与反作用关系，碾子对地面及障碍物的压力分别等于 11.34 kN 和 10 kN。

（2）碾子能越过障碍物的力学条件是 $F_A = 0$。因此，碾子刚刚离开地面时，其封闭的力三角形如图 2.2（d）所示。由几何关系，此时水平拉力为

$$F = P \tan \alpha = 11.55 \text{ kN}$$

此时 B 处的约束反力为

$$F_B = \frac{P}{\cos \alpha} = 23.09 \text{ kN}$$

（3）从图 2.2（d）中可以清楚地看到，当拉力与 F_B 垂直时，拉动碾子的力为最小，即

$$F_{\min} = P \sin \alpha = 10 \text{ kN}$$

由此例题可以看出，用几何法解题时，各力之间的关系很清楚，一目了然。

例 2.2　支架的横梁 AB 与斜杆 DC 彼此以铰链 C 相连接，并各以铰链 A、D 连接于铅直墙上，如图 2.3（a）所示。已知 $AC = CB$；杆 DC 与水平线成 45° 角；荷载 $P = 10$ kN，作用于 B 处。设梁和杆的重量忽略不计，求铰链 A 的约束反力和杆 DC 所受的力。

解：（1）选取横梁 AB 为研究对象。横梁在 B 处受荷载 P 作用。DC 为二力杆，它对横梁 C 处的约束反力 F_C 的作用线必沿两铰链 D、C 中心的连线。铰链 A 的约束反力 F_A 的作用线可根据三力平衡汇交定理确定，即通过另两力的交点 E，如图 2.3（b）所示。

（2）根据平面汇交力系平衡的几何条件，这三个力应组成一封闭的力三角形。按照图中力的比例关系，先画出已知力矢 $\overrightarrow{ab} = P$，再由点 a 作直线平行于 AE，由点 b 作直线平行于 CE，这两直线相交于点 d，如图 2.3（c）所示。由力三角形 abd 封闭，可确定 F_C 和 F_A 的指向。

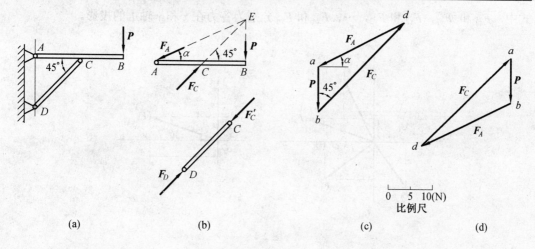

(a)　　　　　　　　　(b)　　　　　　　　　(c)　　　　　　　　　(d)

图 2.3

在力三角形中，线段 bd 和 da 分别表示力 F_C 和 F_A 的大小，量出它们的长度，按比例换算得

$$F_C = 28.3 \text{ kN}$$

$$F_A = 22.4 \text{ kN}$$

根据作用力和反作用力的关系，作用于杆 DC 的 C 端的力 F_C' 与 F_C 的大小相等，方向相反。由此可知杆 DC 受压力，如图 2.3（b）所示。

应该指出，封闭力三角形也可以如图 2.3（d）所示，同样可求得力 F_C 和 F_A，且结果相同。

2.1.2　解析法

1. 平面汇交力系合成的解析法

设由 n 个力组成的平面汇交力系作用于一个刚体上，建立直角坐标系 Oxy，如图 2.4（a）所示。此汇交力系的合力 F_R 的解析表达式为

$$F_R = F_{Rx} + F_{Ry} = F_x \boldsymbol{i} + F_y \boldsymbol{j} \tag{2.3}$$

式中，F_x、F_y 为合力 F_R 在 x、y 轴上的投影。

根据图 2.4（b）有

$$F_x = F_R \cos \theta, \quad F_y = F_R \cos \beta \tag{2.4}$$

根据合矢量投影定理：合矢量在某一轴上的投影等于各分矢量在同一轴上投影的代数和，将式（2.1）向 x、y 轴投影，可得

$$\left. \begin{aligned} F_x &= F_{x1} + F_{x2} + \cdots + F_{xn} = \sum_{i=1}^{n} F_{xi} \\ F_y &= F_{y1} + F_{y2} + \cdots + F_{yn} = \sum_{i=1}^{n} F_{yi} \end{aligned} \right\} \tag{2.5}$$

式中，F_{x1} 和 F_{y1}，F_{x2} 和 F_{y2}，…，F_{xn} 和 F_{yn} 分别为各力在 x 和 y 轴上的投影。

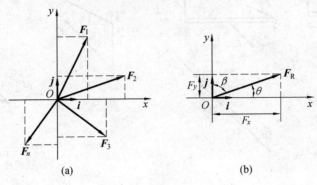

(a)　　　　　　　　　　　　　　(b)

图 2.4

合力矢的大小和方向余弦为

$$F_R = \sqrt{F_x^2 + F_y^2} = \sqrt{\left(\sum F_{xi}\right)^2 + \left(\sum F_{yi}\right)^2}$$

$$\cos(F_R, i) = \frac{F_x}{F_R} = \frac{\sum F_{xi}}{F_R}, \quad \cos(F_R, j) = \frac{F_y}{F_R} = \frac{\sum F_{yi}}{F_R} \tag{2.6}$$

或将式（2.3）、（2.5）和（2.6）分别简写为

$$F_R = \left(\sum F_x\right)i + \left(\sum F_y\right)j \tag{2.3'}$$

$$\left. \begin{array}{l} F_x = \sum F_x \\ F_y = \sum F_y \end{array} \right\} \tag{2.5'}$$

$$F_R = \sqrt{\left(\sum F_x\right)^2 + \left(\sum F_y\right)^2}$$

$$\cos(F_R, x) = \frac{\sum F_x}{F_R}, \quad \cos(F_R, y) = \frac{\sum F_y}{F_R} \tag{2.6'}$$

式中，$\sum F_x$、$\sum F_y$ 表示各分力在 x、y 轴上投影的代数和。

例 2.3　一吊环受到三条钢绳的拉力，如图 2.5（a）所示。已知 $F_1 = 2$ kN，$F_2 = 2.5$ kN，$F_3 = 1.5$ kN，方向如图所示，试求该力系的合力。

解：此汇交力系的合力既可用解析法求解，也可用几何法求解。

（1）解析法

①以三力交点 O 为坐标原点，取直角坐标系 xOy；
②分别计算合力的投影。

$$F_x / \text{kN} = \sum F_{xi} = -F_1 - F_2 \cos 30° - 0 =$$
$$-2 - 2.5 \times 0.866 = -4.170$$
$$F_y / \text{kN} = \sum F_{yi} = 0 - F_2 \cos 30° - F_3 =$$
$$-2.5 \times 0.5 - 1.5 = -2.75$$

合力大小为

$$F / \text{kN} = \sqrt{F_x^2 + F_y^2} = \sqrt{(-4.17)^2 + (-2.75)^2} = 5$$

由于 F_x 和 F_y 都是负值，故合力 F 应在第三象限，如图 2.5（b）所示。

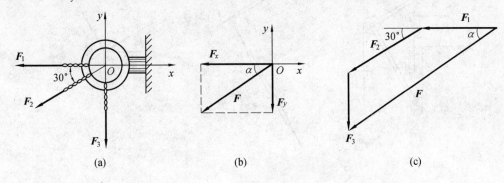

(a)　　　　　　　　　(b)　　　　　　　　　(c)

图 2.5

方向由

$$\cos \alpha = \frac{|F_x|}{F} = \frac{4.17}{5} = 0.834$$

得

$$\alpha = 33.5°$$

（2）几何法

① 确定力比例尺为 $\dfrac{1\,\text{kN}}{5\,\text{cm}}$；

② 画力多边形，如图 2.5（c）所示；

③ 量出合力的大小和方向，有

$$F = 5\,\text{kN}, \quad \alpha = 33.5°$$

2. 平面汇交力系的平衡方程

由于平面汇交力系对物体的作用可用其合力等效替代，故得结论：平面汇交力系平衡的必要和充分条件是该力系的合力为零。由式（2.6）′应有

$$F_R = \sqrt{\left(\sum F_x\right)^2 + \left(\sum F_y\right)^2} = 0$$

欲使上式成立，必须同时满足

$$\sum F_x = 0, \quad \sum F_y = 0 \tag{2.7}$$

于是，平面汇交力系平衡的必要和充分条件是：各力在两个坐标轴上投影的代数和分别等于零。式（2.7）称为平面汇交力系的平衡方程(为便于书写，下标 i 可略去)。这是两个独立的方程，可以求解两个未知量。

下面举例说明平面汇交力系平衡方程的实际应用。

例 2.4　如图 2.6（a）所示，重物 $P = 20$ kN，用钢丝绳挂在支架的滑轮 B 上，钢丝绳的另一端缠绕在绞车 D 上。杆 AB 与 BC 铰接，并以铰链 A、C 与墙连接。如两杆和滑轮的自重不计，并忽略摩擦和滑轮的大小，试求平衡时杆 AB 和 BC 所受的力。

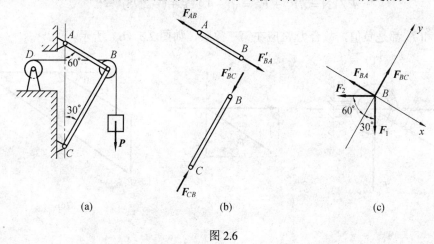

图 2.6

解：（1）取研究对象。

由于 AB、BC 两杆都是二力杆，假设杆 AB 受拉力、杆 BC 受压力，如图 2.6（b）所示。为了求出这两个未知力，可通过求两杆对滑轮的约束反力来解决。因此选取滑轮 B 为研究对象。

（2）画受力图。

滑轮受到钢丝绳的拉力 F_1 和 F_2（已知 $F_1 = F_2 = P$）。此外杆 AB 和 BC 对滑轮的约束反力为 F_{BA} 和 F_{BC}。由于滑轮的大小可忽略不计，故这些力可看作是平面汇交力系，如图 2.6（c）所示。

（3）列平衡方程。

选取坐标轴如图 2.6（c）所示。为使每个未知力只在一个轴上有投影，在另一轴上的投影为零，坐标轴应尽量取在未知力作用线相垂直的方向。这样在一个平衡方程中只有一个未知数，不必解联立方程，即

$$\sum F_x = 0 , \quad -F_{BA} + F_1\cos 60° - F_2\cos 30° = 0 \tag{1}$$

$$\sum F_y = 0 , \quad F_{BC} - F_1\cos 30° - F_2\cos 60° = 0 \tag{2}$$

（4）求解方程。

由式（1）得

$$F_{BA} = -0.366\,P = -7.32\,\text{kN}$$

由式（2）得

$$F_{BC} = 1.366\,P = 27.32\,\text{kN}$$

所求结果中，F_{BC} 为正值，表示这力的假设方向与实际方向相同，即杆 BC 受压。F_{BA} 为负值，表示这力的假设方向与实际方向相反，即杆 AB 也受压力。

2.2　平面力对点之矩

在长期的生活、生产实践中，人们认识到，力既能使物体移动，又能使物体转动。下面研究如何度量力对物体产生的转动效应。

1. 力对点之矩（力矩）

如图 2.7 所示，用扳手拧动螺母时，如果扳手上作用有三个力，只有力 F 能使扳手绕 O 点转动，F_1 和 F_2 都不能使扳手绕 O 点转动。而且要产生最有效旋转，F 应该与手柄垂直，距离应该尽可能的大。由此可知，力的转动效应，不仅与力大小、方向有关，而且还与力作用线到转动中心 O 点的距离有关。因此，在力学中以力的大小与力臂的乘积来度量力 F 使物体绕 O 点转动效应的物理量，这个量称为力 F 对 O 点之矩，简称力矩，以符号 $M_O(F)$ 表示，即

$$M_O(F) = Fd \tag{2.8}$$

点 O 称为矩心；d 称为力臂，是矩心 O 到力作用线的距离。矩心 O 与力作用线构成的平面称为力矩作用面。乘积 Fd 是力矩的大小。在国际单位制中，力矩的单位是牛顿·米（N·m）。通常规定：力使物体绕矩心做逆时针方向转动时，力矩为正值；做顺时针方向转动时，力矩为负值。根据以上情况，平面内力对点之矩，只取决于力矩的大小及旋转方向，因此平面内力对点之矩是一个代数量，其数学表达式为

$$M_O(F) = \pm Fd \tag{2.9}$$

如图 2.8 所示，如以力 F 为底边，矩心为顶点，构成三角形 OAB，则乘积 Fd 恰好等于三角形 OAB 面积 S 的两倍。因此，力对点之矩又可表示为

$$M_O(F) = \pm 2S_{\triangle OAB} \tag{2.10}$$

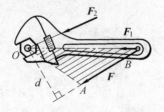

图 2.7

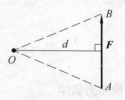

图 2.8

显然，当力的作用线通过矩心时，力对点之矩等于零；力 F 对任意点之矩，不会因该力沿其作用线移动而改变。

需要指出，一般情况下，矩心不一定是固定点，也可以任意选择。这样，力矩的概念也可以推广到一般情形。

2. 合力矩定理与力矩的解析表达式

合力矩定理：平面汇交力系的合力对于平面内任意点之矩等于所有各分力对于该点之矩的代数和。即

$$M_O(F_R) = \sum M_O(F_i) \qquad (2.11)$$

当应用力矩定义不易计算力臂时，把力沿某特定方向分解，应用合力矩定理计算力矩较为方便。

例 2.5 已知 $F = 500\ \text{N}$，$a = 0.1\ \text{m}$，$b = 0.2\ \text{m}$，$\theta = 60°$，如图 2.9 所示。求力 F 对 O 点之矩。

解： 力 F 对 O 点之矩可通过以下两种途径求出。

（1）直接利用定义计算法

由点 O 向力作用线作垂线，OD 即为力臂 d，引入辅助线 AC 和 BE，并使 $AC \perp OD$，$BE \perp AC$，可得

$$d = OD = OC + BE = a\cos\theta + b\sin\theta$$

于是得

$$\begin{aligned} M_O(F)/(\text{N·m}) &= Fd = F(a\cos\theta + b\sin\theta) = \\ &\quad 500 \times (0.1\cos 60° + 0.2\sin 60°) = \\ &\quad 111.6 \end{aligned}$$

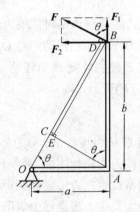

图 2.9

（2）利用合力矩定理计算法

首先将力 F 分解为两个正交分量 F_1 和 F_2，然后应用合力矩定理得

$$\begin{aligned} M_O(F)/(\text{N·m}) &= M_O(F_1) + M_O(F_2) = F_1 a + F_2 b = \\ &\quad Fa\cos\theta + Fb\sin\theta = F(a\cos\theta + b\sin\theta) = \\ &\quad 500 \times (0.1\cos 60° + 0.2\sin 60°) = 111.6 \end{aligned}$$

比较两种求解过程，第（1）种方法分析比较麻烦，第（2）种方法分析容易，计算也方便，是计算力矩的常用方法。

2.3 平面力偶系

1. 力偶和力偶矩

在生活和生产实践中，常常见到钳工用丝锥攻螺纹、汽车司机用双手转动驾驶盘等，如图 2.10 所示。在丝锥、驾驶盘等物体上，都作用了成对的等值、反向且不共线的平行力。

等值反向平行力的矢量和显然等于零，但是由于它们不共线而不能相互平衡，它们能使物体改变转动状态。这种由两个大小相等、方向相反且不共线的平行力组成的力系，称为力偶，如图 2.11 所示，记作 (**F**，**F'**)。力偶的两力之间的垂直距离 d 称为力偶臂，力偶所在的平面称为力偶的作用面。

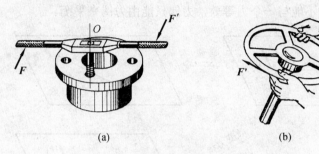

(a)　　　　　　　　　　　(b)

图 2.10

　　由于力偶不能合成为一个力，故力偶也不能用一个力来平衡。因此，力和力偶是静力学的两个基本要素。

　　力偶是由两个力组成的特殊力系，它的作用只改变物体的转动状态。因此，力偶对物体的转动效应，可用力偶矩来度量，而力偶矩的大小为力偶中的两个力对其作用面内某点的力矩的代数和，其值等于力与力偶臂的乘积，即 Fd，与矩心位置无关。

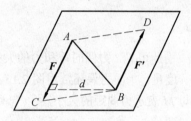

图 2.11

　　力偶在平面内的转向不同，其作用效应也不相同。因此，平面力偶对物体的作用效应，由以下两个因素决定：

　　（1）力偶矩的大小；

　　（2）力偶在作用面内的转向。

因此，平面力偶矩可视为代数量，以 M 或 $M(F，F')$ 表示，即

$$M = \pm Fd = \pm 2S_{\triangle ABC} \tag{2.12}$$

　　于是可得结论：力偶矩是一个代数量，其绝对值等于力的大小与力偶臂的乘积，正负号表示力偶的转向：习惯规定逆时针转向为正，反之为负。力偶矩的单位与力矩相同，也是 N·m。力偶矩也可用三角形面积表示。

2. 同平面内力偶的等效条件

　　既然力偶没有合力，因而就不可能用一个力来平衡，只能用另一个力偶来平衡。也就是说，力偶不能与力等效，只能与另一个力偶等效。而力偶对物体的作用效果取决于力偶的三要素。所以，在同一平面内的两个力偶，只要它们的力偶矩大小相等，转向相同，则两力偶完全等效。这就是同平面内力偶的等效定理。

　　综上所述，还可得出以下推论：

　　①力偶在任意轴上的投影为零；

②力偶对任意点的力矩都等于力偶矩，不因矩心的改变而改变，所以力偶可以在它的作用面内任意转移，而不改变它对刚体的作用效应，如图 2.12 所示；

③只要保持力偶矩不变，可任意改变力偶中力的大小、方向、作用点与力偶臂的长短，对刚体的作用效果不变，如图 2.12 所示；

④力偶没有合力，不能与一个力等效，力偶只能由力偶来平衡。

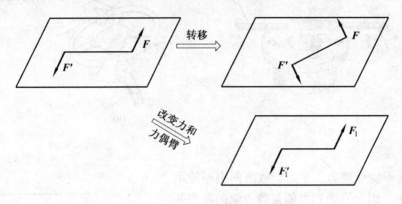

图 2.12

由此可见，力偶的臂和力的大小都不是力偶的特征量，只有力偶矩是平面力偶作用的唯一度量。平面力偶还常用图 2.13 所示的符号表示，弯箭头的转向表示力偶的转向，仍用字母 M 表示力偶矩的大小。

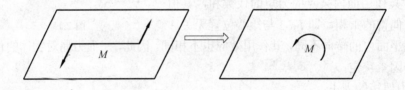

图 2.13

3. 平面力偶系的合成与平衡条件

（1）平面力偶系的合成

几个力偶构成力偶系，如果所有力的作用线都在同一平面内，则构成平面力偶系。先看同平面中两个力偶的合成。设有同平面的两个力偶（F_1，F_1'）及（F_2，F_2'），如图 2.14（a）所示，其力偶矩分别为 $M_1 = F_1 d_1$，$M_2 = -F_2 d_2$。根据力偶的性质，可将两力偶移到同一位置上，且使其力偶臂相同，例如都为 d，如图 2.14（b）所示，则得到两个等效的新力偶（F_3，F_3'）及（F_4，F_4'），且有

$$M_1 = F_1 d_1 = F_3 d, \ M_2 = -F_2 d_2 = -F_4 d$$

在 A、B 两点将力合成，即得到一个等效的合力偶（F，F'），如图 2.13（c）所示。合力偶的力偶矩 M 为

$$M = Fd = (F_3 - F_4)d = F_3 d - F_4 d = M_1 + M_2$$

于是得结论：同一平面中的两个力偶可以合成一个合力偶，合力偶的力偶矩等于两分力偶力偶矩的代数和。

如果有 n 个同平面的力偶，可以按上述方法依次合成，即在同平面内的任意个力偶可以合成一个合力偶，合力偶的力偶矩等于分力偶力偶矩的代数和。

$$M = \sum_{i=1}^{n} M_i \tag{2.13}$$

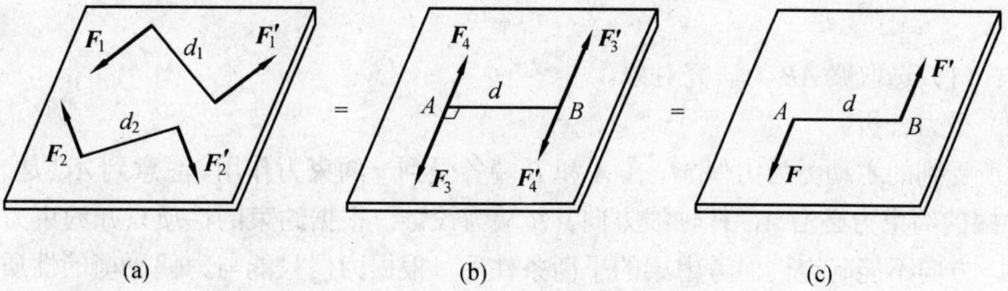

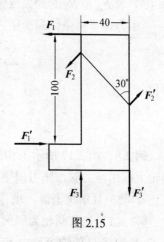

　　(a)　　　　　　　　　　(b)　　　　　　　　　　(c)

图 2.14

例 2.6　如图 2.15 所示，已知：$F_1 = F_1' = 200\ \text{N}$，$F_2 = F_2' = 600\ \text{N}$，$F_3 = F_3' = 400\ \text{N}$，图中长度单位为 cm，求合力偶矩。

解：三力偶组成平面力偶系，由

$$M = \sum_{i=1}^{n} M_i$$

得

$$M / (\text{N} \cdot \text{cm}) = M_1 + M_2 + M_3 =$$

$$F_1 \times 100 + F_2 \times \frac{40}{\sin 30^\circ} - F_3 \times 40 =$$

$$200 \times 100 + 600 \times \frac{40}{\sin 30^\circ} - 400 \times 40 =$$

$$52\,000$$

图 2.15

（2）平面力偶系的平衡条件

由合成结果可知，力偶系平衡时，其合力偶的矩等于零。因此，平面力偶系平衡的必要和充分条件是：所有各力偶矩的代数和等于零，即

$$\sum_{i=1}^{n} M_i = 0 \tag{2.14}$$

例 2.7　结构横梁 AB 长 l，A 端通过铰链由 AC 杆支撑，B 端为铰支座，组成平面结构。在结构平面内，梁上受到一力偶作用，其力偶矩为 M，如图 2.16（a）所示。不计梁和支杆的自重，求横梁 A 和 B 端的约束力。

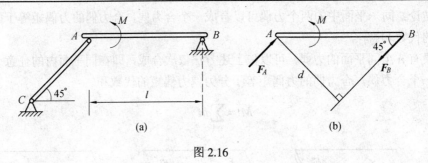

图 2.16

解：（1）选取梁 AB 为研究对象。

（2）受力分析。

梁所受到的主动力为力偶 M，在 A 和 B 端各受到一约束力作用。注意到 AC 是二力杆，因此 A 端的约束力必沿 AC 杆轴线方向。B 端为铰链，根据约束的性质只知约束力通过铰的中心，方向不能确定。但考虑梁的平衡条件后，根据力偶只能与力偶平衡的性质，可以判断 A 和 B 端的约束力必构成一力偶，因此 B 端的约束力方向必与 A 端的约束力作用线平行、指向相反、大小相等。再根据平面力偶系的平衡条件，F_A 和 F_B 构成一个转向与主动力偶 M 相反的力偶，由此可以定出约束力 F_A 和 F_B 的指向。于是，梁 AB 的受力图如图 2.16（b）所示。

（3）求 F_A 和 F_B 的约束反力。

由力偶平衡条件列平衡方程有

$$\sum_{i=1}^{n} M_i = 0 \qquad M - F_A \cdot l \cdot \sin 45^\circ = 0$$

解得

$$F_A = F_B = \frac{M}{l \sin 45^\circ} = \sqrt{2}\,\frac{M}{l}$$

例 2.8 图 2.17 所示机构的自重不计。圆轮上的销子 A 放在摇杆 BC 上的光滑导槽内。圆轮上作用一力偶，其力偶矩为 $M_1 = 2\,\text{kN} \cdot \text{m}$，$OA = r = 0.5\,\text{m}$。图示位置时 OA 与 OB 垂直，$\alpha = 30^\circ$ 且系统平衡。求作用于摇杆 BC 上力偶的矩 M_2 及铰链 O、B 处的约束反力。

解：（1）先取圆轮为研究对象，其上受有矩为 M_1 的力偶及光滑导槽对销子 A 的作用力 F_A 和铰链 O 处约束反力 F_O 的作用。由于力偶必须由力偶来平衡，因而 F_O 与 F_A 必定组成一力偶，力偶矩方向与 M_1 相反，由此定出 F_A 指向如图 2.17（b）所示。而 F_O 与 F_A 等值且反向。由力偶平衡条件

$$\sum_{i=1}^{n} M_i = 0 \qquad M_1 - F_A r \sin \alpha = 0$$

解得

$$F_A = \frac{M_1}{r \sin 30^\circ} \qquad\qquad (1)$$

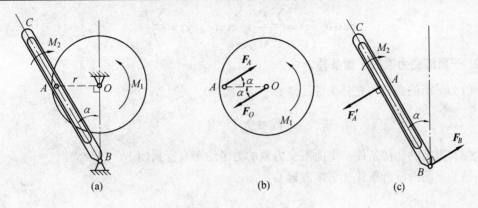

图 2.17

（2）再以摇杆 *BC* 为研究对象，其上作用有矩为 M_2 的力偶及力 F'_A 与 F_B，如图 2.17（c）所示，同理，F' 与 F_B 必组成力偶。平衡条件为

$$\sum_{i=1}^{n} M_i = 0 \qquad -M_2 + F'_A \frac{r}{\sin \alpha} = 0 \qquad (2)$$

其中 $F'_A = F_A$。将式（1）代入式（2），得

$$M_2 = 4M_1 = 8\,\text{kN} \cdot \text{m}$$

F_O 与 F_A 组成力偶，F_B 与 F'_A 组成力偶，则有

$$F_O = F_B = F_A = \frac{M_1}{r \sin 30°} = 8\,\text{kN}$$

方向如图 2.17(b)、2.17(c)所示。

本章小结

1. 平面汇交力系的合力

（1）几何法：根据力多边形法则，合力矢为

$$F_{\text{R}} = \sum F$$

合力作用线通过汇交点。

（2）解析法：合力的解析表达式为

$$F_{\text{R}} = (\sum F_x)\boldsymbol{i} + (\sum F_y)\boldsymbol{j}$$

其合力的大小和方向余弦为

$$F_{\text{R}} = \sqrt{(\sum F_x)^2 + (\sum F_y)^2}$$

$$\cos(F_R, x) = \frac{\sum F_x}{F_R}, \quad \cos(F_R, y) = \frac{\sum F_y}{F_R}$$

2. 平面汇交力系的平衡条件

（1）平衡的必要和充分条件：

$$F_R = \sum F = 0$$

（2）平衡的几何条件：平面汇交力系的力多边形自行封闭。

（3）平衡的解析条件（平衡方程）：

$$\sum F_x = 0, \quad \sum F_y = 0$$

3. 平面内力对点之矩

平面内的力对点 O 之矩是代数量，记为 $M_O(F)$

$$M_O(F_R) = \pm Fd = \pm 2A_{\Delta OAB}$$

一般以逆时针转向为正，反之为负。

4. 合力矩定理

平面汇交力系的合力对于平面内任意点之矩等于所有各分力对于该点之矩的代数和，即

$$M_O(F_R) = \sum M_O(F_i)$$

5. 力偶和力偶矩

力偶是由等值、反向、不共线的两个平行力组成的特殊力系。力偶没有合力，也不能用一个力来平衡。

平面力偶对物体的作用效应决定于力偶矩 M 的大小和转向，即

$$M_O = \pm Fd$$

式中，正负号表示力偶的转向，一般以逆时针转向为正，反之为负。

力偶对平面内任一点的矩等于力偶矩，力偶矩与矩心的位置无关。

6. 同平面内力偶的等效定理

在同一平面内的两个力偶，只要它们的力偶矩大小相等，转向相同，则两力偶完全等效。力偶矩是平面力偶作用的唯一度量。这就是平面力偶的等效定理。

7. 平面力偶系的合成与平衡

合力偶矩等于各分力偶矩的代数和，即

$$M = \sum_{i=1}^{n} M_i$$

平面力偶系的平衡条件为

$$\sum_{i=1}^{n} M_i = 0$$

习　题

2.1　结构的节点 O 上作用着 4 个共面力，各力的大小分别为 $F_1=150$ N，$F_2=80$ N，$F_3=140$ N，$F_4=50$ N，方向如图所示。求 4 个力的合力。

2.2　在图示平面中，绳索 AC、BC 的节点 C 处作用有力 F_1 和 F_2，BC 为水平方向。已知力 $F_2=534$ N，求欲使该两根绳索始终保持张紧，力 F_1 的取值范围。

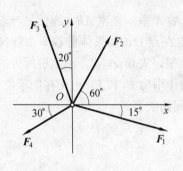

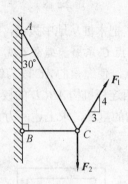

题 2.1 图　　　　　　　　　　　　题 2.2 图

2.3　水平梁的 A 端为固定铰链支座，B 端为活动铰链支座，中点 C 受力 $F = 20$ kN 的作用，方向如图所示。如果不计梁重，求支座 A、B 对梁的反力。

2.4　电动机重 $G = 5$ kN，放在水平梁 AB 的中点 C，梁的 A 端为固定铰链支座，另一端 B 用双铰撑杆 BD 支撑。假设不计梁和杆的重量，求撑杆 BD 和铰链 A 所受的力。

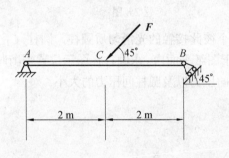

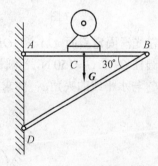

题 2.3 图　　　　　　　　　　　　题 2.4 图

2.5　匀质杆 AB 重 $G = 50$ N，两端分别放在与水平面成 $30°$ 和 $50°$ 倾角的光滑斜面上。求平衡时这两斜面对杆的反力以及杆与水平面间的夹角 α。

2.6　平面压榨机构如图所示，A 为固定铰链支座。当在铰链 B 处作用一个铅垂力 F 时，可通过压块 D 挤压物体 E。如果 $F = 300$ N，不计摩擦和自重，求杆 AB 和 BC 所受的力以及物体 E 所受的侧向压力。图中长度单位为 cm。

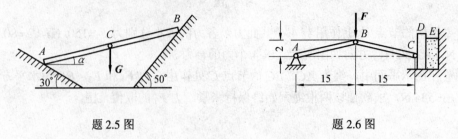

题 2.5 图　　　　　　　　　　题 2.6 图

2.7　为了把木桩从地中拔出，在图示木桩的上端 A 系一绳索 AB，绳的另一端固定在点 B；然后在点 C 系另一绳索 CD，绳的另一端固定在点 D。如果体重 G = 700 N 的人将身体压在 E 点，使绳索的 AC 段为铅垂，CE 段为水平，夹角 $\alpha = 4°$，求木桩所受的拉力。

2.8　在四连杆机构 ABCD 的铰链 B 和 C 上分别作用力 F_1 和 F_2，机构在图示位置平衡。如果不计机构的重量，求上述两力大小 F_1 和 F_2 之间的关系。

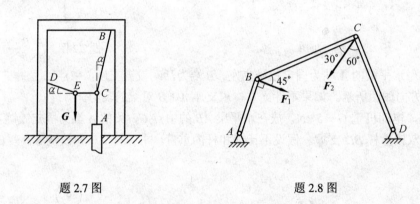

题 2.7 图　　　　　　　　　　题 2.8 图

2.9　在光滑固定斜面 OA 和 OB 间放置两个彼此接触的光滑匀质圆柱，圆柱 C_1 重 $G_1 = 50$ N，圆柱 C_2 重 $G_2 = 150$ N，各圆柱的重心位于图纸平面内。求圆柱在图示位置平衡时，中心线 C_1C_2 与水平线的夹角 φ；并求圆柱对斜面的压力以及圆柱间压力的大小。

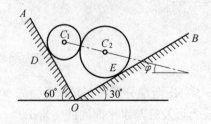

题 2.9 图

2.10　已知梁 AB 上作用一力偶，力偶矩为 M，梁长为 l，梁重不计。求在图（a）、（b）、（c）三种情况下，支座 A 和 B 的约束力。

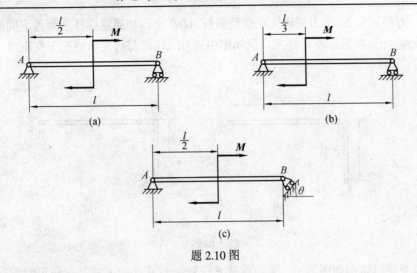

题 2.10 图

2.11　在题图所示结构中二曲杆自重不计，曲杆 *AB* 上作用有主动力偶，其力偶矩为 *M*，试求 *A* 点和 *C* 点处的约束力。

2.12　齿轮箱的两个轴上作用的力偶如图所示，它们的力偶矩的大小分别为 $M_1=$ 500 N·m，$M_2=125$ N·m。求两螺栓处的铅垂约束力。

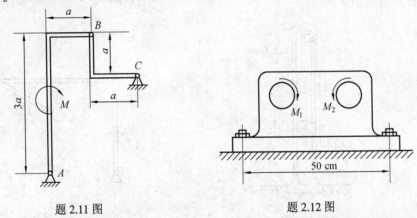

题 2.11 图　　　　　　　　题 2.12 图

2.13　多轴钻床在水平放置的工件上钻孔时，每个钻头对工件作用铅垂压力和力偶。已知图示 3 个力偶的力偶矩 $M_1 = M_2 =10$ N·m，$M_3=20$ N·m，固定螺栓 *A* 和 *B* 之间的距离 $d=0.2$ m。如果不计工件与工作台间的摩擦，求两个螺栓 *A* 和 *B* 所受的水平力。

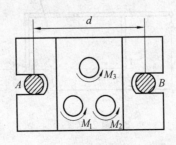

题 2.13 图

2.14　力偶矩为 M 的力偶作用在直角曲杆 ADB 上。如果这曲杆用两种不同的方式支承如图（a）、（b）所示。不计杆重，已知图中尺寸 a，求每种支承情况下支座 A、B 对杆的约束力。

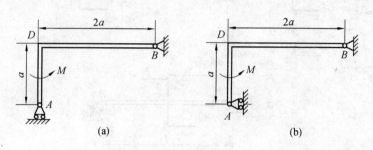

题 2.14 图

2.15　卷扬机结构如图所示。重物重量 $P=2$ kN，放在小台 C 上，二轮可沿铅垂直导轨运动。若不计小台的自重，试求平衡时两个轮子受到的约束力。图中长度单位为 cm。

2.16　四连杆机构在图示位置平衡，已知 $OA=60$ cm，$BC=40$ cm，作用在 BC 杆上力偶的力偶矩大小 $M_2=1$ N·m ，试求作用在 OA 上力偶的力偶矩 M_1 的大小和 AB 杆所受的力 $\boldsymbol{F}_{AB}$。各杆重量不计。

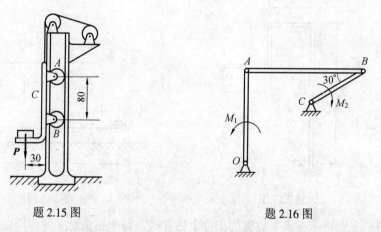

题 2.15 图　　　　　　　　　题 2.16 图

2.17　在图示结构中，各构件的自重略去不计，在构件 BC 上作用一力偶矩为 M 的力偶，各尺寸如图。求支座 A 的约束力。

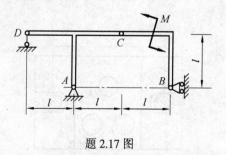

题 2.17 图

第3章 平面任意力系

前面研究了平面汇交力系和平面力偶系，但并非所有力系的各力都汇交于一点或全部互相平行。各力的作用线在同一平面内且任意分布的力系称为平面任意力系。这是工程上遇到的最普遍力系。

此外，如物体结构所承受的荷载和支承都具有同一个对称面，则作用在物体上的力系就可以向对称面集中简化为在这个对称平面内的平面力系。

3.1　平面任意力系的简化

1. 力的平移定理

作用于物体上的力，可以平行移动到该物体上的任意一点，但平移后必须附加一力偶，其力偶矩等于原力对平移点之矩，这样不会改变原力对物体的作用效应。

上述定理表明：平移前的一个力与平移后的一个力和一个力偶等效。

证明：

设力 F 作用于物体上的 A 点，O 为任意一点，如图 3.1（a）所示，根据加减平衡力系公理，在 O 点处加一对平衡力，并使 $F'=-F''=F$，如图 3.1（b）所示。其中力 F 与 F'' 构成一个力偶，其力偶矩为 $M(F, F'')=Fd=M_O(F)$。根据力偶的性质，可表示成图 3.1（c）所示的形式，即力 F 由原作用点 A 平移到任意点 O。

同理可证，力的平移定理的逆定理也成立，如图 3.1 中逆向箭头所示。即同平面内一个力和一个力偶可以合成一个合力，合力作用线位置由 $d=\dfrac{M_O}{F'}$ 确定，合力的大小、方向与原力相同。

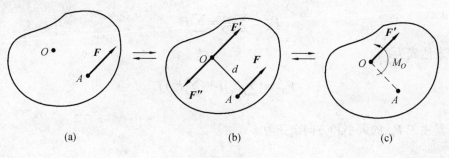

(a)　　　　　　　(b)　　　　　　　(c)

图 3.1

根据上述理论，可解释打乒乓球时出现球体旋转的现象，以及丝锥为什么会折断、齿轮轴为什么会弯曲等现象。

在上面论述中，并没有假定物体处于平衡状态，因此，其适用范围不仅适合于静力学，同样也适用于动力学，是力系向一点简化的基本理论和方法；也就是当研究力系简化时，并不需考虑物体处于何种运动状态。

2. 平面任意力系向作用面内一点简化·主矢和主矩

设有平面任意力系如图3.2（a）所示，在力系作用平面内任取一点 O，该点称为简化中心。根据力的可传性原理和力的平移定理，将力系中各力都平移到 O 点，由此可以得到一个平面汇交力系和一个平面力偶系，如图3.2（b）所示。利用第2章中所学的平面汇交力系和平面力偶系的合成结果，不难得到，平面汇交力系和平面力偶系向一点 O 的简化结果为一个力和一个力偶，如图3.2（c）所示。

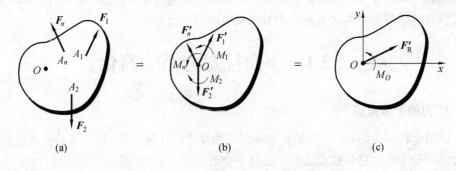

(a)　　　　　　　　　(b)　　　　　　　　　(c)

图 3.2

由力的平移定理可知，经平移所得的汇交力系中各力的大小和方向分别与原力系中对应各力的大小和方向相同，即 $F_1' = F_1$，$F_2' = F_2$，…，$F_n' = F_n$。而附加力偶系中各力偶矩等于原力系中各力对简化中心之矩，即

$$M_1 = M_O(F_1) \ , \quad M_2 = M_O(F_2) \ , \quad \cdots, \quad M_n = M_O(F_n)$$

因此，简化后得到的力矢 F_R' 等于原力系中各力的矢量和，称为力系的主矢量，简称主矢。

即

$$F_R' = \sum F_i' = \sum F_i \tag{3.1}$$

其解析表达式为

$$F_R' = (\sum F_x) \mathbf{i} + (\sum F_y) \mathbf{j} \tag{3.2}$$

于是主矢 F_R' 的大小和方向余弦为

$$F_R' = \sqrt{(\sum F_x)^2 + (\sum F_y)^2}$$

$$\cos(F_R', x) = \frac{\sum F_x}{F_R'}, \quad \cos(F_R', y) = \frac{\sum F_y}{F_R'}$$

简化后得到的力偶，其力偶矩等于原力系中各力对简化中心 O 点之矩的代数和，称为力系的主力偶矩，简称主矩。

$$M_O = \sum M_O(F_i) = \sum M_O \tag{3.3}$$

由此可知：平面任意力系向作用面内任一点简化，一般可得到一个主矢和一个主矩，主矢等于原力系中各力的矢量和，与简化中心位置无关；主矩等于原力系中各力对简化中心之矩的代数和，与简化中心位置有关。主矢和主矩完整地反映了力系对物体的作用效应，它们是力系的两个特征量。

需要指出，主矢和合力是两个不同的概念，主矢只反应力的大小和方向两个要素，不反应力的作用点或作用线的位置，它是自由矢量，可在任意点画出；而合力必须反应力的三要素。

3. 平面任意力系的简化结果分析

平面任意力系向作用面内任意一点的简化结果，并不意味力系的最终简化结果。下面根据主矢和主矩这两个量进一步分析平面任意力系的简化结果。

平面任意力系向简化中心简化，其主矢 F_R' 和主矩 M_O 可以有下述四种情形出现：

（1）$F_R' = 0$，$M_O = 0$

主矢和主矩同时为零，此时原力系平衡，这种情形将在下节详细讨论。

（2）$F_R' = 0$，$M_O \neq 0$

主矢等于零而主矩不等于零，说明原力系与一个力偶系等效，即简化结果为一合力偶，且合力偶矩等于原力系对简化中心的主矩。即

$$M_O = \sum M_O(F_i)$$

但由力偶的性质可知，力偶对任何点之矩恒等于其力偶矩，因而在主矢等于零的情况下（也只有在这种情况下），力系的主矩与简化中心的选择无关，等于力系对任意简化中心的主矩。

（3）$F_R' \neq 0$，$M_O = 0$

如果主矩等于零，主矢不等于零，此时附加力偶系相互平衡，只有一个与原力系等效的力 F_R'。显然，F_R' 就是原力系的合力，而合力的作用线恰好通过选定的简化中心 O。

（4）$F_R' \neq 0$，$M_O \neq 0$

如果平面力系向点 O 简化的结果是主矢和主矩都不等于零，如图 3.3（a）所示，此时主矢和主矩还不是简化的最后结果，可按图 3.1 的逆过程进一步简化，如图 3.3 所示。保持力偶矩不变，将力偶矩为 M_O 的力偶用 F_R 和 F_R'' 两个力来表示，使 $F_R = -F_R'' = F_R'$，如图 3.3（b）所示。去掉一对平衡力 F_R' 和 F_R''，只剩下一个作用线过点 A 的力 F_R，如图 3.3（c）所示。

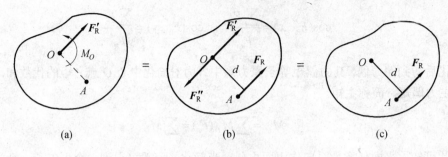

图 3.3

这个力就是力系的合力，合力的大小和方向与主矢相同，合力的作用线在点 O 的哪一侧，需根据主矢和主矩的方向确定；合力的作用线到原简化中心的距离 d 为

$$d = \frac{M_O}{F_R}$$

4. 合力矩定理

由图 3.3（b）知，平面任意力系的合力 F_R 对 O 点的矩为

$$M_O(F_R) = F_R d = M_O$$

又由式（3.3）有

$$M_O = \sum M_O(F_i)$$

于是得

$$M_O(F_R) = \sum M_O(F_i) \qquad (3.4)$$

该式说明：平面任意力系的合力对其作用面内任意一点的矩等于力系的各力对同一点的矩的代数和。这就是平面任意力系的合力矩定理。

例 3.1 铆接薄钢板，铆钉上分别作用有力 $F_1 = 100$ N，$F_2 = 50$ N，$F_3 = 200$ N，如图 3.4（a）所示，图中长度单位为 mm。求（1）力系向 A 点、D 点的简化结果；（2）力系简化的最终结果；（3）上述三种简化结果是否等效？

解：（1） 力系向 A 点简化

这是一个平面力系，其简化结果为一主矢和一主矩。因此，只需计算主矢和主矩的大小及方向。由式（3.1）可知，力系向 A 点简化的主矢为

$$F_R' = \sum F_i$$

由解析法可得力系主矢在坐标轴上的投影为

$$\sum F_x = F_3 = 200 \text{ N}$$

$$\sum F_y / \text{N} = F_1 + F_2 = 100 + 50 = 150$$

主矢的大小为

$$F_R' = \sqrt{\left(\sum F_x\right)^2 + \left(\sum F_y\right)^2} = 250 \text{ N}$$

主矢的方向为

$$\tan \alpha = \sum F_y / \sum F_x = \frac{150}{200} = \frac{3}{4} = 0.75$$

$$\alpha = 36.9°$$

主矩为

$$M_A/(\text{N·mm}) = \sum M_A(F_i) = 100 \times 20 + 50 \times 80 = 6\,000$$

其转向如图 3.4（b）所示。

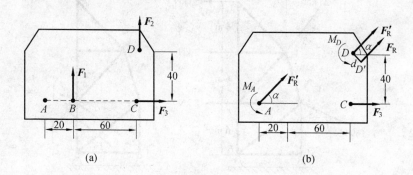

图 3.4

由于主矢与简化中心的位置无关，因此力系向 D 点简化得到的主矢仍为 F_R'，只是作用线通过 D 点。主矩为

$$M_D/(\text{N·mm}) = \sum M_D(F_i) = -100 \times 60 + 200 \times 40 = 2\,000$$

计算结果为正值，表明主矩转向为逆时针转向，如图 3.4（b）所示。

（2）力系简化的最终结果

由于主矢不等于零，且主矢与主矩在同一平面内，因此力系简化的最终结果是一个合力，合力的大小和方向与主矢相同，即

$$F_R = F_R' = 250 \text{ N}$$

合力作用线至 D 点的距离为

$$d/\text{mm} = \frac{M_D}{F_R} = \frac{2\,000}{250} = 8$$

由于 M_D 为正值，根据力偶的转向，可知合力 F_R 应在 D 点右侧，作用线通过 D' 点，如图 3.4（b）所示。

(3) 力系的上述三种简化结果，虽然从形式上看是不同的，但其实质都是与原力系等效的力系，显然他们之间也彼此等效。

例 3.2 试求图 3.5（a）所示桁架中 5 个力的合力及其作用线与 *BC* 边交点的位置。

解：首先将力系向 *O* 点简化，计算其主矢和主矩。主矢在坐标轴上的投影为

$$\sum F_x / \text{kN} = 50 + 2 + 8 + 25 \times \frac{3}{\sqrt{3^2 + 4^2}} - 169 \frac{12}{\sqrt{12^2 + 5^2}} = -81$$

$$\sum F_y / \text{kN} = -25 \times \frac{4}{\sqrt{3^2 + 4^2}} - 169 \times \frac{5}{\sqrt{12^2 + 5^2}} = -85$$

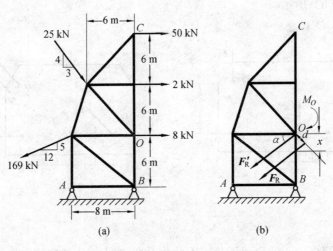

图 3.5

主矢的大小和方向分别为

$$F_R' = \sqrt{\left(\sum F_x\right)^2 + \left(\sum F_y\right)^2} = 117.4 \ \text{kN}$$

$$\tan \alpha = \frac{\sum F_y}{\sum F_x} = \frac{85}{81} = 1.05$$

$$\alpha = 46.38°$$

主矩的大小和方向为

$$M_O / (\text{kN} \cdot \text{m}) = \sum M_O(F_i) = 169 \times \frac{5}{\sqrt{12^2 + 5^2}} \times 8 - 2 \times 6 - 50 \times 12 + 25 \times \frac{4}{\sqrt{3^2 + 4^2}} \times 6 -$$

$$25 \times \frac{3}{\sqrt{3^2 + 4^2}} \times 6 =$$

$$-62$$

负号表明主矩为顺时针转向。

由于 $F_R' \neq 0$，力系还可进一步合成一个合力 $F_R = F_R'$。合力作用线至 O 点的距离为

$$d = \frac{|M_O|}{F_R} = 0.528 \, \text{m}$$

设 d 与 BC 边交点至 O 点距离为 x，根据几何关系有

$$x = \frac{d}{\cos \alpha} = \frac{0.528}{\cos 46.38°} = 0.8 \, \text{m}$$

根据力偶转向可知合力作用线，如图 3.5（b）所示。

3.2　平面任意力系的平衡

由上一节讨论，知道平面任意力系向任一点简化可得一主矢 F_R' 和一主矩 M_O。如果主矢 F_R' 和主矩 M_O 都等于零，那么简化后作用于简化中心的汇交力系和附加平面力偶系分别自成平衡，即原力系是平衡力系；反之，若平面力系是平衡力系，则其主矢和主矩必定都等于零。因为只要两者之一不等于零，力系就将合成为一力或力偶，而不成为平衡力系。因此，平面任意力系平衡的必要与充分条件是：力系向任意一点简化的主矢和主矩同时等于零。即

$$F_R' = 0 \ , \ M_O = 0 \tag{3.5}$$

根据主矢量和主矩的解析表达式（3.2）、（3.3），可以把上述平衡条件用下列代数方程表示

$$\left. \begin{array}{l} \sum F_x = 0 \\ \sum F_y = 0 \\ \sum M_O(F_i) = \sum M_O = 0 \end{array} \right\} \tag{3.6}$$

式（3.6）称为平面任意力系的平衡方程。其中 $\sum F_x = 0$、$\sum F_y = 0$ 称为投影方程，$\sum M_O(F_i) = \sum M_O = 0$ 称为力矩方程，矩心 O 为平面内任一点。这种两个投影方程和一个力矩方程的形式是平面任意力系平衡方程的基本形式。它表明：力系平衡时，所有各力在 x、y 两个直角坐标轴上投影的代数和分别等于零，所有各力对平面内任一点的力矩的代数和等于零。

平面任意力系的平衡方程除式（3.6）的基本形式外，还有二矩式和三矩式两种形式，现分别叙述如下。

二矩式形式的平衡方程是指三个方程中含有两个力矩方程和一个投影方程。在平面内任取两点 A、B 为矩心，任取一轴（设为 x 轴）为投影轴，则二矩式形式的平衡方程为

$$\left.\begin{array}{l} \sum F_x = 0 \\ \sum M_A = 0 \\ \sum M_B = 0 \end{array}\right\} \qquad (3.7)$$

但式（3.7）必须满足的条件是：x 轴不垂直于 A、B 两点的连线。因为满足第二式，说明该力系不可能简化为一个力偶，但有可能简化为通过 A 点的一个力；再满足第三式，说明可能存在的合力沿 AB 连线；又满足第一式，说明如有合力，则此合力必与 x 轴垂直。由于 x 轴不垂直于 A、B 两点连线，则完全排除了该力系简化为一合力的可能性，所以力系处于平衡状态。

　　三力矩形式的平衡方程是指三个方程均为力矩方程。在平面内任取 A、B、C 三点为矩心，则三力矩形式的平衡方程为

$$\left.\begin{array}{l} \sum M_A = 0 \\ \sum M_B = 0 \\ \sum M_C = 0 \end{array}\right\} \qquad (3.8)$$

式（3.8）必须满足的条件是：A、B、C 三矩心不共线。因为满足第一、二式时，说明力系只可能简化为通过 A、B 连线的一合力；再满足第三式，说明该力系仍有可能简化为通过 A、B、C 三点连线的一合力，但是 A、B、C 三点不共线，说明该力系只能处于平衡状态。

　　上述三组方程式（3.6）、（3.7）、（3.8）都可以用来解决平面任意力系的平衡问题，但对于单个物体的平衡问题，只能列出三个独立的平衡方程，求解三个未知量。任何第四个方程只是前三个方程的线性组合，因而不是独立的平衡方程，但可以利用这个重复方程来校核计算的结果。

　　应该指出，在建立这些平衡方程时，投影轴 x、y 可以根据计算简便的原则任意选取，只要两轴互不平行即可。同样，矩心也可以任意选取，它不一定是坐标轴的原点，通常可将矩心选在未知力的交点处，尽量使一个平衡方程式能求解一个未知量，避免求解联立方程组。

　　第 2 章讨论的平面汇交力系、平面力偶系是平面任意力系的特殊形式。可以根据平面任意力系的平衡方程，来验证过去研究的平面汇交力系和平面力偶系的平衡方程。

　　平面平行力系是平面任意力系的另一种特殊形式。取 y 轴平行于各力的作用线，则投影方程 $\sum F_x \equiv 0$，于是由式（3.6）得出平面平行力系的平衡方程为

$$\left.\begin{array}{l} \sum F_y = 0 \\ \sum M_A = 0 \end{array}\right\} \qquad (3.9)$$

平面平行力系的平衡方程也可以写成二力矩形式，即

$$\left.\begin{array}{l} \sum M_A = 0 \\ \sum M_B = 0 \end{array}\right\} \qquad (3.10)$$

但式（3.10）必须满足的条件是：A、B 两矩心连线不能与力系中各力的作用线平行。至于 A、B 两点连线为什么不能与各力作用线平行，请读者思考，并加以证明。

由此可见，平面平行力系，只有两个独立平衡方程，最多可求解两个未知数。

在求解实际问题时，可以根据具体情况，采用不同形式的平衡方程组，并适当选取投影轴和矩心，以简化计算。下面举例说明求解平面任意力系平衡问题的方法和步骤。

例 3.3　有一刚架，其上作用有力 F_1、F_2 和力偶矩 M，如图 3.6（a）所示。试求支座 A、B 处的约束反力。

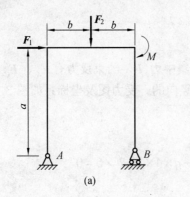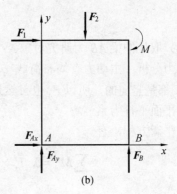

图 3.6

解：（1）取刚架为研究对象。

（2）受力分析：主动力有集中力 F_1、F_2，力偶矩 M，约束反力有 F_{Ax}、F_{Ay} 和 F_B，构成一平面任意力系，受力图如图 3.6（b）所示。

（3）建立如图 3.6（b）所示的 xAy 直角坐标系。

（4）列平衡方程，有

$$\sum M_A = 0, \quad F_B \cdot 2b - F_1 \cdot a - F_2 \cdot b - M = 0$$

解得

$$F_B = \frac{F_1 \cdot a + F_2 \cdot b + M}{2b}$$

$$\sum F_x = 0, \quad F_{Ax} + F_1 = 0$$

解得

$$F_{Ax} = -F_1 \quad （负值表示 \ F_{Ax} \ 的实际指向应向左）$$

$$\sum F_y = 0, \quad F_{Ay} - F_2 + F_B = 0$$

解得

$$F_{Ay} = F_2 - F_B = \frac{F_2 \cdot b - F_1 \cdot a - M}{2b}$$

由 $\sum M_B = 0$ 可直接求出 F_{Ay} 作为校核。

例 3.4　外伸梁 AB 的 A 端为固定铰支座，C 处为活动铰支座，所受荷载如图 3.7（a）

所示，$q = 10$ kN/m，$F = 20$ kN。求支座的约束反力。

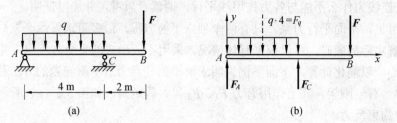

图 3.7

解：（1）取外伸梁 AB 为研究对象。

（2）受力分析：主动力有均布荷载 q，集中力 F，约束反力有 F_A、F_C。又由于所有主动力和 F_C 都是竖向的，所以 F_A 也必然是竖向的。受力图及坐标系如图 3.7（b）所示，所有力构成平面平行力系。

（3）列平衡方程，有

$$\sum M_A = 0, \quad F_C \times 4 - q \times 4 \times 2 - F \times 6 = 0$$

$$\sum F_y = 0, \quad F_A + F_C - q \times 4 - F = 0$$

解得

$F_C = 50$ kN，$F_A = 10$ kN。

例 3.5　均质杆 AB，其重量为 W，作用于中心点 C 处。杆的两端 A、B 处用铰链与滑块相连，滑块在导槽内滑动，两滑块由跨过滑轮的绳相连，各接触处都假定光滑，如图 3.8（a）所示。求：（1）绳的拉力 F 与 W、θ 之间的关系；（2）当绳拉力 $F = 2W$ 时，求 θ 角的数值及 A、B 处的约束反力。

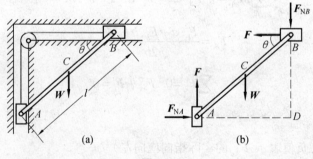

图 3.8

解：（1）取杆 AB 及滑块 A、B 组成的系统为研究对象。

（2）受力分析：绳对物块 A、B 的拉力为 F，滑块 A、B 与导槽的接触为光滑接触，所以 A、B 两处的约束反力 F_{NA}、F_{NB} 分别垂直于导槽，受力图如图 3.8（b）所示。

（3）列平衡方程，有

$$\sum M_D = 0, \quad F \cdot l\sin\theta - F \cdot l\cos\theta + W \cdot \frac{l}{2}\cos\theta = 0$$

解得
$$F = \frac{W\cos\theta}{2(\cos\theta - \sin\theta)}$$

当 $F = 2W$ 时，θ 角数值计算如下：

$$2W = \frac{W\cos\theta}{2(\cos\theta - \sin\theta)}$$

故

$$3\cos\theta - 4\sin\theta = 0$$

解得

$$\tan\theta = \frac{3}{4}, \theta = 36.9°$$

$$\sum F_x = 0, \ F_{NA} - F = 0$$

$$\sum F_y = 0, \ F - W - F_{NB} = 0$$

解得

　　$F_{NA} = F = 2W$，$F_{NB} = F - W = W$。

例 3.6　起重机重 $F_1 = 10\ \text{kN}$，可绕铅直轴 AB 转动；起重机的挂钩上挂一重为 $F_2 = 40\ \text{kN}$ 的重物，如图 3.9 所示。起重机的重心 C 到转动轴的距离为 1.5 m，其他尺寸如图 3.9 所示。求在止推轴承 A 和轴承 B 处的反作用力。

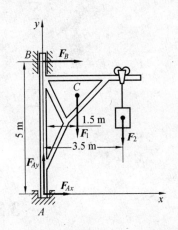

图 3.9

解：以起重机为研究对象，它所受的主动力有 F_1 和 F_2。由于起重机的对称性，认为约束力和主动力都位于同一平面内。止推轴承 A 处有两个约束力 F_{Ax}、F_{Ay}，轴承 B 处只有一个与转轴垂直的约束力 F_B，其受力图如图 3.9 所示。

建立坐标系如图 3.9 所示，列平面任意力系的平衡方程有

$$\sum F_x = 0 \qquad F_{Ax} + F_B = 0$$

$$\sum F_y = 0 \qquad F_{Ay} - F_1 - F_2 = 0$$

$$\sum M_A = 0 \qquad -F_B \cdot 5 - F_1 \cdot 1.5 - F_2 \cdot 3.5 = 0$$

解得

　　$F_B = -31\ \text{kN}$，$F_{Ax} = 31\ \text{kN}$，$F_{Ay} = 50\ \text{kN}$。

F_B 为负值，说明它的方向与假设的方向相反，即应指向左。

例 3.7　如图 3.10（a）所示悬臂梁 AB，梁上有均布荷载 q，在梁的自由端还受一集中

力 **F** 和 ·力偶矩为 *M* 的力偶作用。已知梁长为 *l*，试求固定端 *A* 处的约束反力。

解:（1）取梁 *AB* 为研究对象。

（2）受力分析：梁 *AB* 受主动力 *q*、**F**、*M* 及约束反力 F_{Ax}、F_{Ay}、M_A 作用，受力图如图 3.10（b）所示。

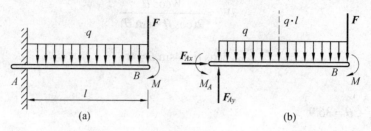

图 3.10

（3）列平衡方程

$$\sum F_x = 0 \qquad F_{Ax} = 0$$

$$\sum F_y = 0 \qquad F_{Ay} - ql - F = 0$$

解得

$$F_{Ay} = F + ql$$

$$\sum M_A = 0 \qquad M_A - M - q \cdot l \cdot \frac{l}{2} - F \cdot l = 0$$

解得

$$M_A = M + \frac{1}{2}ql^2 + Fl$$

3.3 物体系统的平衡

前面讨论了单个物体的平衡问题，但是在工程实际问题中常常遇到的是由若干个物体通过约束所组成的系统的平衡问题。例如组合构架、三铰拱等结构的平衡都是物体系统的平衡问题。这种物体系统，简称物系。系统内部物体之间相互作用的力，对整个系统来说是内力；而主动力和外约束处的约束反力则是其他物体作用于系统的力，是外力。例如：土建工程上常用的三铰拱，如图 3.11 所示，由 *AC* 和 *BC* 两半拱组成，连接两半拱的铰 *C* 是内约束，而铰 *A*、*B* 则是外约束。对整个拱来说，铰 *C* 处的约束反力是内力，而主动力及 *A*、*B* 处的约束反力则是外力。

必须注意，外力和内力是相对的概念，是对一定的研究对象而言的。如果不是取整个三铰拱，而是分别取 *AC* 或 *BC* 为研究对象，则铰 *C* 对 *AC* 或 *BC* 作用的力就成为外力。

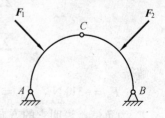

图 3.11

　　研究物体系统的平衡问题，不仅要求出系统所受的未知外力，而且还要求出系统内物体间相互作用的内力。由作用与反作用定律可知，内力总是成对出现的，因此，当取整个系统为研究对象时，内力并不出现。当要求系统内力时，就必须根据需要选取与要求的内力有关的某些刚体为研究对象。此时，内力以外力的形式出现。

　　当物体系统平衡时，组成该系统的每一个物体都处于平衡状态。在平面一般力系问题中，一个物体具有三个独立的平衡方程，那么，由 n 个物体组成的物体系统就具有 $3n$ 个独立的平衡方程。如果系统中有的物体是二力构件或受汇交力系作用时，则系统的独立平衡方程数目相应减少。当系统中未知量的数目等于独立平衡方程数目时，则所有未知数都能由平衡方程求出，这样的系统是静定的，这样的问题称为静定问题；否则，就是静不定的，又称超静定的。在工程实际中，为了提高结构的刚度、坚固性和稳定性，常常采用增加约束的方法，以致使约束反力未知量的数目多于这个系统所具有的独立平衡方程的数目，未知量就不能全部由平衡方程求出，这样的问题称为静不定问题或超静定问题。本书静力学中只根据刚体的平衡方程求解未知量等于独立平衡方程数目的静定问题，至于超静定问题，则在材料力学中讨论。

　　在求解物体系统的平衡问题时，可以就整个系统或其中某几个物体的组合或个别物体作为研究对象，写出其平衡方程。但不论如何选取研究对象，独立的平衡方程总数最多只有 $3n$ 个。所以，这也是判定物系问题是否可解的重要条件，称为可解条件。因为，满足了 $3n$ 个平衡方程的系统必然是平衡的，此时，再写出其他方程，都是与上述平衡方程相关而不独立的。在求解过程中，究竟怎样选取研究对象，以及如何确定对这些研究对象进行分析的先后顺序，其原则是使平衡方程中包含的未知量数目最少，尽可能地使一个平衡方程只包含一个未知量。下面举例说明如何求解物体系统的平衡问题。

　　例 3.8　组合梁 AB 的支承及受力情况如图 3.12（a）所示。已知：$F_1 = F_2 = 10\ \text{kN}$，$F_3 = 20\ \text{kN}$。试求：支座 A、B、C 及铰 D 处的约束反力。

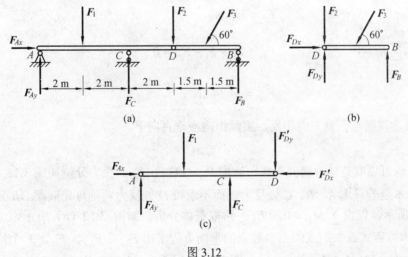

图 3.12

　　分析：组合梁 AB 是由梁 ACD 和梁 DB 在 D 处铰接而成的，外约束反力有 4 个，内约束反力有 2 个，共 6 个未知量，属平面任意力系，可列 6 个独立的平衡方程。但若先取整体分析，则 4 个未知量均不能解出，所以必须拆开。拆开后，如图 3.12（b）、（c）所示，只能先取 DB 分析，而不能先取 ACD 分析，否则 3 个方程仍不能解出 5 个未知量。

解：（1）取梁 DB 为研究对象，受力分析如图 3.12（b）所示。这是一个平面任意力系，有 3 个未知量，均可解出，即由平衡方程有

$$\sum F_x = 0 \qquad F_{Dx} - F_3\cos 60^\circ = 0$$

得
$$F_{Dx} = 10 \text{ kN}$$

$$\sum M_D = 0 \qquad F_B \times 3 - F_3\sin 60^\circ \times 1.5 = 0$$

得
$$F_B = 8.66 \text{ kN}$$

$$\sum F_y = 0 \qquad F_{Dy} + F_B - F_2 - F_3\sin 60^\circ = 0$$

得
$$F_{Dy} = 18.66 \text{ kN}$$

（2）取梁 ACD 为研究对象，受力分析如图 3.12（c）所示。该力系仍是平面任意力系，可解出待求的 3 个未知量，即由平衡方程有

$$\sum F_x = 0 \qquad F_{Ax} - F'_{Dx} = 0$$

得
$$F_{Ax} = F'_{Dx} = F_{Dx} = 10 \text{ kN}$$

$$\sum M_A = 0 \qquad F_C \times 4 - F_1 \times 2 - F'_{Dy} \times 6 = 0$$

得
$$F_C = 33 \text{ kN}$$

$$\sum F_y = 0 \qquad F_{Ay} + F_C - F_1 - F'_{Dy} = 0$$

得
$$F_{Ay} = -4.34 \text{ kN}$$

F_{Ay} 值为负，说明与假设方向相反，实际指向应垂直向下。

讨论：

（1）也可以取整体为研究对象，来求 $\boldsymbol{F}_{Ax}$、$\boldsymbol{F}_{Ay}$、$\boldsymbol{F}_C$，受力分析如图 3.12（a）所示。

（2）本题若只求 A、B、C 处反力，而不求铰 D 处反力，则可先取梁 DB 分析，如图 3.12（b）所示，仅由 $\sum M_D = 0$ 求 F_B，再取整体分析，如图 3.12（a）所示，由平面任意力系的基本方程式或二矩式的三个独立的平衡方程求出 $\boldsymbol{F}_{Ax}$、$\boldsymbol{F}_{Ay}$、$\boldsymbol{F}_C$，3 个待求量，而不用求中间铰 D 处的反力 $\boldsymbol{F}_{Dx}$、$\boldsymbol{F}_{Dy}$，即用 4 个方程求 4 个要求的未知量。

例 3.9 某厂房用三铰刚架，由于地形限制，铰 A、B 位于不同高度，如图 3.13（a）所示。刚架上承受荷载集度为 q=10 kN／m，拱跨 2l=8 m，拱高 H=6 m，A 与 B 高度差

$h=2$ m。求 A、B、C 处的约束反力。

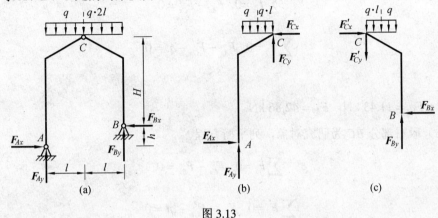

图 3.13

分析： 此三铰刚架，外约束反力有 4 个，内约束反力有 2 个，共计 6 个未知量。为平面任意力系，可列 $3n=6$ 个独立平衡方程。但若先研究整体，则有 4 个未知量，不满足可解条件。故本题也应拆开分析，但单独取其中的每一部分都不能求出任何一个未知量。因而应考虑联立求解的方法，先求出中间过渡量，然后再求解待求量。分别取左部分 AC、右部分 BC，列出只含有未知约束反力 F_{Cx}、F_{Cy}、F'_{Cx}、F'_{Cy} 的平衡方程组，这里 $F_{Cx}=-F'_{Cx}$，$F_{Cy}=-F'_{Cy}$，方向已在受力图中标出。然后再分别研究左、右部分，即可求出相应的未知量。

解： (1)分别取左部分 AC，右部分 BC 为研究对象。受力图如图 3.13（b）、3.13（c）所示，列平衡方程

$$\sum M_A = 0, \quad F_{Cx}(H+h) + F_{Cy} \cdot l - ql \frac{1}{2}l = 0 \tag{1}$$

$$\sum M_B = 0, \quad ql \frac{1}{2}l - F'_{Cx} \cdot H + F'_{Cy} \cdot l = 0 \tag{2}$$

将已知数据及 $F_{Cx}=F'_{Cx}$，$F_{Cy}=F'_{Cy}$ 代入式（1）、（2）得

$$8F_{Cx} + 4F_{Cy} - 80 = 0 \tag{3}$$

$$4F'_{Cx} - 6F'_{Cy} + 80 = 0 \tag{4}$$

联立式（3）、（4）解得

$$F_{Cx} = F'_{Cx} = 11.43 \text{ kN}$$

$$F_{Cy} = F'_{Cy} = -2.86 \text{ kN}$$

（2）取左部分 AC 为研究对象，列平衡方程

$$\sum F_x = 0, \ F_{Ax} - F_{Cx} = 0$$

$$\sum F_y = 0, \ F_{Ay} + F_{Cy} - ql = 0$$

解得

$F_{Ax} = F_{Cx} = 11.43 \text{ kN}, \ F_{Ay} = 42.86 \text{ kN}$

（3）取右部分 BC 为研究对象，列平衡方程

$$\sum F_x = 0, \ F'_{Cx} - F_{Bx} = 0$$

$$\sum F_y = 0, \ F_{By} - F'_{Cy} - ql = 0$$

解得

$F_{Bx} = F'_{Cx} = 11.43 \text{ kN}, \ F_{By} = 37.14 \text{ kN}$

如果 A、B 两点高度差 $h=0$，此时可以先取整体为研究对象，利用 $\sum M_A = 0$ 和 $\sum M_B = 0$，分别求出部分未知量 F_{By} 和 F_{Ay}；再取 AC 或 BC 分析，求出 F_{Ax}、F_{Cx}、F_{Cy} 或 F_{Bx}、F'_{Cx}、F'_{Cy}；最后取整体或局部分析求出 F_{Bx} 或 F_{Ax}。

例 3.10　支架由滑轮 D、杆 AB 和杆 CBD 构成，绳经过滑轮一端挂重量为 G 的物块，另一端系在杆 AB 的 E 处，尺寸如图 3.14（a）所示。试求 A、B、C 处的约束反力。

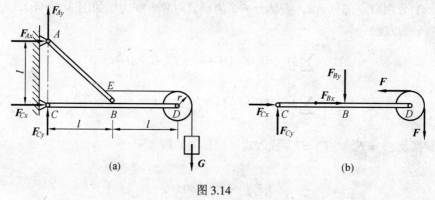

图 3.14

解：（1）取杆 CBD 和滑轮为研究对象，受力分析如图 3.14（b）所示，有绳子的拉力 F，且 $F=G$。列平衡方程，有

$$\sum M_B = 0, \ -F_{Cy} \cdot l + F \cdot r - F \cdot (l + r) = 0$$

$$\sum F_y = 0, \ F_{Cy} - F_{By} - F = 0$$

解得

$F_{Cy} = -F = -G$

$F_{By} = F_{Cy} - F = -G - G = -2G$

（2）取整体为研究对象，受力分析如图 3.14（a）所示。列平衡方程，有

$$\sum M_A = 0, \quad F_{Cx} \cdot l - G \cdot (2l + r) = 0$$

$$\sum F_x = 0, \quad F_{Ax} + F_{Cx} = 0$$

$$\sum F_y = 0, \quad F_{Cy} + F_{Ay} - G = 0$$

解得

$$F_{Cx} = (2 + \frac{r}{l})G$$

$$F_{Ax} = -F_{Cx} = -(2 + \frac{r}{l})G$$

$$F_{Ay} = 2G$$

（3）再取杆 CBD 为研究对象，受力分析如图 3.14（b）所示。

列平衡方程，有

$$\sum F_x = 0, \quad F_{Cx} + F_{Bx} - F = 0$$

解得

$$F_{Bx} = -(1 + \frac{r}{l})G$$

讨论：本题也可以采取其他顺序进行求解。如先取整体为研究对象，求出 F_{Cx}、F_{Ax} 之后，再取杆 CBD、滑轮为研究对象，求出 F_{Cy}、F_{Bx}、F_{By}，然后再回到整体求出 F_{Ay}。总之，不论选用哪种方案求解，都应以计算简便为原则。

例 3.11　曲柄连杆式压榨机的曲柄 OA 上作用一力偶，其力偶矩 M=500 N · m，如图 3.15（a）所示。已知：$OA = r$ =0.1 m，$BD=DC=ED=a$ =0.3 m，机构在水平面内，在图示位置平衡，$\angle OAB$=90°，θ=30°，不计各杆自重。求水平压榨力 F。

分析：本题属于求机构平衡时，主动力之间的关系问题，通常按传动顺序将机构拆开，通过求连接点的力，逐步求得主动力之间应满足的关系式。

解：（1）取杆 OA 为研究对象，受力分析如图 3.15（b）所示。

列平衡方程，有

$$\sum M = 0, \quad M - OA \cdot F_{AB} = 0$$

解得

$$F_{AB} = 5\,000 \text{ N}$$

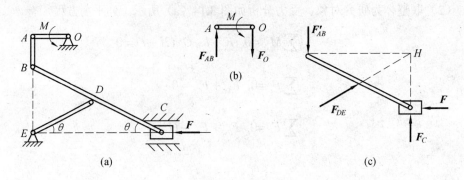

图 3.15

（2）取杆 BC 和滑块为研究对象，受力分析如图 3.15（c）所示。

列平衡方程，有

$$\sum M_H = 0, \quad F'_{AB} \cdot 2a\cos\theta - F \cdot 2a\sin\theta = 0$$

解得

$F = 8\ 660.25\ \text{N}$

由此可见，适当地选取力矩方程和恰当地选择矩心，可以使计算简便。

通过上面的例题可以了解到求解物体系统平衡问题的基本方法。现将求解这类问题的一般步骤和特点归纳如下：

（1）进行问题分析

首先分析清楚整个系统由几个物体组成，并且认清每个物体是在什么样的力系作用下处于平衡的，从而准确地确定整个系统的独立平衡方程数目；其次是判定可解条件，先看整体，后看局部，根据未知量数目是否等于或少于其独立平衡方程数目，确定解题思路。

（2）恰当地选取研究对象

解物体系统平衡问题时，首先遇到选择哪个物体为研究对象的问题。由于物体系统的结构和连接方式多种多样，很难有一成不变的方法，但大体上说，有如下几条原则可供参考：

① 如整个系统满足可解条件，可选择整体为研究对象。

② 如整个系统不满足可解条件，但又是静定问题，通常采用将系统拆开的方法。这时，一般选择受力情况最简单的，或有已知力、未知力同时作用的某个刚体或系统的某部分为研究对象。

（3）受力分析，正确地画受力图

对研究对象进行受力分析，分析其受到的主动力和约束反力。注意两物体间的相互作用力符合作用与反作用公理。

（4）列平衡方程，求解未知量

列平衡方程，应尽量避免在方程中出现不需要求的未知量。为此，可适当选择多个未知力的交点为矩心，或使投影轴尽量与较多的未知力垂直，均可达到简化计算的目的。

本章小结

（1）力的平移定理：作用于物体上的力，可以平行移动到物体上的任意一点，但平移后必须附加一力偶，其力偶矩等于原力对平移点之矩，这样不会改变原力对物体的作用效应。

（2）平面任意力系向作用面内任一点 O 简化，一般可得到一个主矢和一个主矩，主矢等于原力系中各力的矢量和，与简化中心位置无关；主矩等于原力系中各力对简化中心之矩的代数和，与简化中心位置有关。

主矢 $$F'_R = \sum_{i=1}^{n} F_i = \sum F$$

其解析表达式为 $$F'_R = (\sum F_x)i + (\sum F_y)j$$

主矢 F'_R 的大小和方向余弦为

$$F'_R = \sqrt{(\sum F_x)^2 + (\sum F_y)^2}$$

$$\cos(F'_R, x) = \frac{\sum F_x}{F'_R}, \quad \cos(F'_R, y) = \frac{\sum F_y}{F'_R}$$

主矩 $$M_O = \sum M_O(F_i) = \sum M_O$$

（3）平面任意力系向任意一点简化，可能出现的四种情况见下表。

主矢	主矩	合成结果	说　　　　明
$F'_R \neq 0$	$M_O = 0$	合　力	此力为原力系的合力，合力作用线通过简化中心
	$M_O \neq 0$	合　力	合力作用线离简化中心的距离 $d = \dfrac{M_O}{F'_R}$
$F'_R = 0$	$M_O \neq 0$	合力偶	此力偶为原力系的合力偶，在这种情况下，主矩与简化中心的位置无关
	$M_O = 0$	平　衡	

（4）平面任意力系平衡的必要和充分条件是：力系向任意一点简化的主矢和主矩同时等于零，即

$$F'_R = 0 \quad , \quad M_O = 0$$

（5）平面任意力系平衡方程的三种形式见下表。

基本形式（一矩式）	二矩式	三矩式
$\sum F_x = 0$ $\sum F_y = 0$ $\sum M_O = 0$	$\sum F_x = 0$（或 $\sum F_y = 0$） $\sum M_A = 0$ $\sum M_B = 0$ AB 两点连线不能垂直于 x 轴（或 y 轴）	$\sum M_A = 0$ $\sum M_B = 0$ $\sum M_C = 0$ A、B、C 三点不能共线

（6）平面平行力系平衡方程的两种形式见下表。

一矩式	二矩式
$\sum F_y = 0$ $\sum M_O = 0$ y 轴不垂直于力作用线	$\sum M_A = 0$ $\sum M_B = 0$ AB 两点连线不能与各力作用线平行

习 题

3.1 判断图示结构中哪些是静定问题？哪些是超静定问题？

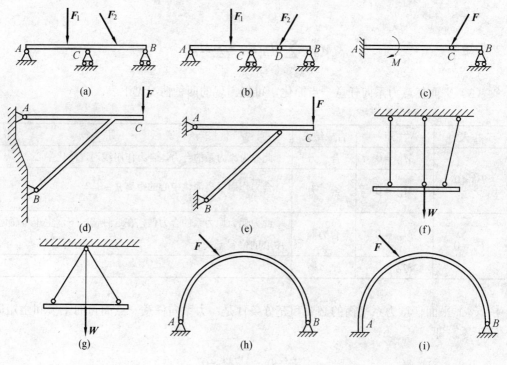

题 3.1 图

3.2 如图所示，已知 $AB=BC=AC=a$ ，$DE=EC=DC=2a$，各力大小为 $F_1=F_2=F_3=F$，$F_4=F_5=F_6=2F$。求此力系分别对 A、B、C 三点的主矩。

3.3 F_1、F_2、F_3 分别作用于边长为 a 的正方形 $OABC$ 的 C、O 及 B 三顶点，如图所示。已知 $F_1=2$ kN，$F_2=4$ kN，$F_3=10$ kN。试求此三力的最简等效力系。

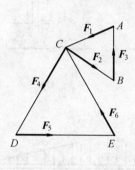
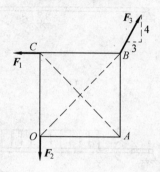

题 3.2 图   题 3.3 图

3.4 将图示坐标平面内的力系进行简化。

3.5 弯管所受平面力系如图所示，试简化此力系。

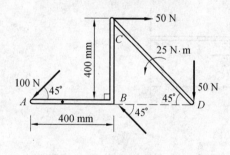
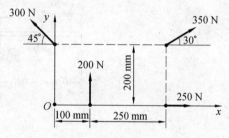

题 3.4 图   题 3.5 图

3.6 试简化图示坐标平面内的力系。

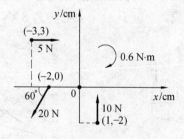

题 3.6 图

3.7 试求如图所示各梁支座的约束反力。设力的单位为 kN，力偶矩的单位为 kN·m，长度单位为 m，分布荷载集度为 kN / m。

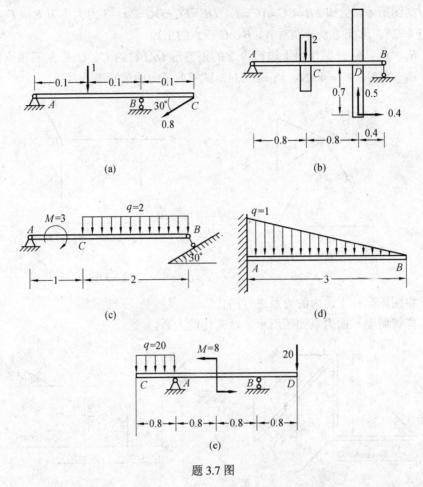

题 3.7 图

3.8　如图所示的阳台，一端砌入墙内，其自重可看成是均布荷载，集度为 q(N／m)。另一端作用有来自柱子的力 F(N)，柱到墙边的距离为 l(m)，试求阳台固定端的约束力。

3.9　如图所示对称屋架 ABC 的 A 为固定铰链支座，B 为滚动铰链支座，屋架重 100 kN，AC 边的风压可看成均布荷载，垂直于 AC，其合力为 8 kN，作用于 AC 边中点，试求 A、B 的约束力。

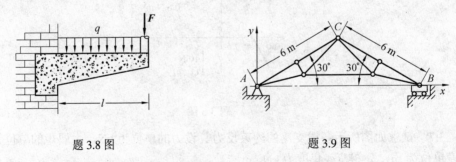

题 3.8 图　　　　　　　　　　　　　　题 3.9 图

3.10　如图所示为露天厂房的立柱。其底部是杯形基础，立柱底部用混凝土砂浆与杯形基础固连在一起。已知吊车梁传来的铅垂荷载为 $F=60$ kN，风压集度 $q=2$ kN／m，立柱自重 $G=40$ kN，长度 $a=0.5$ m，$h=10$ m，试求立柱底部的约束力。

3.11 如图所示的 *AB* 梁，一端砌在墙内，在自由端装有滑轮用以匀速吊起重物 *D*。设重物的重量为 *G*，又 *AB* 长为 *b*，斜绳与铅垂线成 α 角，求固定端的约束力。

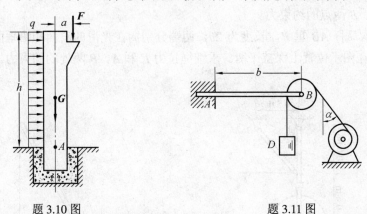

题 3.10 图   题 3.11 图

3.12 图（a）为红旗牌 W-613 型铲车示意图。起重架具有固定铰链支座 *O*，在 *A*、*B* 间装有油缸可用来调节起重架的位置。已知最大起重量 *W*=50 kN，试求倾斜油缸活塞杆的拉力 *F* 以及支座 *O* 的约束力，尺寸如图(b)所示，单位为 mm。

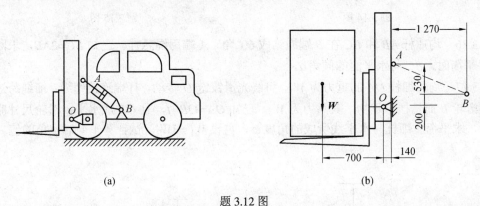

(a)   (b)

题 3.12 图

3.13 炼钢炉的送料机由跑车 *A* 和可移动的桥 *B* 组成。跑车可沿桥上的轨道运动，两轮间距离为 2 m，跑车与操作架、平臂 *OC* 以及料斗 *C* 相连，料斗每次装载物料重 *W*=15 kN，平臂长 *OC*=5 m。设跑车 *A*、操作架 *D* 和所有附件总重为 *P*，作用于操作架的轴线，问 *P* 至少应多大才能使料斗在满载时跑车不致翻倒？

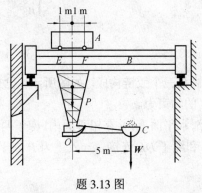

题 3.13 图

3.14 飞机起落架尺寸如图所示。A、B、C 为铰链，杆 OA 垂直于 A、B 连线。当飞机匀速直线滑行时，地面作用于轮上的铅垂正压力 $F=30$ kN，水平摩擦力和各杆重量均不计，试求 A、B 两点的约束力。

3.15 均质杆 AB 重 P，长度为 2b，两端分别搁在光滑的斜面和铅垂面上，用一根水平细绳拉住在图示位置上保持平衡。求细绳拉力 F 和 A、B 两处的约束力。

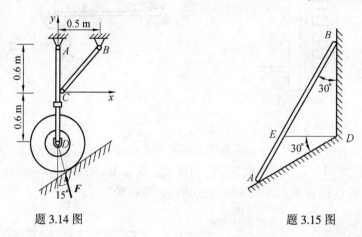

题 3.14 图　　　　　　　　　题 3.15 图

3.16 均质杆 AB 和 BC 在 B 端固结成 60° 角，A 端用绳悬挂。已知 BC=2AB，求刚杆 ABC 平衡时，BC 与水平面的倾角 α。

3.17 均匀细杆 OA 的重力为 W_1，可绕光滑铰链 O 转动。杆端连接细绳，细绳跨过光滑小滑轮 B 而悬挂一重物，其重力为 W_2。已知 OA=OB=l，且 OB 成水平；滑轮尺寸略去不计，求平衡时细杆与水平线所成的角度 φ，再设 $W_1=3W_2$，试计算平衡时 φ 角的值。

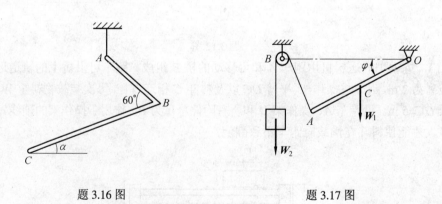

题 3.16 图　　　　　　　　　题 3.17 图

3.18 三铰拱由两个半拱和三个铰链构成，如图所示。已知每个半拱重 $W=300$ kN，$l=32$ m，$h=10$ m 求支座 A、B 的约束力。

3.19 活动梯子置于光滑水平面上，并在铅垂面内，梯子两部分 AC 和 AB 各重力为 W，重心在中点，彼此用铰链 A 和绳子 DE 连接。一人重为 P 立于 F 处，试求绳子 DE 的拉力和 B、C 两点的约束力。

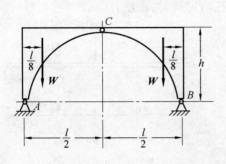

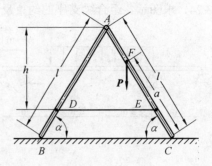

题 3.18 图　　　　　　　　　　题 3.19 图

3.20　水平梁搁在彼此相距 4 m 的支座上，梁上放两重物，其中物 C 重 2 kN，另一物 D 重 1 kN，重物间的距离 CD=1 m。梁重不计，欲使支座 A 的反力是支座 B 的反力的二倍，问重物 C 到支座 A 的距离 x 等于多少?

3.21　弧形闸门自重 G=150 kN，水压力 F_H=3 000 kN，铰 A 处摩擦力偶的矩 M=60 kN·m。求开启闸门时的拉力 F 及铰 A 的反力。

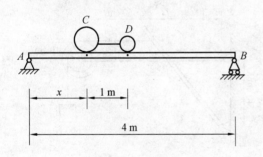

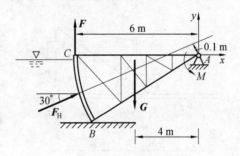

题 3.20 图　　　　　　　　　　题 3.21 图

3.22　图示汽车操纵系统的踏板装置。如工作阻力 F_0=1 700 N，a=380 mm，b=50 mm，α=60°。求司机的脚踏力 F 。

3.23　水箱在其受力平面内有三根支杆，风力 F=400 N，水箱自重 G=6 000 N，求各支杆的内力。

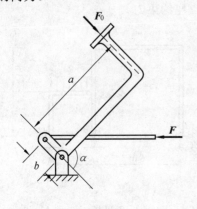

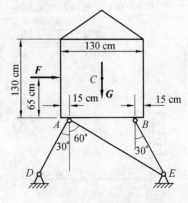

题 3.22 图　　　　　　　　　　题 3.23 图

3.24 求图示各组合梁支座的约束反力及铰链 C 处的约束反力。

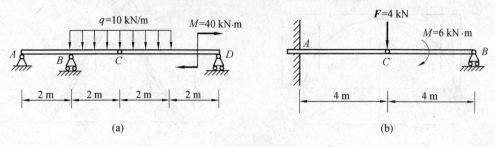

(a)   (b)

题 3.24 图

3.25 如图所示，静定梁由 AC 和 CD 两段铰接而成，起重机放在梁上。已知起重机重 $G=50$ kN，重心在垂直线上，起重荷载 $F=10$ kN。如不计梁重，求支座 A、B、D 三处的约束力。

3.26 缠在大滑轮上的绳子水平地连于 E 点，缠在小滑轮上的绳子吊一重量为 300 N 的物体。求铰链 B 所受的力。

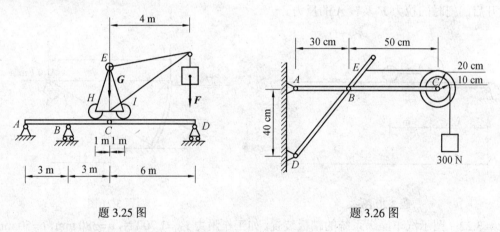

题 3.25 图   题 3.26 图

3.27 静定刚架如图所示。均布荷载集度 $q_1=1$ kN／m，$q_2=4$ kN／m。求 A、B、E 三支座处的约束反力。

3.28 刚架 ACB 和刚架 CD 通过铰链 C 连接，并与地面通过铰链 A、B、D 连接，如图所示。已知 $q=10$ kN/m，$F=50$ kN，试求刚架的支座约束力。

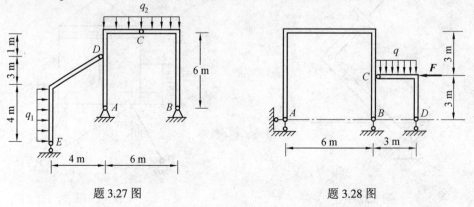

题 3.27 图   题 3.28 图

3.29 在图示的结构计算简图中，已知 $F_1 = F_1' = 12$ kN，$F = 10\sqrt{2}$ kN，试求 A、B、C 三处的约束反力(要求方程数目最少而且不需解联立方程)。

3.30 图示构架由三杆 AC、CE、BH 及滑轮 C 铰接而成。CE 杆的 E 端与滚动支座铰接，搁置在光滑斜面上，BH 杆水平，在 H 点作用一垂直力 $F = 1$ kN。绕过滑轮的绳索其上边一段水平地连于固定点 K，下端吊一重量为 $G = 600$ N 的重物，绳索及各杆重量不计。求铰链 A、B、D 的约束反力。

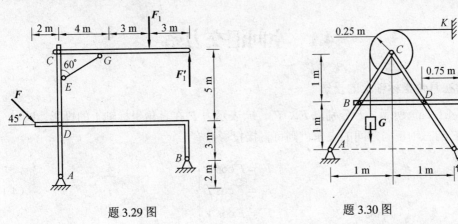

题 3.29 图   题 3.30 图

3.31 如图所示，梁 AB 上有均布荷载集度 $q = 4$ kN/m，梁 CD 上有集中荷载 $F = 5$ kN。若不计拉杆和梁的自重，试求杆 BD 和杆 DE 的内力及 A、C 的约束力。

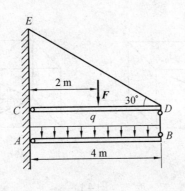

题 3.31 图

第4章 空间力系

4.1 空间汇交力系

1. 力在直角坐标轴上的投影

如图 4.1（a）所示，若分别以 F_x、F_y、F_z 表示力 F 在直角坐标轴上的投影，以 α、β、γ 表示力 F 与三轴正向之间的夹角，则可直接投影，有

$$\left.\begin{array}{l} F_x = F\cos\alpha \\ F_y = F\cos\beta \\ F_z = F\cos\gamma \end{array}\right\} \tag{4.1}$$

通常分力用矢量 F_x、F_y、F_z 表示，在直角坐标系中，分力的大小就等于力在相应轴上的投影值。

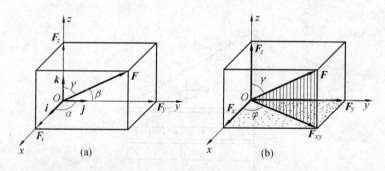

图 4.1

有些情况下，只知道力和坐标轴间部分夹角，如图 4.1(b)所示，这时可通过二次投影法来计算力的投影，即

$$\left.\begin{array}{l} F_{xy} = F\sin\gamma \\ F_x = F_{xy}\cos\varphi = F\sin\gamma\cos\varphi \\ F_y = F_{xy}\sin\varphi = F\sin\gamma\sin\varphi \\ F_z = F\cos\gamma \end{array}\right\} \tag{4.2}$$

在具体计算时，究竟取哪种方法求投影，要看问题给出的条件来确定。

反过来如果已知力 F 在三轴上的投影，也可求出力 F 的大小和方向，即

$$
\left.
\begin{aligned}
F &= \sqrt{F_x^{\,2} + F_y^{\,2} + F_z^{\,2}} \\[2mm]
\cos\alpha &= \frac{F_x}{\sqrt{F_x^{\,2} + F_y^{\,2} + F_z^{\,2}}} \\[2mm]
\cos\beta &= \frac{F_y}{\sqrt{F_x^{\,2} + F_y^{\,2} + F_z^{\,2}}} \\[2mm]
\cos\gamma &= \frac{F_z}{\sqrt{F_x^{\,2} + F_y^{\,2} + F_z^{\,2}}}
\end{aligned}
\right\}
\tag{4.3}
$$

2. 空间汇交力系的合力与平衡条件

将平面汇交力系的合成法则扩展到空间，可得空间汇交力系的合力等于各分力的矢量和，合力的作用线通过汇交点。合力矢为

$$
F_R = F_1 + F_2 + \cdots + F_n = \sum F_i
$$

合力的解析表达式为

$$
F_R = (\sum F_x)\boldsymbol{i} + (\sum F_y)\boldsymbol{j} + (\sum F_z)\boldsymbol{k}
\tag{4.4}
$$

合力的大小和方向余弦为

$$
F_R = \sqrt{(\sum F_x)^2 + (\sum F_y)^2 + (\sum F_z)^2}
$$

$$
\cos(F_R, x) = \frac{\sum F_x}{F_R}, \quad \cos(F_R, y) = \frac{\sum F_y}{F_R}, \quad \cos(F_R, z) = \frac{\sum F_z}{F_R}
\tag{4.5}
$$

由于空间汇交力系合成为一个合力，所以，空间汇交力系平衡的必要和充分条件为：该力系的合力等于零，即

$$
\sqrt{(\sum F_x)^2 + (\sum F_y)^2 + (\sum F_z)^2} = 0
$$

欲使上式成立，必须同时满足

$$
\sum F_x = 0, \quad \sum F_y = 0, \quad \sum F_z = 0
\tag{4.6}
$$

空间汇交力系平衡的必要和充分条件为：该力系中所有各力在三个坐标轴上的投影的代数和分别等于零。式（4.6）称为空间汇交力系的平衡方程。

例 4.1　如图 4.2（a）所示的起重装置，垂直支柱 AB=3 m，AE=AH=4 m。拉索 BE、BH 相对于吊臂平面 ABC 对称布置，且 $\angle DAE$=$\angle DAH$=45°。如吊起的重物重 G=200 kN，其他部件重量均可略去不计，A 处可看做光滑铰链，试求拉索 BE、BH 和支柱 AB、AC 所受的力。

解：　由于支柱 AB 和 AC 均为二力杆件，且已知力作用在 C 点处，故应先取 C 点来研

究，求出绳 BC 的拉力 $\boldsymbol{F}_1$ 及杆 AC 的压力 $\boldsymbol{F}_{AC}$，然后再取 B 点来研究，求出拉索 BE、BH 和支柱 AB 所受的力。

（1）取 C 点为研究对象

受力分析：绳子的拉力 $\boldsymbol{F}$、$\boldsymbol{F}_1$，杆 AC 压力 $\boldsymbol{F}_{AC}$，受力图及建立的 x_1Cy_1 直角坐标系如图 4.2（b）所示。

列平衡方程，

$$\sum F_y = 0,\ F_1\sin 15^\circ - F\sin 45^\circ = 0$$

$$\sum F_x = 0,\ F_{AC} - F_1\cos 15^\circ - F\cos 45^\circ = 0$$

并将 $F{=}G$ 代入，解得

$$F_1 = 546.3\ \text{kN}\ ,\quad F_{AC} = 669.15\ \text{kN（压杆）}$$

（2）取 B 点为研究对象

受力分析：拉索 BH、BE 的拉力 $\boldsymbol{F}_2$、$\boldsymbol{F}_3$，绳子的拉力 $\boldsymbol{F}_1'$，支柱 AB 的压力 $\boldsymbol{F}_{AB}$。受力图及空间直角坐标系 $xAyz$ 如图 4.2（c）所示。

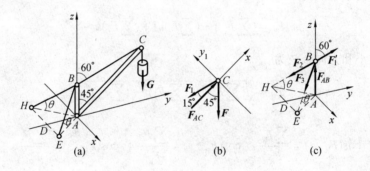

图 4.2

列平衡方程，有

$$\sum F_x = 0,\quad F_3\cos\theta\sin 45^\circ - F_2\cos\theta\sin 45^\circ = 0$$

$$\sum F_y = 0,\quad F_1'\sin 60^\circ - 2F_2\cos\theta\cos 45^\circ = 0$$

$$\sum F_z = 0,\quad F_{AB} - 2F_2\sin\theta + F_1'\cos 60^\circ = 0$$

其中 $F_2 = F_3$，$\cos\theta = \dfrac{AE}{BE} = 0.8$，$\sin\theta = \dfrac{AE}{BE} = 0.6$

解得

$$F_2{=}F_3{=}418.2\ \text{kN}\ ,\quad F_{AB}{=}228.7\ \text{kN}$$

4.2 力对点之矩和力对轴之矩

1. 力对点之矩

对于平面力系，用代数量表示力对点之矩足以概括它对物体作用效应的全部要素，而在空间问题中力矩的作用效应，不仅与力矩的大小、转向有关，还与力矩作用面在空间的方位有关。显然，用代数量来表示它是不够的，必须用矢量来表示。如图 4.3 所示，矢量 $M_O(F)$ 称为力矩矢。它的模表示力矩的大小，它的方向与力矩作用面的法线方向相同，用右手螺旋规则可表示力矩的转向。

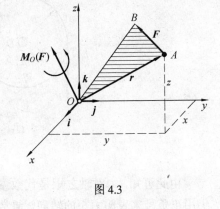

图 4.3

以 r 表示矩心 O 到力 F 作用点 A 的矢径，根据矢量运算规律，则可以得到力对点之矩的矢量定义式

$$M_O(F) = r \times F \tag{4.7}$$

由于力矩矢量 $M_O(F)$ 的大小和方向都与矩心 O 的位置有关，故力矩矢的始端必须在矩心，不可任意挪动，所以力矩矢量是一个定位矢量。

力矩矢还可用解析式表示，以矩心 O 为原点建立直角坐标系，设力作用点 A 的坐标分别为 x、y、z，力 F 在坐标轴上的投影为 F_x、F_y、F_z，则

$$r = xi + yj + zk$$

$$F = F_x i + F_y j + F_z k$$

于是

$$M_O = r \times F = (F_z y - F_y z)i + (F_x z - F_z x)j + (F_y x - F_x y)k \tag{4.8}$$

由式（4.8）可知，力矩矢 $M_O(F)$ 在各坐标轴上的投影为

$$\left.\begin{aligned}
\left[M_O(F)\right]_x &= F_z y - F_y z \\
\left[M_O(F)\right]_y &= F_x z - F_z x \\
\left[M_O(F)\right]_z &= F_y x - F_x y
\end{aligned}\right\} \tag{4.9}$$

2. 力对轴之矩

在第 2 章中，已经建立了在平面内力对点之矩的概念。如图 4.4（a）所示，力 F 在鼓轮平面内，力产生使物体绕 O 点转动的作用，其平面力对点之矩为

$$M_O(F) = FR$$

从图 4.4 可以看到，平面里物体绕 O 点的转动，实际上就是空间里物体绕通过 O 点且与该平面垂直的轴转动，即物体绕 x 轴转动，如图 4.4（b）所示。所以，平面内力对点之矩，实际上就是空间力对轴之矩。若以 $M_x(F)$ 表示力对 x 轴的矩，则有

$$M_x(F) = M_O(F) = FR$$

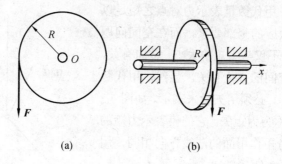

(a)   (b)

图 4.4

由此可知，力对轴之矩是代数量，而且力使物体绕轴转动只有正转和反转之分，因此，仍用正负号来表明力矩的转向。通常规定，从轴的正向看，力使物体有逆时针转动趋势时，力矩取正值，反之取负。也可根据右手螺旋规则来判断：用右手握住 x 轴，使四指顺着力矩转动的方向，如果大拇指指向 x 轴的正向则力矩为正；反之为负。

一般情况下，当力的作用线不在垂直于转轴的平面内时，如图 4.5 所示，在门上 A 点施加一力 F，使门绕转轴 z 转动。为了度量力使门绕 z 轴的转动效应，可将力 F 分解为垂直于 z 轴的分力 F_{xy} 和平行于 z 轴的分力 F_z，由经验可知，分力 F_z 没有转动效应，力 F 的转动效应完全由分力 F_{xy} 确定。如果过 A 点作平面 xy 与 z 轴垂直并与 z 轴交于 O 点，由图可见，分力 F_{xy} 是力 F 在此平面上的投影，因此，力 F 对 z 轴之矩就是其分力 F_{xy} 对 O 点之矩，即

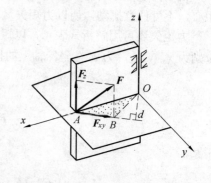

图 4.5

$$M_z(F) = M_O(F_{xy}) = \pm F_{xy}d \qquad (4.10)$$

综上所述，力对轴之矩是度量力使物体绕轴转动效应的物理量，其大小等于力在与轴垂直平面上的投影对转轴与平面的交点之矩。

由式（4.10）可知，当力与轴相交($d=0$)或力与轴平行时，力对轴之矩等于零，也就是说：力与轴共面时力对轴之矩等于零。

力对轴之矩也可用解析式表示，如图 4.6 所示，根据力对轴之矩的定义，将力 F 投影到 xOy 坐标面上得到矢量 F_{xy}。则 F_{xy} 对 O 点之矩的解析式为

$$M_z(F) = M_O(F_{xy}) = r \times F_{xy} = (F_y x - F_x y)k$$

即

$$M_z(\boldsymbol{F}) = xF_y - yF_x$$

同理可得其余二式。将此三式合写为

$$\left.\begin{array}{l} M_x(\boldsymbol{F}) = yF_z - zF_y \\ M_y(\boldsymbol{F}) = zF_x - xF_z \\ M_z(\boldsymbol{F}) = xF_y - yF_x \end{array}\right\} \tag{4.11}$$

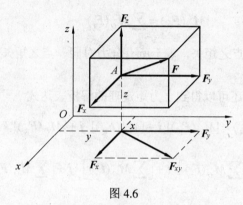

图 4.6

3. 力对点之矩与力对通过该点的轴之矩的关系

对比式（4.9）与（4.11），可得

$$\left.\begin{array}{l} \left[\boldsymbol{M}_O(\boldsymbol{F})\right]_x = M_x(\boldsymbol{F}) \\ \left[\boldsymbol{M}_O(\boldsymbol{F})\right]_y = M_y(\boldsymbol{F}) \\ \left[\boldsymbol{M}_O(\boldsymbol{F})\right]_z = M_z(\boldsymbol{F}) \end{array}\right\} \tag{4.12}$$

上式表明：力对点之矩矢在通过该点的任意轴上的投影等于力对同轴之矩。

式（4.12）建立了力对点的矩与力对轴的矩之间的关系。

如果力对通过点 O 的直角坐标轴 x、y、z 的矩是已知的，则可求得该力对点 O 的矩的大小和方向余弦为

$$\left.\begin{array}{l} \left|\boldsymbol{M}_O(\boldsymbol{F})\right| = \left|\boldsymbol{M}_O\right| = \sqrt{\left[M_x(\boldsymbol{F})\right]^2 + \left[M_y(\boldsymbol{F})\right]^2 + \left[M_z(\boldsymbol{F})\right]^2} \\[2mm] \cos(\boldsymbol{M}_O, \boldsymbol{i}) = \dfrac{M_x(\boldsymbol{F})}{\left|\boldsymbol{M}_O(\boldsymbol{F})\right|} \\[3mm] \cos(\boldsymbol{M}_O, \boldsymbol{j}) = \dfrac{M_y(\boldsymbol{F})}{\left|\boldsymbol{M}_O(\boldsymbol{F})\right|} \\[3mm] \cos(\boldsymbol{M}_O, \boldsymbol{k}) = \dfrac{M_z(\boldsymbol{F})}{\left|\boldsymbol{M}_O(\boldsymbol{F})\right|} \end{array}\right\} \tag{4.13}$$

4. 合力矩定理

设一空间汇交力系的合力为 $F_R = \sum F_i$，现在分析合力对任意点 O 之矩 $M_O(F_R)$ 与其分力对同点之矩的关系。

设 r 为矩心至合力作用点的矢径，由式（4.7）得

$$M_O(F_R) = r \times F_R = r \times \sum F_i = r \times F_1 + r \times F_2 + \cdots + r \times F_n =$$
$$M_O(F_1) + M_O(F_2) + \cdots + M_O(F_n)$$

即

$$M_O(F_R) = \sum M_O(F_i) \tag{4.14}$$

上式表明：合力对某点之矩矢，等于所有分力对同一点之矩矢的矢量和，这就是合力矩定理。

根据矢量投影定理，还可以得到合力矩定理的解析表达式

$$M_O(F_R) = [M_O(F_R)]_x i + [M_O(F_R)]_y j + [M_O(F_R)]_z k \tag{4.15}$$

即

$$M_O(F_R) = \left[\sum M_O(F_i)\right]_x i + \left[\sum M_O(F_i)\right]_y j + \left[\sum M_O(F_i)\right]_z k \tag{4.16}$$

对比式（4.12）、（4.15）和（4.16）可得

$$\left. \begin{array}{l} M_x(F_R) = \sum M_x(F) \\ M_y(F_R) = \sum M_y(F) \\ M_z(F_R) = \sum M_z(F) \end{array} \right\} \tag{4.17}$$

上式表明：合力对某轴之矩，等于所有分力对同轴之矩的代数和。这就是力对轴之矩的合力矩定理。

例 4.2 如图 4.7 所示，已知：$F_1 = F_2 = 200$ N，$F_3 = 300$ N。试计算各力对坐标轴之矩及力系对 O 点之矩。

解：（1）计算力对三坐标轴之矩

由于力 F_1 作用线通过三轴交点 O，因此

$$M_x(F_1) = M_y(F_1) = M_z(F_1) = 0$$

力 F_2 平行于 y 轴，所以 $M_y(F_2) = 0$

$$M_x(F_2)/(\text{N} \cdot \text{m}) = -F_2 \times 0.4 = -200 \times 0.4 = -80$$

$$M_z(F_2)/(\text{N} \cdot \text{m}) = F_2 \times 0.3 = 200 \times 0.3 = 60$$

力 F_3 平行于 z 轴，所以

$$M_x(\boldsymbol{F_3})/(\mathrm{N \cdot m}) = F_3 \times 0.6 = 300 \times 0.6 = 180$$

$$M_y(\boldsymbol{F_3})/(\mathrm{N \cdot m}) = -F_3 \times 0.3 = -300 \times 0.3 = -90$$

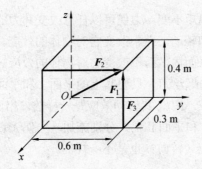

图 4.7

（2）计算力系对 O 点之矩

由图 4.7 可知，此力系为空间汇交力系，必有合力。因此，可利用合力矩定理求出力系对 O 点之矩。

$$M_x(\boldsymbol{F_R})/(\mathrm{N \cdot m}) = \sum M_x(\boldsymbol{F_i}) = M_x(\boldsymbol{F_1}) + M_x(\boldsymbol{F_2}) + M_x(\boldsymbol{F_3}) = 0 - 80 + 180 = 100$$

$$M_y(\boldsymbol{F_R})/(\mathrm{N \cdot m}) = \sum M_y(\boldsymbol{F_i}) = M_y(\boldsymbol{F_1}) + M_y(\boldsymbol{F_2}) + M_y(\boldsymbol{F_3}) = 0 + 0 - 90 = -90$$

$$M_z(\boldsymbol{F_R})/(\mathrm{N \cdot m}) = \sum M_z(\boldsymbol{F_i}) = M_z(\boldsymbol{F_1}) + M_z(\boldsymbol{F_2}) + M_z(\boldsymbol{F_3}) = 0 + 60 + 0 = 60$$

于是可得力对 O 点之矩的大小为

$$M_O(\boldsymbol{F_R})/(\mathrm{N \cdot m}) = \sqrt{100^2 + (-90)^2 + 60^2} = 147.3$$

方向角为

$$\cos(\boldsymbol{M_O}, \boldsymbol{i}) = \cos\alpha = \frac{M_x(\boldsymbol{F})}{|\boldsymbol{M_O}(\boldsymbol{F})|} = 0.687$$

$$\cos(\boldsymbol{M_O}, \boldsymbol{j}) = \cos\beta = \frac{M_y(\boldsymbol{F})}{|\boldsymbol{M_O}(\boldsymbol{F})|} = 0.61$$

$$\cos(\boldsymbol{M_O}, \boldsymbol{k}) = \cos\gamma = \frac{M_z(\boldsymbol{F})}{|\boldsymbol{M_O}(\boldsymbol{F})|} = 0.41$$

$$\alpha = 47°18', \quad \beta = 52°24', \quad \gamma = 65°48'$$

4.3　空间力偶系

1. 空间力偶等效条件

根据前文知道，只要力偶矩不变，力偶可以任意改变其力的大小和力偶臂的长短，也可以在其作用面内任意移动和转动，而不改变它对物体的效应。其实在空间，力偶还可以移到与其作用面平行的任一平面内，而不改变它对物体的效应。力偶的这种性质的实例是很多的，如图 4.8（a）所示的螺丝刀，只要其上的平面 I 和平面 II 平行，那么在两平面内先后施加力偶矩相等的力偶(F，F')，其转动效应是一样的。相反，如图 4.8（b）所示，在物块的两个不相平行的平面 I 和平面 II 上，分别施加一力偶 M_1 和 M_2，即使其力偶矩大小相等，它们使物块转动的效应（转向）也是不一样的。

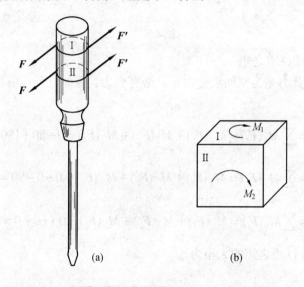

图 4.8

结合平面力偶的等效条件，空间力偶的等效条件是：两个平行平面内的两个力偶，如果其力偶矩的大小相等，力偶的转向相同，则两个力偶等效。

由此可知空间力偶的三要素为：力偶矩的大小、力偶的转向、力偶作用面的方位。

2. 力偶矩的矢量表示

力偶的三要素可用一矢量来完全表示。矢量的模表示力偶矩的大小；矢量的指向与力偶的转向的关系遵守右手螺旋规则，即右手四指顺力偶转向弯曲，伸直的拇指的指向就是矢量的指向；矢量的方位与力偶作用面的法线相同，如图 4.9 所示。该矢量称为力偶矩矢，记作 M。

由于力偶可以在其作用面内任意移动，又可向平行于作用面的任一平面内移动，因此力偶矩矢可以平行于自身在空间任意移动，而无需考虑其始端或末端的位置，故力偶矩矢是自由矢量。

显然，力偶矩矢相等的两个力偶等效。

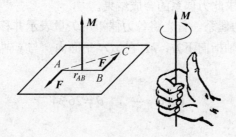

图 4.9

3. 空间力偶系的合成

不在同一平面内的许多力偶称为空间力偶系。设物体上作用有力偶矩矢分别为 M_1，M_2，…，M_n 的许多力偶。根据力偶矩矢是自由矢量这一点，通过平移、滑动，总可以使它们汇交于一点，然后将这些矢量一一相加，得合力偶矩矢

$$M = M_1 + M_2 + \cdots + M_n = \sum M_i \tag{4.18}$$

即空间力偶系合成的结果是一个合力偶，合力偶矩矢等于各分力偶矩矢的矢量和。

同空间汇交力系一样，求合力偶矩通常都采用解析法。

合力偶矩矢在任一轴上的投影等于各分力偶矩矢在同一轴上投影的代数和，即

$$\left. \begin{aligned} M_x &= \sum_{i=1}^{n} M_{ix} \\ M_y &= \sum_{i=1}^{n} M_{iy} \\ M_z &= \sum_{i=1}^{n} M_{iz} \end{aligned} \right\} \tag{4.19}$$

于是得合力偶矩矢的大小为

$$M = \sqrt{M_x^2 + M_y^2 + M_z^2} \tag{4.20}$$

合力偶矩矢的方向余弦为

$$\left. \begin{aligned} \cos(\boldsymbol{M}, \boldsymbol{i}) &= \cos \alpha = \frac{M_x}{M} = \frac{\sum M_{ix}}{M} \\ \cos(\boldsymbol{M}, \boldsymbol{j}) &= \cos \beta = \frac{M_y}{M} = \frac{\sum M_{iy}}{M} \\ \cos(\boldsymbol{M}, \boldsymbol{k}) &= \cos \gamma = \frac{M_z}{M} = \frac{\sum M_{iz}}{M} \end{aligned} \right\} \tag{4.21}$$

其中 α、β、γ 分别为合力偶矩矢 $\boldsymbol{M}$ 与 x 轴、y 轴、z 轴正向间的夹角。

例 4.3 长方体上作用有三个力偶，如图 4.10（a）所示。已知 $F_1 = F_1' = 10\ \text{N}$，$F_2 = F_2' = 15\ \text{N}$，$a = 0.1\ \text{m}$，$F_3 = F_3' = 30\ \text{N}$。求此力偶系的合成结果。

解： 这是一组空间力偶系。首先将各力偶矩用矢量表示并移至坐标原点 O 处。如图 4.10（b）所示，$\boldsymbol{M}_1$ 沿 z 轴指向下方；$\boldsymbol{M}_2$ 在 xOy 平面内，与 y 轴成 $45°$ 角；$\boldsymbol{M}_3$ 在 xOz 平面内，与 z 轴成 θ 角。

$$\tan\theta = \frac{1}{2}, \quad \theta = 26°34'$$

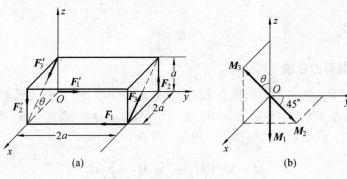

图 4.10

计算合力偶矩矢在三坐标轴的投影

$$M_x/(\text{N·m}) = \sum M_{ix} = M_3\sin\theta + M_2\sin 45° =$$
$$F_3 \cdot 2a\sin\theta + F_2 \cdot 2\sqrt{2}a\sin 45° =$$
$$30\times 2\times 0.1\times\sin 26°34' + 15\times 2\sqrt{2}\times 0.1\ \sin 45° =$$
$$5.683$$

$$M_y/(\text{N·m}) = \sum M_{iy} = M_2\cos 45° = F_2 \cdot 2\sqrt{2}a\cos 45° =$$
$$15\times 2\sqrt{2}\times 0.1\times\frac{\sqrt{2}}{2} =$$
$$3$$

$$M_z/(\text{N·m}) = \sum M_{iz} = M_2\cos\theta - M_1 = F_3 \cdot 2a\cos\theta - F_1 \cdot 2a =$$
$$30\times 2\times 0.1\times\cos 26°34' - 10\times 2\times 0.1 =$$
$$3.376$$

合力偶矩矢的大小为

$$M = \sqrt{M_x^2 + M_y^2 + M_z^2} = 7.255\ \text{N·m}$$

合力偶矩矢的方向角为

$$\cos\alpha = \frac{M_x}{M} = 0.783\,3, \quad \alpha = 38°26'$$

$$\cos \beta = \frac{M_y}{M} = 0.783\,3 , \quad \beta = 65°34'$$

$$\cos \gamma = \frac{M_z}{M} = 0.464\,1 , \quad \gamma = 62°21'$$

例 4.4　如图 4.11（a）所示的齿轮箱上有三个力偶作用，已知：M_1=413 N·m，M_2=200 N·m，M_3=160 N·m 试求此力偶系的合力偶矩矢。

解：这是一组空间力偶系。首先将各力偶矩用矢量表示并平移到 O 点处，如图 4.11（b）所示。然后计算合力偶矩矢在三坐标轴上的投影为

$$M_x/(\text{N} \cdot \text{m}) = \sum M_{ix} = M_1 - M_2 = 413 - 200 = 213$$

$$M_y = \sum M_{iy} = -M_3 = -160 \text{ N} \cdot \text{m}$$

$$M_z = 0$$

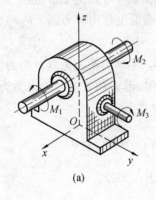

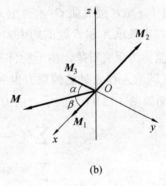

(a)　　　　　　　　　　　　　　　(b)

图 4.11

计算合力偶矩矢的大小为

$$M/(\text{N} \cdot \text{m}) = \sqrt{M_x^2 + M_y^2 + M_z^2} = \sqrt{213^2 + (-160)^2} = 266.4$$

合力偶矩矢的方向角为

$$\cos \alpha = \frac{M_x}{M} = \frac{213}{266.4} = 0.799 , \quad \alpha = 36.9°$$

$$\cos \beta = \frac{M_y}{M} = \frac{160}{266.4} = 0.6 , \quad \beta = 53°$$

$$\cos \gamma = \frac{M_z}{M} = 0 , \quad \gamma = 90°$$

合力偶矩矢的解析表达式为

$$M = 213\boldsymbol{i} - 160\boldsymbol{j}$$

4. 空间力偶系的平衡条件

作用于刚体上的力偶系可合成一合力偶，因此力偶系作用下刚体平衡的必要充分条件是：合力偶矩矢等于零，即力偶系各力偶矩矢的矢量和等于零。其表达式可记为

$$M = \sum M_i = 0 \qquad (4.22)$$

即

$$M = \sqrt{(\sum M_x)^2 + (\sum M_y)^2 + (\sum M_z)^2} = 0 \qquad (4.23)$$

所以，欲使上式成立，必须同时满足

$$\sum M_x = 0, \quad \sum M_y = 0, \quad \sum M_z = 0 \qquad (4.24)$$

式（4.24）为空间力偶系的平衡方程。它表明：空间力偶系平衡必要和充分的解析条件是：该力偶系中所有力偶矩矢在 x、y、z 三个直角坐标轴上投影的代数和分别等于零。

空间力偶系有三个独立的平衡方程，最多可求解三个未知量。

例 4.4　如图 4.12（a）所示机构，已知：两圆盘半径均为 200 mm，$AB =800$ mm，圆盘面 O_1 垂直于 z 轴，圆盘面 O_2 垂直于 x 轴，两盘面上作用有力偶，$F_1=3$ N，$F_2=5$ N，构件自重不计。求轴承 A 和 B 处的约束力。

解：取整体为研究对象，由于构件自重不计，主动力为两力偶，由力偶只能由力偶来平衡的性质，轴承 A 和 B 处的约束力也应形成力偶。设 A 和 B 处的约束力为 F_{Ax}、F_{Az}、F_{Bx}、F_{Bz}，受力图如图 4.12（b）所示。由力偶系平衡方程，有

$$\sum M_x = 0, \quad 400F_2 - 800F_{Az} = 0$$

$$\sum M_z = 0, \quad 400F_1 + 800F_{Ax} = 0$$

解得

$$F_{Ax} = F_{Bx} = -1.5 \text{ N}, \quad F_{Az} = F_{Bz} = 2.5 \text{ N}$$

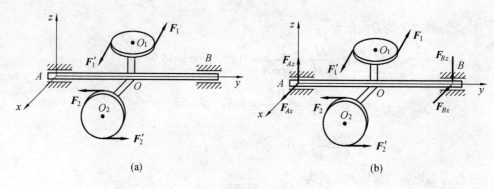

(a)　　　　　　　　　　　　(b)

图 4.12

4.4 空间任意力系的简化

1. 空间任意力系向一点的简化

设有一空间任意力系如图 4.13（a）所示，仿照平面力系的简化方法，将该力系向任一简化中心 O 简化，由力的平移定理可知，力系平移后得到一个空间汇交力系和一个空间力偶，如图 4.13（b）所示。由基本力系的合成可知，空间任意力系的简化结果也是一个力和一个力偶，如图 4.13（c）所示。与平面力系相类似，这个力称为**力系的主矢**，等于原力系中各力的矢量和，即

$$F'_R = \sum F'_i = \sum F_i \tag{4.25}$$

解析表达式为
$$F'_R = (\sum F_x)i + (\sum F_y)j + (\sum F_z)k \tag{4.26}$$

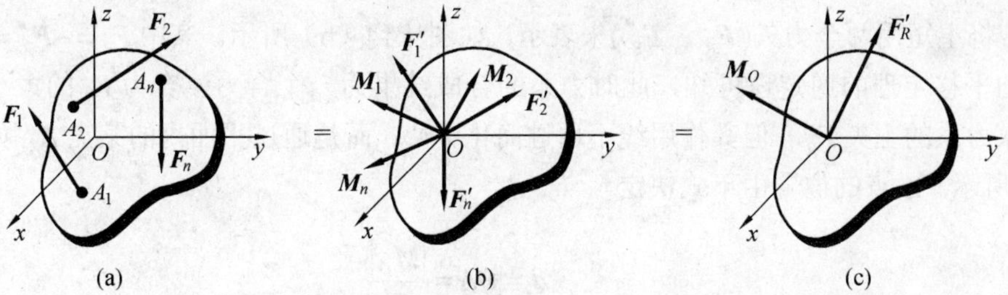

图 4.13

这个力偶称为空间任意力系的主力偶，主力偶矩矢称为**力系的主矩矢**，等于原力系中各力对简化中心 O 点之矩的矢量和，即

$$M_O = \sum M_O(F_i) = \sum M_{iO} \tag{4.27}$$

由力对点的矩与力对轴的矩的关系，有解析表达式为

$$M_O = \sum M_x(F_i)i + \sum M_y(F_i)j + \sum M_z(F_i)k \tag{4.28}$$

空间任意力系向任意点 O 简化，总可以得到一个主矢和一个主矩矢，其主矢等于原力系中各力的矢量和，主矩矢等于原力系中各力对简化中心之矩矢的矢量和。与平面任意力系一样，主矢与简化中心位置无关，是自由矢量；主矩与简化中心位置有关，是定位矢量。

2. 空间任意力系的简化结果分析

力系向任意一点的简化结果，并不意味力系的最终简化结果，下面根据主矢和主矩这两个量进一步研究力系的简化结果。

力系向简化中心简化，其主矢 F'_R 和主矩矢 M_O 可以有下述四种情形出现：

（1）$F'_R = 0$，$M_O = 0$

主矢和主矩矢同时为零，此时力系平衡。这种情形将在下一节详细研究。

（2）$F_R' \neq 0$，$M_O = 0$

主矢不等于零而主矩矢等于零，说明原力系等效于一个作用线通过简化中心的合力，合力的大小和方向由主矢 F_R' 决定。即

$$F_R = F_R' = \sum F_i$$

（3）$F_R' = 0$，$M_O \neq 0$

主矢等于零而主矩矢不等于零，说明原力系与一个力偶系等效，即简化结果为一合力偶，且合力偶矩等于原力系对简化中心的主矩。但由力偶的性质可知，力偶对任何点之矩恒等于其力偶矩，因而在主矢等于零的情况下，也只有在这种情况下，力系的主矩矢与简化中心的选择无关，等于力系对任意简化中心的主矩矢。

（4）$F_R' \neq 0$，$M_O \neq 0$

主矢和主矩矢同时不等于零，根据 F_R' 与 M_O 两矢量的位置关系不同，其简化结果又可分为下述三种情形

① $F_R' \perp M_O$。如图 4.14（a）所示，由力偶矩矢的定义可知，主矩与主矢在同一平面内，若将主矩用两个力矢（F_R，F_R''）来表示，如图 4.14（b）所示。其中 $F_R = -F_R'' = F_R'$，根据力的平移定理的逆定理可知，此时力系的合成结果为一个合力，合力 F_R 的大小和方向等于原力系的主矢 F_R'，但其作用线不通过简化中心，而是通过平面内的某点 A，如图 4.14（c）所示。A 点的位置由下式决定

$$d = OA = \frac{|M_O|}{F_R'} \tag{4.29}$$

即力系向任意点简化，主矢和主矩矢相互垂直时，力系还可进一步简化为一个合力。合力与主矢是等矢量。合力的作用线由式（4.29）及右手螺旋规则决定，即四指转向一侧。

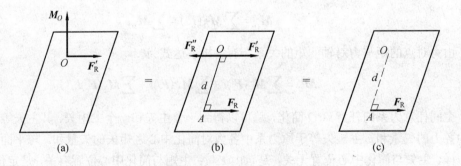

图 4.14

② $F_R' \parallel M_O$。这时力系不能再进一步简化，这种由一个力与一个在其垂直平面内的力偶组成的力系，称为力螺旋，如图 4.15 所示。在工程实际中力螺旋是很常见的，例如钻孔时钻头对工件的作用效应以及用螺旋力拧紧螺钉等，都是力螺旋的实例。

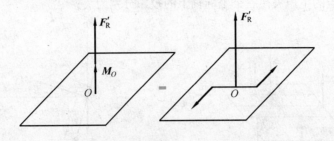

图 4.15

当 F'_R 与 M_O 同向时，称为右手力螺旋；当 F'_R 与 M_O 反向时，称为左手力螺旋。力螺旋中力的作用线称为力螺旋的中心轴。这种情形下中心轴通过简化中心。

③ F'_R 与 M_O 成任意角度 α。如图 4.16（a）所示，此时可将主矩矢 M_O 分解为与 F'_R 垂直的分量 M_1 和与 F'_R 平行的分量 M_2，如图 4.16（b）所示。根据前面讨论结果可知，F'_R 和 M_1，可进一步合成一个作用线过 A 点的一个力 F_R，且 $F_R = F'_R$。同时，由于 F_R 仍与 M_2 平行，因此，力系仍简化为力螺旋，如图 4.16（c）所示。必须注意，此时力螺旋的中心轴不通过简化中心 O，而是通过另一点 A，A 点的位置由下式决定，即

$$d = \frac{|M_2|}{F'_R}$$

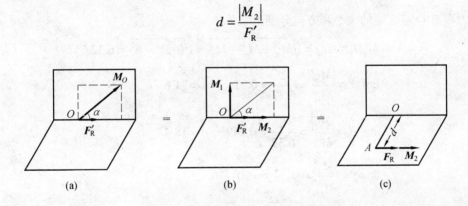

图 4.16

必须指出，力螺旋既不能与一个力等效，也不能与一个力偶等效，它也是一种最简力系。

由上述讨论可知，空间一般力系的简化结果存在四种可能情况：平衡、合力、合力偶、力螺旋。

例 4.5 求图 4.17（a）所示空间平行力系简化的最终结果。

解：首先将力系向任意点 O 简化，主矢的大小和方向分别为

$$F_R / \text{N} = \sum F_z = 10 - 16 + 8 - 4 = -2$$

主矢方向垂直向下，如图 4.17（b）所示。

力系对 O 点的主矩矢在三个坐标轴上的投影分别为

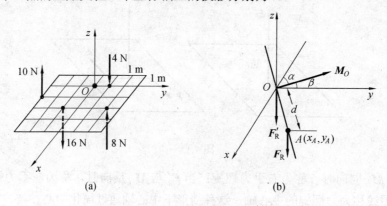

图 4.17

$$M_x /(\mathrm{N}\cdot\mathrm{m}) = \sum M_x(\boldsymbol{F}_i) = 8\times 2 - 4\times 1 + 16\times 1 - 10\times 3 = -2$$

$$M_y /(\mathrm{N}\cdot\mathrm{m}) = \sum M_y(\boldsymbol{F}_i) = -8\times 2 + 16\times 2 - 10\times 1 = 6$$

$$M_z = \sum M_z(\boldsymbol{F}_i) = 0$$

力系对 O 点之矩的大小和方向分别为

$$M_O /(\mathrm{N}\cdot\mathrm{m}) = \sqrt{M_x^2 + M_y^2 + M_z^2} = \sqrt{(-2)^2 + 6^2} = 6.32$$

$$\cos\alpha = \frac{|M_x|}{M_O} = \frac{2}{6.32} = 0.316, \quad \alpha = 71.6°$$

$$\cos\beta = \frac{|M_y|}{M_O} = \frac{6}{6.32} = 0.949, \quad \beta = 18.4°$$

$$\cos\gamma = \frac{|M_z|}{M_O} = 0, \quad \gamma = 90°$$

由此可知：$\boldsymbol{F}_R' \perp \boldsymbol{M}_O$，力系还可进一步合成为一个合力，合力为

$$\boldsymbol{F}_R = \boldsymbol{F}_R'$$

合力作用线至 O 点的距离为

$$d = \frac{|M_O|}{F_R'} = 3.16 \ \mathrm{m}$$

根据力偶转向可知，合力作用线通过 xOy 面上的 A 点，如图 4.17（b）所示，A 点坐标为

$$x_A = d\cos\beta = 2.998 \ \mathrm{m}$$

$$y_A = d\cos\alpha = 0.997 \ \mathrm{m}$$

4.5　空间任意力系的平衡

1. 空间任意力系的平衡方程

　　空间力系向任意点简化的结果为一主矢 F'_R 和主矩矢 M_O。如果空间力系的主矢 F'_R 及对于任意简化中心的主矩矢 M_O 同时等于零，表明与该力系等效的空间汇交力系及附加空间力偶系分别自成平衡，因而该力系必为平衡力系；反之，如果主矢 F'_R 与主矩矢 M_O 不同时等于零，表明该力系不可能成为平衡力系。因此，空间力系平衡的必要和充分条件是：力系的主矢量和力系对任意点的主矩矢同时等于零，即

$$F'_R = 0 , \quad M_O = 0$$

　　根据主矢和主矩矢的解析表达式，可以得到下列方程

$$\left. \begin{array}{lll} \sum F_x = 0, & \sum F_y = 0, & \sum F_z = 0 \\ \sum M_x = 0, & \sum M_y = 0, & \sum M_z = 0 \end{array} \right\} \tag{4.30}$$

　　式（4.30）称为空间任意力系的平衡方程。其中 $\sum F_x = 0$，$\sum F_y = 0$，$\sum F_z = 0$ 称为投影方程，$\sum M_x = 0$，$\sum M_y = 0$，$\sum M_z = 0$ 称为力矩方程。它表明：力系中所有各力在 x、y、z 三个空间直角坐标轴上投影的代数和分别等于零，以及所有各力对 x、y、z 三个空间直角坐标轴之矩的代数和也分别等于零。

　　和平面力系一样，空间任意力系的平衡方程除式（4.30）的基本形式外，还有其他形式，如四矩式、五矩式或六矩式。这些不同形式的平衡方程组与基本形式的平衡方程组是等价的。恰当地选择投影轴和矩轴，应用空间力系平衡方程的其他形式来解题，往往十分简捷。

　　无论是空间任意力系平衡方程的基本形式，还是其他形式，独立的平衡方程只有 6 个。也就是说，应用空间任意力系平衡方程，对一个物体，只能求解 6 个未知量。

　　空间任意力系是物体受力的最一般情况。前面所讨论的各种力系都是空间任意力系的特殊情况，因此，这些力系的平衡方程都可以从式（4.30）导出。

　　空间平行力系是空间任意力系的另一种特殊形式。取 z 轴平行于各力作用线，则有 $\sum F_x \equiv 0$，$\sum F_y \equiv 0$，$\sum M_z \equiv 0$，所以空间平行力系的平衡方程为

$$\sum F_z = 0 , \quad \sum M_x = 0 , \quad \sum M_y = 0 \tag{4.31}$$

也就是说空间平行力系只有 3 个独立的平衡方程，最多只能求解 3 个未知量。

　　必须指出，方程组（4.30）虽然是由直角坐标系导出的，但在求解具体问题时，不一定使三个投影轴或矩轴互相垂直，也没有必要使矩轴和投影轴重合，而可以分别选取适宜轴线为投影轴或矩轴，使每一平衡方程中包含的未知量最少，以简化计算。

2. 空间约束的类型举例

　　一般情况下，当刚体受到空间任意力系作用时，在每个约束处，其约束力的未知量可

能有 1～6 个。决定每种约束的约束力未知量个数的基本方法是：观察被约束物体在空间可能的 6 种独立的位移中（沿 x、y、z 三轴的移动和绕此三轴的转动），有哪几种位移被约束所阻碍。阻碍移动的是约束力；阻碍转动的是约束力偶。现将几种常见的约束及其相应的约束力综合列表，见表 4.1。

表 **4.1** 基本约束类型的受力分析

约　束　类　型	约束反力	未知量
光滑表面　　滚动支座　　绳索　　二力杆	F_A	1
径向轴承　圆柱铰链　铁轨　蝶铰链	F_{Az}　F_{Ay}	2
球形铰链　　止推轴承	F_{Az}　F_{Ay}　F_{Ax}	3
导向轴承 (a)　　万向接头 (b)	(a) F_{Az} M_{Az} F_{Ay} M_{Ay} (b) F_{Az} F_{Ay} M_{Ay} F_{Ax}	4
带有销子的夹板 (a)　　导轨 (b)	(a) F_{Az} M_{Az} F_{Ay} F_{Ax} M_{Ax} (b) F_{Az} M_{Az} F_{Ay} M_{Ay} M_{Ax}	5
空间的固定端支座	F_{Az} M_{Az} F_{Ay} M_{Ay} F_{Ax} M_{Ax}	6

　　分析实际的约束时，有时要忽略一些次要因素，抓住主要因素，做一些合理的简化。例如，导向轴承能阻碍轴沿 y 和 z 轴的移动，并能阻碍绕 y 轴和 z 轴的转动，所以有 4 个约束作用力 F_{Ay}、F_{Az}、M_{Ay}、M_{Az}；而径向轴承限制轴绕 y 和 z 轴的转动作用很小，故 M_{Ay} 和 M_{Az} 可忽略不计，所以只有两个约束力 F_{Ay} 和 F_{Az}。又如，一般柜门都装有两个合页，形如表 4.1 中的蝶铰链，它主要限制物体沿 y、z 方向的移动，因而有两个约束力 F_{Ay} 和 F_{Az}。

合页不限制物体绕转轴的转动，单个合页对物体绕 y、z 轴转动的限制作用也很小，因而没有约束力偶。而当物体受到沿合页轴向力作用时，则两个合页中的一个将限制物体沿轴向移动，应视为止推轴承。

　　如果刚体只受平面力系的作用，则垂直于该平面的约束力和绕平面内两轴的约束力偶都应为零，相应减少了约束力的数目。例如，在空间任意力系作用下，固定端的约束力共有 6 个，即 F_{Ax}、F_{Ay}、F_{Az}、M_{Ax}、M_{Ay}、M_{Az}；而在 Ayz 平面内受平面任意力系作用时，固定端的约束力就只有 3 个，即 F_{Ay}、F_{Az}、M_{Ax}。

　　下面举例说明应用空间力系平衡条件求解平衡问题时的方法和步骤。

　　例 4.6　重为 G 的匀质圆盘用三铅垂绳悬于图 4.18(a) 所示的水平位置。试求三绳的张力。

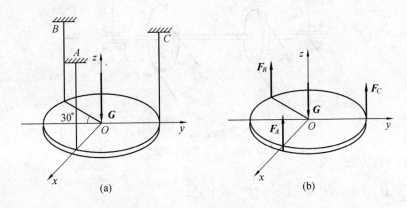

图 4.18

　　解：（1）以圆盘为研究对象。

　　（2）圆盘受平行力系 G、F_A、F_B、F_C 作用，受力图如图 4.18（b）所示。

　　（3）对图示坐标有平衡方程

$$\sum F_z = 0 , \quad F_A + F_B + F_C - G = 0$$

$$\sum M_x = 0 , \quad F_C \cdot r - F_B \cdot r\cos 30^\circ = 0$$

$$\sum M_y = 0 , \quad F_B \cdot r\sin 30^\circ - F_A \cdot r = 0$$

　　（4）解方程得各绳张力为

$$\begin{cases} F_A = \dfrac{1}{11}(9 - 4\sqrt{3})G \\[2mm] F_B = \dfrac{4}{11}(3\sqrt{3} - 4)G \\[2mm] F_C = \dfrac{2}{11}(9 - 4\sqrt{3})G \end{cases}$$

例 4.7 装有两个带轮 C 和 D 的水平传动轴 AB，支承于径向轴承 A、B 上，如图 4.19 所示。轮 C 的半径 r_1=20 cm，轮 D 的半径 r_2=25 cm，两轮之间的距离 CD=b=100 cm。已知轮 C 上皮带的拉力沿水平方向，它们的大小 F_1=2F_2=5 kN，轮 D 上两边的皮带互相平行，与铅垂线的夹角为 α=30°，它们的拉力为 F_3=2F_4。若不计轮、轴自重，试求在平衡状态下，皮带拉力 F_3、F_4 的大小及轴承 A、B 的约束反力。

解：（1）取轴 AB 及两轮 C、D 组成的系统为研究对象。

（2）受力分析：主动力有 F_1、F_2、F_3、F_4，约束反力有 F_{Ax}、F_{Az}、F_{Bx}、F_{Bz}。受力图如图 4.19 所示。建立如图所示的 $Axyz$ 空间直角坐标系。

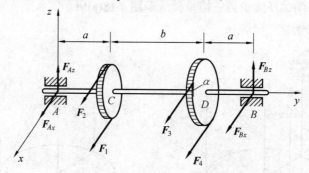

图 4.19

（3）列平衡方程，有

$$\sum M_y = 0, \quad (F_1 - F_2)\cdot r_1 + (F_3 - F_4)\cdot r_2 = 0$$

$$\sum M_x = 0, \quad F_{Bz}\cdot(2a+b) - (F_3 + F_4)\cos\alpha\cdot(a+b) = 0$$

$$\sum M_z = 0, \quad -(F_1 + F_2)\cdot a - (F_3 + F_4)\sin\alpha\cdot(a+b) - F_{Bx}\cdot(2a+b) = 0$$

$$\sum F_x = 0, \quad F_{Ax} + F_1 + F_2 + (F_3 + F_4)\sin\alpha + F_{Bx} = 0$$

$$\sum F_y = 0, \quad F_{Az} + F_{Bz} - (F_3 + F_4)\cos\alpha = 0$$

F_1=2F_2，F_3=2F_4 代入上式，解得

$$F_4 = 2 \text{ kN}$$

$$F_3 = 2F_4 = 4 \text{ kN}$$

$$F_{Bz} = 3.9 \text{ kN}$$

$$F_{Bx} = -4.13 \text{ kN}$$

$$F_{Ax} = -6.37 \text{ kN}$$

$$F_{Az} = 1.30 \text{ kN}$$

例 4.8 均质正方形板 $ABCD$ 边长为 l，重为 P，用 6 根重量不计的细杆铰接，如图 4.20（a）所示，在 A 处还作用有水平荷载 F。求各杆内力。

解：（1）考虑方板 $ABCD$ 的平衡，它受空间力系作用。作直角坐标系 $A'xyz$，并将各杆编号。

（2）对方板 $ABCD$ 进行受力分析，画受力图。各细杆均在两点受力，因此都是二力杆。它们的受力及给方板的约束力都是沿杆方向；它们的内力也都是沿杆方向，但有拉力与压力之分。先设各杆均受拉力，如果求得结果是负值，即表示杆受压力。方板的受力图如图 4.20（b）所示。

（3）列写平衡方程，求未知量。平衡方程有多种形式，可以写对任何轴的投影式及力矩式，但应能保证解出未知数，最好是一个方程解出一个未知数。本题可采用下面的方案。

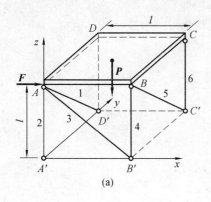
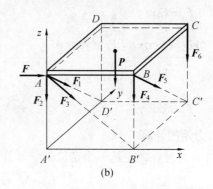

(a)   (b)

图 4.20

$$\sum M_{AB} = 0, \quad -F_6 l - P\frac{l}{2} = 0, \quad F_6 = -\frac{1}{2}P$$

$$\sum M_{AA'} = 0, \quad F_5 \cos 45° \cdot l = 0, \quad F_5 = 0$$

$$\sum F_y = 0, \quad F_1 \cos 45° + F_5 \cos 45° = 0, \quad F_1 = 0$$

$$\sum M_{AD} = 0, \quad F_4 l + F_6 l + P\frac{l}{2} = 0, \quad F_4 = 0$$

$$\sum F_x = 0, \quad F + F_3 \cos 45° = 0, \quad F_3 = 0$$

$$\sum M_{B'C'} = 0, \quad -F_2 l + Fl - P\frac{l}{2} = 0, \quad F_2 = F - \frac{1}{2}P$$

由所得结果可知：杆 2 的内力为拉力（如果 $F > \dfrac{1}{2}P$）；杆 3、6 的内力为压力；杆 1、4、5 为零杆。

（4）校核。可用任一个余下的平衡方程式对所得结果进行校核，校核方程中应包含尽量多的所求量；在本题中可核对 $\sum F_z = 0$。

$$\sum F_z = -F_1\cos 45^\circ - F_2 - F_3\cos 45^\circ - F_4 - F_5\cos 45^\circ - F_6 - P$$

将所得结果代入，得 $\sum F_z = 0$，因而所得结果无误。

本章小结

1. 力在空间直角坐标轴上的投影

（1）直接投影法（一次投影法）

$$F_x = F\cos \alpha \qquad\qquad F_y = F\cos \beta \qquad\qquad F_z = F\cos \gamma$$

（2）二次投影法（间接投影法）

$$F_{xy} = F\sin \gamma$$

$$F_x = F_{xy}\cos \varphi = F\sin \gamma\cos \varphi$$

$$F_y = F_{xy}\sin \varphi = F\sin \gamma\sin \varphi$$

$$F_z = F\cos \gamma$$

2. 力矩的计算

（1）力对点之矩是一个定位矢量，其表达式为

$$\boldsymbol{M}_O(\boldsymbol{F}) = \boldsymbol{r} \times \boldsymbol{F}$$

$$\boldsymbol{M}_O = \boldsymbol{r} \times \boldsymbol{F} = (F_z y - F_y z)\boldsymbol{i} + (F_x z - F_z x)\boldsymbol{j} + (F_y x - F_x y)\boldsymbol{k}$$

（2）力对轴之矩是一个代数量，可按下列两种方法计算：

$$M_z(\boldsymbol{F}) = M_O(\boldsymbol{F}_{xy}) = \pm F_{xy} d$$

$$\left.\begin{aligned} M_z(\boldsymbol{F}) &= xF_y - yF_x \\ M_z(\boldsymbol{F}) &= yF_z - zF_y \\ M_z(\boldsymbol{F}) &= zF_x - xF_z \end{aligned}\right\}$$

（3）力对点之矩与力对通过该点的轴之矩的关系

$$\left.\begin{aligned} \left[\boldsymbol{M}_O(\boldsymbol{F})\right]_x &= M_x(\boldsymbol{F}) \\ \left[\boldsymbol{M}_O(\boldsymbol{F})\right]_y &= M_y(\boldsymbol{F}) \\ \left[\boldsymbol{M}_O(\boldsymbol{F})\right]_z &= M_z(\boldsymbol{F}) \end{aligned}\right\}$$

（4）力对点 O 的矩的大小和方向余弦为

$$\left|M_O(F)\right| = \left|M_O\right| = \sqrt{\left[M_x(F)\right]^2 + \left[M_y(F)\right]^2 + \left[M_z(F)\right]^2}$$

$$\cos(M_O, i) = \frac{M_x(F)}{\left|M_O(F)\right|}$$

$$\cos(M_O, j) = \frac{M_y(F)}{\left|M_O(F)\right|}$$

$$\cos(M_O, k) = \frac{M_z(F)}{\left|M_O(F)\right|}$$

3. 合力矩定理

$$M_O(F_R) = \sum M_O(F_i)$$

$$M_x(F_R) = \sum M_x(F_i)$$

$$M_y(F_R) = \sum M_y(F_i)$$

$$M_z(F_R) = \sum M_z(F_i)$$

4. 空间力偶及其等效条件

（1）力偶矩矢

决定空间力偶对刚体的作用效果的三要素为：力偶矩的大小、力偶的转向、力偶作用面的方位。力偶矩矢与矩心无关，是自由矢量。

（2）空间力偶等效条件

空间力偶的等效条件是：两个平行平面内的两个力偶，如果其力偶矩的大小相等，力偶的转向相同，则两个力偶等效。

5. 空间力系的合成

（1）空间汇交力系的合力等于各分力的矢量和，合力的作用线通过汇交点

合力的解析表达式为

$$F_R = (\sum F_x)i + (\sum F_y)j + (\sum F_z)k$$

合力的大小和方向余弦为

$$F_R = \sqrt{(\sum F_x)^2 + (\sum F_y)^2 + (\sum F_z)^2}$$

$$\cos(F_R, x) = \frac{\sum F_x}{F_R}, \quad \cos(F_R, y) = \frac{\sum F_y}{F_R}, \quad \cos(F_R, z) = \frac{\sum F_z}{F_R}$$

（2）空间力偶系合成的结果是一个合力偶，合力偶矩矢等于各分力偶矩矢的矢量和。合力偶矩矢在任一轴上的投影等于各分力偶矩矢在同一轴上投影的代数和，即

$$M_x = \sum_{i=1}^{n} M_{ix}$$

$$M_y = \sum_{i=1}^{n} M_{iy}$$

$$M_z = \sum_{i=1}^{n} M_{iz}$$

合力偶矩矢的大小和方向余弦为

$$M = \sqrt{M_x^2 + M_y^2 + M_z^2} = \sqrt{\sum (M_{ix})^2 + \sum (M_{iy})^2 + \sum (M_{iz})^2}$$

$$\cos(M,i) = \cos\alpha = \frac{M_x}{M} = \frac{\sum M_{ix}}{M}$$

$$\cos(M,j) = \cos\beta = \frac{M_y}{M} = \frac{\sum M_{jy}}{M}$$

$$\cos(M,k) = \cos\gamma = \frac{M_z}{M} = \frac{\sum M_{kz}}{M}$$

（3）空间任意力系向点 O 的简化得一个作用在简化中心 O 的主矢 F_R' 和一个主矩矢 M_O，且有

主矢
$$F_R' = \sum F_i' = \sum F_i$$

主矢的解析表达式为

$$F_R' = (\sum F_x)i + (\sum F_y)j + (\sum F_z)k$$

主矩矢
$$M_O = \sum M_O(F_i) = \sum M_{iO}$$

主矩矢的解析表达式为

$$M_O = \sum M_x(F_i)i + \sum M_y(F_i)j + \sum M_z(F_i)k$$

（4）空间任意力系简化的最终结果，见下表。

主　矢	主　　矩		最后结果	说　　　　明
$F_R' = 0$	$M_O = 0$		平　衡	
	$M_O \neq 0$		合力偶	此时主矩与简化中心的位置无关
$F_R' \neq 0$	$M_O = 0$		合　力	合力作用线通过简化中心
	$M_O \neq 0$	$F_R' \perp M_O$	合　力	合力作用线离简化中心 O 的距离为 $d = \dfrac{\|M_O\|}{F_R'}$
		$F_R' /\!/ M_O$	力螺旋	力螺旋的中心轴通过简化中心
	$M_O \neq 0$	F_R' 与 M_O 成任意角度 α	力螺旋	力螺旋的中心轴离简化中心 O 的距离为 $d = \dfrac{\|M_O\|}{F_R'}$

6. 空间任意力系平衡方程的基本形式

$$\sum F_x = 0, \quad \sum F_y = 0, \quad \sum F_z = 0$$

$$\sum M_x = 0, \quad \sum M_y = 0, \quad \sum M_z = 0$$

7. 几种特殊力系的平衡方程

（1）空间汇交力系

$$\sum F_x = 0, \quad \sum F_y = 0, \quad \sum F_z = 0$$

（2）空间力偶系

$$\sum M_x = 0, \quad \sum M_y = 0, \quad \sum M_z = 0$$

（3）空间平行力系

若力系中各力与 z 轴平行，其平衡方程的基本形式为

$$\sum F_z = 0, \quad \sum M_x = 0, \quad \sum M_y = 0$$

（4）平面任意力系

若力系在 xOy 平面内，其平衡方程的基本形式为

$$\sum F_x = 0, \quad \sum F_y = 0, \quad \sum M_z = 0$$

习　题

4.1　长方体的长、宽、高各为 5 cm、4 cm、3 cm，沿 AB 的力 F_2=50 N，沿 CD 的力 F_1=100 N。求力 F_1、F_2 分别在轴 x、y、z 上的投影。

4.2　一特殊用途的铣刀切断器如图所示,作用于铣刀上有一力为 F =1 200 N 的力和一力矩为 M = 240 N·m 的力偶,求此力系对点 O 之矩。

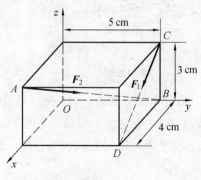

题 4.1 图

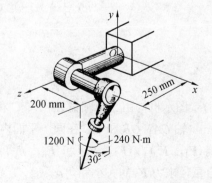

题 4.2 图

4.3　绳子 *BC*、*BD* 与支柱 *AB* 的上端 *B* 连接。连线 *CD* 在水平面内，*E* 是线段 *CD* 的中点，且 *BE*=*CE*=*ED*，角度如图所示，*A* 是球铰链。设重物的重量 *G*=2 kN，不计支柱重量，求支柱的压力和绳子的拉力。

4.4　空间构架的三根杆 *AD*、*BD* 和 *CD* 由球铰链 *D* 连接，而 *A*、*B* 和 *C* 端用球铰链固定在水平地板上。悬挂的物体 *E* 重 *G*=10 kN，不计构架的重量，求球铰链 *A*、*B* 和 *C* 的约束力。

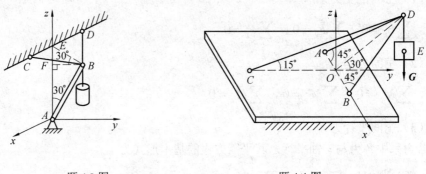

题 4.3 图　　　　　　　　　　　　题 4.4 图

4.5　图示是对称空间支架，由双铰刚杆 1、2、3、4、5、6 构成，铰链 *E*、*F*、*G*、*H* 和 *I* 与地面固连。在节点 *A* 上作用一力 *F*，这力在铅垂对称面 *ABCD* 内，并与铅垂线成 $\alpha=45°$ 角。已知距离 *AC*=*CE*=*CG*=*BD*–*DF*=*DI*=*DH*，又力 *F*=5 kN。如果不计各杆重量，求各杆的内力。

4.6　一块重 200 kN 三角形平板，平板的重力作用在平板的形心 *E* 处，平板由三根绳索悬挂着，如图所示。试求每根绳索的拉力。图中长度单位为 mm。

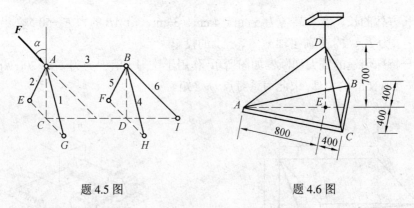

题 4.5 图　　　　　　　　　　　　题 4.6 图

4.7　图示机构由 3 个圆盘 *A*、*B*、*C* 和轴组成。圆盘半径分别是 r_A=15 cm，r_B=10 cm，r_C=5 cm。轴 *OA*，*OB* 和 *OC* 在同一平面内，且 $\angle BOA$=90°。在这三个圆盘的边缘上各自作用力偶（F_1，F_1'），（F_2，F_2'）和（F_3，F_3'）而使机构保持平衡，已知 F_1=100 N，F_2= 200 N，不计自重，求力 F_3 的大小和角 α。

4.8　齿轮箱三根轴上分别作用有力偶，它们的转向如图所示，各力偶矩的大小为 M_1=3.6 kN·m，M_2=6 kN·m，M_3=6 kN·m。试求合力偶矩矢。

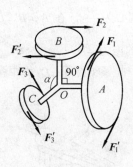

题 4.7 图 题 4.8 图

4.9 如图所示，各杆铰接，位于边长为 a 的正立方体的边和对角线上。在 C 点沿 CH 垂直向下作用一力 F_1，在 D 点沿对角线 LD 作用一力 F_2，杆重不计。试求支座 B、L、H 的反力和各杆内力。

4.10 水平管 $OABCD$ 的 O 端固定，AB 段垂直于 OA 与 BCD，在其上作用有四个力，它们分别构成两对力偶，如图所示。试求固定端的反力偶矩。

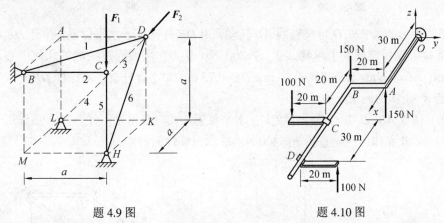

题 4.9 图 题 4.10 图

4.11 三力 F_1、F_2、F_3 的大小均等于 F，作用在正立方体的棱边上，边长为 a。求：（1）力系向 O 点简化的结果；（2）力系简化的最终结果。

4.12 工字钢由两段焊接成直角形状，如图所示。各段的单位长度重量为 4 N/cm，用三根铅垂的绳子悬挂，以保持在水平位置。求每根绳子所受的张力 F_A、F_B 和 F_C。

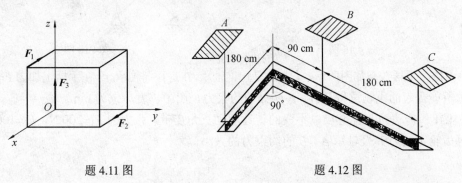

题 4.11 图 题 4.12 图

4.13　半圆板的半径为 r，重量为 G，重心 C 离圆心为 $\dfrac{4r}{3\pi}$，在 A、B、D 三点用三根铰链杆悬挂于固定处，使板处于水平位置。求此三杆的内力。

4.14　悬臂刚架的 A 端固定，在悬臂 BC 的 C 端系有一拉紧钢丝绳 CD，绳中张力 $F=1.2$ kN。求固定端 A 处的约束反力和反力偶。

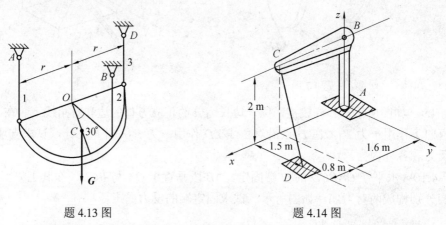

题 4.13 图　　　　　　　　　　　题 4.14 图

4.15　矩形搁板 $ABCD$ 可绕轴线 AB 转动，用 DE 杆支撑于水平位置，撑杆 DE 两端均为铰链连接，搁板连同其上重物共重 $G=800$ N，重力作用线通过矩形的几何中心，已知 $AB=1.5$ m，$AD=0.6$ m，$AK=BM=0.25$ m，$DE=0.75$ m。如不计杆重，求撑杆 DE 所受的力 F 以及铰链 K 和 M 的约束反力。

4.16　薄板 $ABCD$ 由六根杆件铰支在水平位置，其自身重量不计，在 A 点作用一水平力 $F=100$ N，B 点作用一垂直力 $F_1=200$ N。求六根杆件的内力。

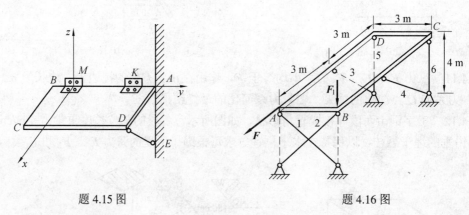

题 4.15 图　　　　　　　　　　　题 4.16 图

4.17　手摇铰车如图所示，其中 A 是止推轴承，B 是径向轴承。今在手柄上加力 $F=200$ N。试求所能提起的重物重量及 A、B 两处的约束力。图中长度单位为 mm。

4.18　传动轴上齿轮 C 以不变的转速驱动三角皮带，张力为 $F_1=200$ N，$F_2=100$ N。试计算齿轮上的力 F 及轴承 A、B 的约束力的大小。

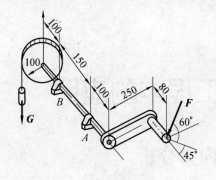

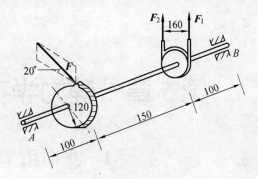

题图 4.17　　　　　　　　　　　　　　题图 4.18

第5章 静力学在工程中的应用

5.1 平面桁架的内力分析

桁架是一种常见的工程结构，例如：桥梁、屋架、井架、起重机架、高压输电线塔等都是桁架结构。这些桁架结构都是由许多细长直杆，彼此在端部以铆接、焊接或榫接的形式组成几何不变的结构。桁架中，杆件与杆件的连接处称为节点。组成桁架的各杆的轴线(中心线)都在同一平面内，且荷载也在此平面内的桁架，称为平面桁架；否则，称为空间桁架。支座约束反力和各杆内力都可以由平衡方程求得的桁架，称为静定桁架；否则，称为静不定桁架。本书只讨论平面静定桁架内力分析的基本方法。

由于实际桁架的构造和受力情况较为复杂，为了简化计算，除了假设桁架中各杆件都是刚体外，工程实际中还作了以下几个基本假设：

（1）杆件都用光滑的铰链连接；

（2）各杆都是直杆，且杆轴线位于同一平面内，通过铰链中心；

（3）所有外力都作用在节点上，且都在桁架平面内；

（4）各杆件的自重可忽略不计，或平均分配在杆件两端的节点上。

根据上述假设，桁架中的每个杆件都是二力杆。如图 5.1（a）、（b）所示桁架中任一杆件 AB，两端受到铰链对其作用力 F_A、F_B，且 $F_A = -F_B$。现假想在杆 AB 上任一处 M 将杆切断，并取左部分 AM 来分析。由该段杆的平衡可知，在 M 处的截面上必受到右部分 MB 作用的力，通常以字母 N 表示。该力必与 F_A 等值、反向、作用线沿杆轴线，如图 5.1（c）、（d）所示。力 N 称为杆 AB 的内力，由于该力沿杆轴线，故又称为轴力，或为拉力（如图 5.16（c）），或为压力（如图 5.16（d））。

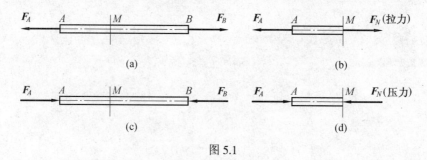

图 5.1

必须指出，上述关于计算桁架中杆件内力的假设，只是为了简化桁架杆件受力的计算，但是实践检验和进一步的分析表明，对于一般建筑物的平面静定桁架来说，根据以上假设进行分析，所得结果已能满足工程要求。

由于桁架中杆件所受的力为轴向拉力或轴向压力,杆件内力与外力相等。因此对于桁架,分析杆件受力常以内力形式来进行。

下面介绍两种求解平面静定桁架杆件内力的基本方法:节点法和截面法。

5.1.1　节点法

平面桁架在外力作用下,每个节点都受平面汇交力系作用而处于平衡状态。节点法就是选取每个节点(铰链)为研究对象,应用平面汇交力系的平衡条件求解平面静定桁架中各杆件受力的方法。

应用节点法时,由于平面汇交力系只有两个独立的平衡方程,因而每次选取节点所包含未知力的数目不能超过两个。在计算中,通常假设杆件的受力为拉力。

下面通过例题介绍应用节点法求解平面静定桁架问题的方法和步骤。

例 5.1　求图 5.2(a)所示桁架中各杆内力。

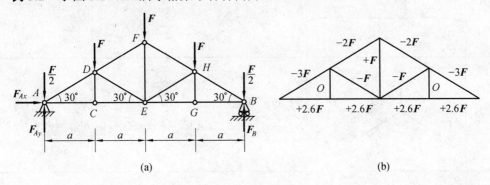

图 5.2

解:(1)求支座约束反力

取整个桁架为研究对象,受力图如图 5.2(a)所示。列平衡方程,有

$$\sum F_x = 0, \quad F_{Ax} = 0$$

$$\sum M_A = 0, \quad F_B \cdot 4a - F \cdot (a + 2a + 3a) - \frac{F}{2} \cdot 4a = 0$$

$$\sum F_y = 0, \quad F_{Ay} + F_B - 4F = 0$$

解得　$F_{Ay} = 2F, \ F_B = 2F$

(2)逐个取桁架节点为研究对象,应用平面汇交力系平衡条件,列平衡方程求出各杆内力。

本例题,由于荷载和结构都是对称的,所以左、右两边对称位置杆件受力必然相同,故计算半个屋架即可,现列表计算于表 5.1 中。

注意,如果根据某一节点平衡,算得某杆件受力为负值(即为压力),在考察杆件另一端的节点时,仍将该力当作拉力来做受力图和建立平衡方程,但在计算数值时须连同负号一并代入。

表 5.1

节点	受力图	平衡方程 $\sum F_x = 0$　$\sum F_y = 0$	杆件受力
A		$N_{AC} + N_{AD}\cos 30^\circ = 0$ $F_{Ay} - \dfrac{F}{2} + N_{AD}\cdot\sin 30^\circ = 0$	$N_{AC} = +2.6F$　（拉） $N_{CD} = -3F$　（压）
C		$N_{CE} + N'_{AC} = 0$ $N_{CD} = 0$	$N_{CE} = +2.6F$　（拉） $N_{CD} = 0$
D		$N_{DE}\cos 30^\circ + F\cos 30^\circ = 0$ $N_{DF} - N'_{AD} + N_{DE}\sin 30^\circ - F\cos 30^\circ = 0$	$N_{DE} = -F$　（压） $N_{DF} = -2F$　（压）
F		$N_{FH}\cos 30^\circ - N'_{DF}\sin 30^\circ = 0$ $-F - N'_{DF}\sin 30^\circ - N_{FH}\sin 30^\circ - N_{FE} = 0$	$N_{FH} = -2F$　（压） $N_{FE} = +F$　（拉）

在实际工作中，为了清楚起见，常将计算结果，用图 5.2（b）的形式表示出来。

本例题中有两根杆件 CD 及 GH 的受力是零。在工程中常将受力(或内力)为零的杆件称为零杆。零杆不是多余的杆件，它是起固定结构几何形状作用的杆。通常无需计算，根据观察即可判定哪些杆件是零杆。判断平面桁架零杆的原则如下：

（1）一节点连接两个杆件，若节点不受外力，则该两杆皆为零杆。

（2）一节点连接两个杆件，受一外力作用，且外力与其中某一杆件共线，则不共线的那个杆件为零杆。

（3）一节点连接三个杆件，且不受外力作用，如果其中有两个杆件共线，则不共线的那个杆件为零杆。

判断出零杆之后，在计算其他杆件受力时，完全可以不考虑零杆，就像没有该杆一样，这样可以简化计算过程。如例 5.1 中计算 CD 杆的内力时，就不需列平衡方程。

5.1.2　截面法

在平面静定桁架内力分析中，如果只需求出桁架中某一杆或几根杆的受力，常常采用截面法。截面法就是用一假想的截面过待求杆件将桁架截为两部分，每一部分在主动力、约束反力、被截杆件内力作用下处于平衡状态，取其中的任一部分为研究对象，根据平面任意力系的平衡条件求解指定杆件内力的方法。

应用截面法求解桁架中杆件内力时，应注意以下几点：

（1）由于平面任意力系的独立平衡方程只有三个，所以每次截断内力未知的杆件数不能多于三根。

（2）截面形状可以是平面，也可以是曲面。根据题意，选择适当的截面可以简化计算。

下面通过例题介绍应用截面法求解平面静定桁架内力的方法和步骤。

例 5.13　求图 5.3（a）所示木桁架中 1、2、3 杆的内力。

解：（1）求支座的约束反力

取整个桁架为研究对象，受力图如图 5.3（a）所示，列平衡方程，有

$$\sum F_x = 0, \qquad F_{Ax} = 0$$

$$\sum M_A = 0, \qquad F_B \times 4a - F \times a = 0$$

$$\sum F_y = 0, \qquad F_{Ay} + F_B - F = 0$$

解得　$F_B = \dfrac{1}{4}F$

$F_{Ay} = \dfrac{3}{4}F$

（2）取 $m\text{-}m$ 截面将桁架在图 5.3（a）所示位置截开，并取右部分为研究对象，受力图如图 5.3（b）所示，列平衡方程，有

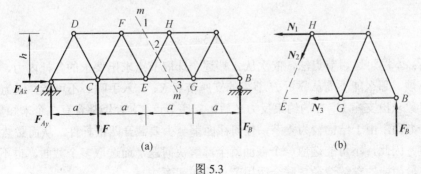

图 5.3

$$\sum F_x = 0, \quad F_B - N_2 \cdot \frac{h}{\sqrt{h^2 + (\frac{a}{2})^2}} = 0$$

$$\sum M_E = 0, \quad F_B \times 2a + N_1 \times h = 0$$

$$\sum M_H = 0, \quad F_B \times 1.5a - N_3 \times h = 0$$

解得

$$N_2 = \frac{\sqrt{4h^2 + a^2}}{8h} F(拉)$$

$$N_1 = -\frac{a}{2h} F(压)$$

$$N_3 = \frac{3a}{8h} F(拉)$$

例 5.14　试求图 5.4（a）所示悬臂桁架中杆 *HG*、*HJ*、*HK* 的内力。

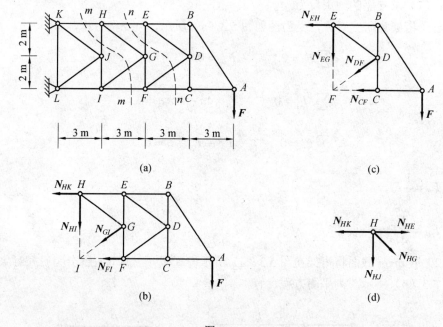

图 5.4

分析：本题可运用节点法，依次从 *A* 端逐个选取节点求出要求的各杆内力，但这样计算过于麻烦。那么能不能从靠近 *H* 节点的支座节点 *K*、*L* 入手呢？不可能，因为在取整体为研究对象求出支座 *K*、*L* 的约束反力之后，支座节点 *K*、*L* 仍都含有 3 个未知量。

另一方面，由于结构较为复杂，任何截面都至少要截开四根杆件，从而必然会出现四个未知量。因此，不可能选取一个截面就全部解决问题，而选取多个截面，也不太方便。

本题最简捷的求解途径是联合运用节点法和截面法。

对于图示悬臂桁架，可不求支座反力，而从自由端算起。

解：（1）用 *m—m* 截面将桁架在图 5.4（a）所示位置截开，并取右部分为研究对象，受力图如图 5.4（b）所示，列平衡方程，有

$$\sum M_I = 0, \quad -F \times 9 + N_{HK} \times 4 = 0$$

解得

$$N_{HK} = 2.25 \, F(拉)$$

（2）用 $n\text{-}n$ 截面将桁架在图 5.4（a）所示位置截开，并取右部分为研究对象，受力图如图 5.4（c）所示，列平衡方程，有

$$\sum M_F = 0, \quad -F \times 6 + N_{EH} \times 4 = 0$$

解得

$$N_{EH} = 1.5 \, F(拉)$$

（3）取节点 H 为研究对象，受力图如图 5.4（d）所示。

$$\sum F_x = 0, \quad N_{EH} - N_{HK} + N_{HG} \times \frac{3}{\sqrt{3^2 + 2^2}} = 0$$

$$\sum F_y = 0, \quad -N_{HJ} - N_{HG} \times \frac{2}{\sqrt{13}} = 0$$

解得

$$N_{HG} = \frac{\sqrt{13}}{4} F(拉)$$

$$N_{HJ} = -\frac{1}{2} F(压)$$

由上例可见，采用截面法时，选择适当的截面和力矩方程，常可较快地求得某些指定杆件的内力。

5.2　考虑摩擦时物体的平衡问题

5.2.1　概　述

在前面几章研究中，物体间的相互接触面均视为光滑接触，这只是实际情况的理想化。事实上，物体间相互接触面的摩擦是普遍存在的，只有当所研究的问题中，摩擦属于次要因素，且又足够小时，才可忽略不计。一般情况下，摩擦是不能忽略的，有时摩擦还起主要作用。机械中的皮带利用摩擦传递动力；制动装置利用摩擦进行制动；重力坝依靠摩擦防止坝体滑动等。这时，摩擦成了主要的甚至是决定性的因素，就必须加以考虑。

由于摩擦在工程上和日常生活中都很重要，因此研究摩擦的任务就在于掌握摩擦的规律，尽量利用其有利的一面，克服或减少其不利的一面。

根据相互接触物体间相对运动形式，摩擦可分为滑动摩擦与滚动摩擦两种类型。滑动摩擦又根据相互接触物体间有无相对运动而分为静滑动摩擦和动滑动摩擦。

本章只从工程实用方面，着重研究考虑滑动摩擦时物体或物体系统的平衡问题。

5.2.2 滑动摩擦

当两个物体沿着它们接触面做相对滑动，或者有相对滑动的趋势时，在接触面上彼此作用着阻碍相对滑动的力，这种力称为滑动摩擦力，简称摩擦力。摩擦力可分为静摩擦力和动摩擦力。

1. 静滑动摩擦力和静滑动摩擦定律

两个相互接触的物体，当沿其接触面之间有相对滑动趋势，但仍处于静止状态时，彼此作用着阻碍相对滑动的力，称为静滑动摩擦力，简称静摩擦力，以 F_s 表示。由于摩擦力阻碍两物体相对滑动，所以它的方向必与物体相对滑动的方向或相对滑动趋势的方向相反。摩擦力，像所有约束反力一样是一个阻碍物体运动的力，但它与一般约束反力有所不同。为了研究滑动摩擦力的性质和作用规律，可通过下面实验进行分析。

设重为 G 的物块 A 受水平力 F 作用，如图 5.5 所示。当 F 由零逐渐加大时，物块 A 将由静止变为滑动。显然，物块 A 由静止变为滑动的过程中，将经过一个要滑动而未滑动的临界平衡状态。下面就物块 A 由静止到滑动的过程，分析滑动摩擦力。

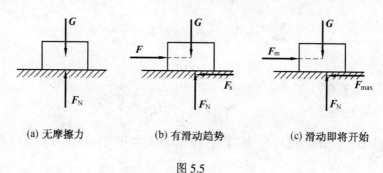

(a) 无摩擦力　　　　　(b) 有滑动趋势　　　　　(c) 滑动即将开始

图 5.5

（1）无摩擦力

如图 5.5（a）所示，因为水平方向无主动力，物块 A 沿水平面无任何滑动趋势，所以，物块 A 没有摩擦力。

（2）静滑动摩擦力

如果在物块 A 上施加上较小的水平主动力 F，使物块沿水平面有滑动趋势，但仍保持静止状态，物块 A 受力情况如图 5.5（b）所示。这时在物块 A 与水平面间产生的摩擦力 F_s。就是静摩擦力。

静摩擦力 F_s 的大小可由平衡方程($\sum F_x = 0, F - F_s = 0$)确定，其作用线沿接触面，指向与物块 A 滑动趋势方向相反。

如果继续增加物块 A 上的水平主动力，而保持其静止平衡状态不变，这时静摩擦力将随水平主动力的增大而增大。

（3）最大静摩擦力

如图 5.5（c）所示，当水平主动力增大到某一数值 F_m 时，物块 A 处于将要滑动而未滑动的极限平衡状态，称为临界状态。如将水平主动力继续增大，物块 A 开始沿水平面向右滑动。这说明静摩擦力的大小不能无限增大而具有一最大值 F_{max}，当接触面上的静摩擦力达到最大值后不再随水平主动力增大而增大。我们把这个最大值 F_{max} 叫最大静摩擦力，它发生在 $F = F_m$ 时的临界状态。

综上所述，静摩擦力作用于两物体接触点的公切面内，方向与两物体沿接触面相对滑动趋势相反。大小随主动力作用情况而变化，但有一确定范围，即

$$0 \leqslant F_s \leqslant F_{max} \tag{5.1}$$

这时，F_s 的大小应通过平衡条件确定，就像确定一般约束反力一样。当达到临界状态时，静摩擦力达到最大值 F_{max}。通过大量实验，法国科学家库伦于 1871 年建立于最大静摩擦力 F_{max} 的近似规律：最大静摩擦力与两接触物体间的正压力（即法向反力）F_N 的大小成正比，即

$$F_{max} = f_s \cdot F_N \tag{5.2}$$

式（5.2）就是静滑动摩擦定律，简称静摩擦定律，又称库仑定律。式中比例常数 f_s。称静滑动摩擦系数，简称静摩擦系数。它的大小与接触物体的材料以及接触面状况（粗糙度、干湿度、温度等）有关，而与接触面积的大小无关。各种材料在不同表面情况下的静摩擦系数是由实验测定的，其值可在工程手册中查到，表 5.2 列出了一部分材料的静摩擦系数，以供参考。

必须指出，式（5.2）所表示的关系是近似的，它并没有反映出摩擦现象的复杂性。但由于公式简单，应用方便，并且又有足够的准确性，所以在一般的工程实际中被广泛地应用。不过，对某些重要工程，必须通过现场测试，精确测定静摩擦系数 f_s 的数值。

表 5.2　常用材料的静摩擦系数 f_s

材　料	静摩擦系数	材　料	静摩擦系数
钢对钢	0.10 ~ 0.20	钢对铸铁	0.20 ~ 0.30
钢铁对木材	0.40 ~ 0.50	皮革对铸铁	0.30 ~ 0.50
铸铁对橡胶	0.50 ~ 0.80	混凝土对岩石	0.50 ~ 0.80
木材对木材	0.40 ~ 0.60	混凝土对砖	0.70 ~ 0.80
木材对土	0.30 ~ 0.70	混凝土对土	0.30 ~ 0.40

2. 动滑动摩擦定律

两个相互接触的物体，当沿其接触面有相对滑动时，彼此作用的阻碍物体相对运动的力，叫做动滑动摩擦力，简称动摩擦力，以 F_d 表示。

大量实验表明：动摩擦力 F_d 的方向与接触物体间相对速度的方向相反，其大小与接触物体间的正压力 F_N 的大小成正比，即

$$F_d = f \cdot F_N \tag{5.3}$$

式（5.3）就是动滑动摩擦定律，简称动摩擦定律。式中比例常数 f 称为动滑动摩擦系数，简称动摩擦系数。它除了与接触物体的材料以及表面情况有关外，当滑动速度较大时，还与物体相对运动速度有关，在大多数情况下，动摩擦系数随相对滑动速度的增大而稍减

小。当相对滑动速度不大时，动摩擦系数可近似地认为是个常数。一般情况下，动滑动摩擦系数略小于静滑动摩擦系数，即 $f < f_s$。由经验可知，推动物体从静止开始滑动比较费力，一旦滑动，要维持物体继续滑动相对就比较省力。这是由于物体由静止开始运动后，动摩擦力 F_d 小于最大静摩擦力 F_{max} 之故。

在机械制造中，往往用提高接触表面的光洁度或加入润滑剂等方法，使动摩擦系数 f 降低，以减小摩擦和磨损。

5.2.3　摩擦角与自锁现象

1. 摩擦角

摩擦角是研究滑动摩擦问题的另一个重要物理量。如图 5.6 所示的实验来说明这个物理量的概念。

当有摩擦时，支承面对物块 A 的约束反力包括两个分力：法向反力 F_N。和静摩擦力 F_s（切向反力），这两个分力的合力 $F_R = F_N + F_s$ 称为支承面的全约束反力，其方向可用与接触面法线间的夹角 φ 来表示，如图 5.6（a）所示。显然，夹角 φ 将随静摩擦力 F_s，也就是随主动力 F 的增大而增大。当物块处于临界状态时，静摩擦力 F_s 达到最大静摩擦力 F_{max}，角 φ 也达到最大值 φ_m，如图 5.6（b）所示。全约束反力 F_R 与法线间夹角的最大值 φ_m 称为摩擦角，由图可得

$$\tan \varphi_m = \frac{F_{max}}{2F_N} = \frac{f_s \cdot F_N}{F_N} = f_s \tag{5.4}$$

即摩擦角的正切等于静摩擦系数。可见，摩擦角和摩擦系数一样，都是表示材料摩擦性质的物理量。

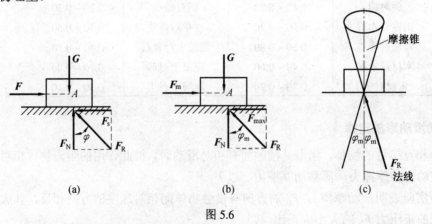

图 5.6

当物块的滑动趋势方向改变时，全约束反力作用线的方位也随之改变，设物块与支承面间沿任何方向的静摩擦系数都相同，即摩擦角都相等。这时，全约束反力 F_R 的作用线将画出一个以接触点 A 为顶点的锥面，如图 5.6（c）所示，把它称为摩擦锥，其顶角为 $2\varphi_m$。

2. 自锁现象

物块平衡时，静摩擦力不一定达到最大值，可在零与最大值 F_{max} 之间变化，所以全约束反力与公法线间的夹角 φ 也在零与摩擦角 φ_m 之间变化，即

$$0 \leqslant \varphi \leqslant \varphi_m \tag{5.5}$$

式（5.5）表示了物体平衡时，全约束反力作用线位置应有的范围。由于静摩擦力不可能超过最大值，因此，只要全约束反力的作用线在摩擦锥内，物块总是平衡的。

当物块平衡时，根据二力平衡条件可知：主动力的合力 $F_R' = G + F$ 与全约束反力 F_R 必然是等值、反向、共线，如图 5.7（a）所示。于是可得

$$\alpha = \varphi$$

只要物块处于平衡状态，$\alpha = \varphi$ 关系总是成立的。把 $\alpha = \varphi$ 代入式（5.5）得

$$0 \leqslant \alpha \leqslant \varphi_m \tag{5.6}$$

式（5.6）表明作用于物体上的主动力的合力 F_R 的作用线在摩擦锥之内，即 $\alpha \leqslant \varphi_m$，则不论这个主动力的合力怎样大，物块必保持静止。这种现象称为自锁现象。因为在这种情况下，主动力的合力 F_R' 和全约束反力 F_R 必能满足二力平衡条件。工程实际中常应用自锁原理设计一些机构或夹具，如千斤顶、压榨机、圆锥销等，使它们始终保持在平衡状态下工作。

在自锁现象中，这种与主动力大小无关，而只与摩擦角大小有关的平衡条件称为自锁条件。

如果主动力合力 F_R' 的作用线在摩擦锥以外，即 $\alpha > \varphi_m$，如图 5.7（b）所示，则不论这个主动力的合力怎样小，物块一定会滑动。这是因为当主动力的合力作用线在摩擦角之外时，它与全约束反力始终不能共线，即不能满足二力平衡条件，因而物体就不会平衡。

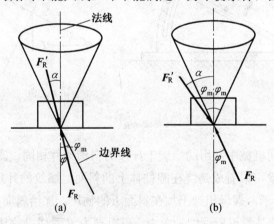

图 5.7

3. 摩擦角及自锁现象的应用

由于摩擦角可以用来作为判断刚体是否处于平衡状态(自锁状态)的特征量，并可应用于解决考虑摩擦的平衡问题，因而在工程实际中被广泛应用。

利用摩擦角的概念，可通过简单的实验方法，测定静摩擦系数。

把要测定的两种材料分别做成斜面和物块，把物块放在斜面上，并逐渐从零起增大斜面的倾角 α，直到物块开始下滑时为止，记下此时的斜面的倾角 α，该 α 角就是要测定的摩擦角 φ_m。其正切就是要测定的静摩擦系数 f_s，如图 5.8（a）所示。原理如下：由于物块仅受重力 G 和全约束反力 $F_R = F_N + F_s$ 作用而平衡，所以 G 与 F_R 应等值、反向、共线，即满足二力平衡条件。因此，F_R 必沿垂直线，F_R 与斜面法线的夹角就等于斜面倾角 α。当物块处于临界状态时，静摩擦力达到最大值，全约束反力 F_R 与法线间的夹角等于摩擦角 φ_m，即 $\alpha = \varphi_m$ 如图 5.8（b）所示。由式（5.4）可求得静摩擦系数，即

$$f_s = \tan \varphi_m = \tan \alpha \tag{5.7}$$

下面讨论斜面自锁条件，即讨论物块在垂直荷载 G 作用下，如图 5.8（b）所示，不沿斜面下滑的条件。由前面分析可知，只有当时 $\alpha \leqslant \varphi_m$，物块不下滑。反之，当 $\alpha > \varphi_m$ 时，物块无论多重，都将下滑，不能处于平衡状态。所以斜面的自锁条件是斜面的倾角小于或等于摩擦角，即

$$\alpha \leqslant \varphi_m \tag{5.8}$$

临界状态下，斜面的倾角 α 为休止角。

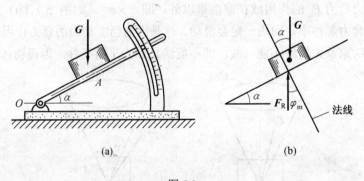

图 5.8

斜面的自锁条件同机械中常用的螺旋千斤顶的自锁条件相同。图 5.9（a）千斤顶的螺纹简化图，螺母的螺纹可以看成是绕在圆柱体上的斜面，螺纹的升角 α 就是斜面的倾角，如图 5.9（b）、（c）所示，螺母相当于加在斜面上的物块，加给斜面上物块的力 F 就是被举起重物的重力，也就是螺母所受的轴向力，可以把力 F 看成是物块的重力。这样分析螺旋千斤顶的自锁条件就同斜面自锁条件相同，即要使螺纹自锁，必须使螺纹的升角。小于或等于摩擦角，故螺纹的自锁条件是

$$\alpha \leqslant \varphi_m \tag{5.9}$$

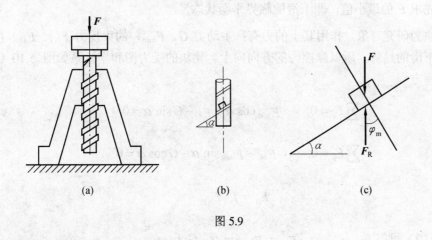

图 5.9

5.2.4 考虑摩擦时物体的平衡

解有摩擦时物体的平衡问题，与忽略摩擦的平衡问题，不同之处有两点：一是在分析物体受力时，须增加静摩擦力，其方向与物体相对滑动趋势的方向相反，其大小既满足力系的平衡条件，又满足补充条件 $F_s \leqslant f_s \cdot F_N$；二是由于静摩擦力的大小在零与最大值之间变化，因此物体平衡时所受的主动力或其平衡位置也应有一个范围，而不是一个确定值。

需要指出，工程中有许多问题只需要分析平衡的临界状态，这时静摩擦力就等于其最大值，补充方程可只取等号；有时为了计算方便，也先在临界状态下计算，求得结果后再分析、讨论其解的平衡范围；最大静摩擦力的方向必须正确地判断出来，不能任意假设；当物体未达到临界状态时，静摩擦力作为切向约束反力，其大小是未知的，须根据平衡条件确定，其方向如不能预先判定，可像一般约束反力那样任意假设，由最终结果的正负号来判定实际方向。

下面举例说明考虑摩擦时物体的平衡问题的求解方法。

例 5.1 重 G 的物体放在倾角 α 大于摩擦角 φ_m 的斜面上，如图 5.10（a）所示，设静摩擦系数为 f_s，另加一水平力 F 使物块保持静止。求 F 的最小值与最大值。

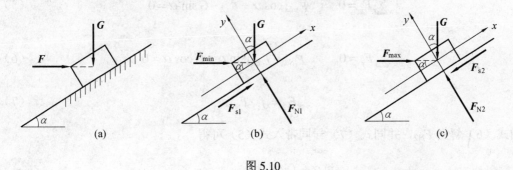

图 5.10

解： 因 $\alpha > \varphi_m$，如 F 太小，物块将下滑。如 F 过大，物块又将上滑。因而力 F 的数值必在一定范围内，需分别进行两种极限状态讨论。

（1）先求 F 的最小值，即下滑的临界平衡状态

取物块为研究对象，作用其上的力有：主动力 G、F_{min}，约束反力 F_{N1}、F_{s1}，由于此时物块有下滑的趋势，所以摩擦力的方向向上。物块的受力图和坐标系如图 5.10（b）所示，列平衡方程

$$\sum F_x = 0, \qquad F_{min}\cos\alpha + F_{s1} - G\sin\alpha = 0 \qquad\qquad (1)$$

$$\sum F_y = 0, \qquad F_{N1} - F_{min}\sin\alpha - G\cos\alpha = 0 \qquad\qquad (2)$$

$$F_{s1} = f_s \cdot F_{N1} \qquad\qquad (3)$$

由式（2）可得 $\qquad\qquad F_{N1} = F_{min}\sin\alpha - G\cos\alpha \qquad\qquad (4)$

将式（3）、（4）代入（1）式可得

$$F_{min} = \frac{\sin\alpha - f_s\cos\alpha}{\cos\alpha - f_s\sin\alpha}G$$

将 $f_s = \tan\varphi_m$ 代入上式，得

$$F_{min} = \frac{\sin\alpha - \tan\varphi_m\cos\alpha}{\cos\alpha - \tan\varphi_m\sin\alpha}G = G \cdot \tan(\alpha - \varphi_m)$$

（2）求 F 的最大值，即上滑的临界平衡状态

取物块为研究对象，作用其上的力有：主动力 G、F_{max} 约束反力 F_{N2}，F_{s2} 于此时物块有上滑的趋势，所以摩擦力的方向向下。物块的受力图和坐标系如图 5.10（c）所示，列平衡方程

$$\sum F_x = 0, \qquad F_{max}\cos\alpha + F_{s2} - G\sin\alpha = 0 \qquad\qquad (5)$$

$$\sum F_y = 0, \qquad F_{N2} - F_{max}\sin\alpha - G\cos\alpha = 0 \qquad\qquad (6)$$

$$F_{s2} = f_s \cdot F_{N2} \qquad\qquad (7)$$

由式（6）解出 F_{N2}，并同式（7）一同带入式（5）可得

$$F_{max} = \frac{\sin\alpha + f_s\cos\alpha}{\cos\alpha - f_s\sin\alpha} \cdot G = G \cdot \tan(\alpha - \varphi_m)$$

因此，要使物块在斜面上保持静止，综合上述两个结果，力 F 必须满足以下条件：

$$\frac{\sin\alpha - f_s\cos\alpha}{\cos\alpha + f_s\sin\alpha}G \leqslant F \leqslant \frac{\sin\alpha + f_s\cos\alpha}{\cos\alpha - f_s\sin\alpha}G$$

或写成 $G\cdot\tan(\alpha-\varphi_m) \leqslant F \leqslant G\cdot\tan(\alpha+\varphi_m)$。

此题也可应用摩擦角和全约束反力的概念求解。由图 5.11（a）所示，物块在有向下滑动趋势的临界平衡状态时，物块在 F_{min}、G，全约束反力 $F_R=F_{N1}+F_{s1}$ 作用下平衡。根据汇交力系平衡的几何条件，可画得如图 5.7(b)所示的封闭的力三角形。按三角公式解得

$$F_{min} = G\cdot\tan(\alpha-\varphi_m)$$

同样可画出，物块在有向上滑动趋势的临界平衡状态时受力图，如图 5.11（c）所示。作封闭三角形如图 5.11（d）所示，按三角公式解得

$$G\cdot\tan(\alpha-\varphi_m) \leqslant F \leqslant G\cdot\tan(\alpha+\varphi_m)$$

由此可见应用摩擦角概念采用几何法求得的结果与解析法完全相同，在三力平衡问题中，用几何法更为简便。

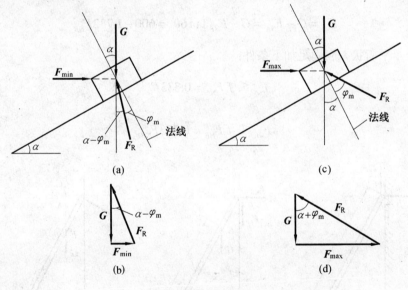

图 5.11

应当注意，当力 F 在上述范围内而未达到临界值时，摩擦力不等于 $f_s\cdot F_N$，而应由平衡条件决定，摩擦力的方向也由平衡条件决定。

在此题中，如果斜面倾角小于摩擦角，即 $\alpha<\varphi_m$，$G\cdot\tan(\alpha-\varphi_m)$ 成为负值，即 F_{min} 为负值，这说明不需要力 F 的支持，物块就能静止在斜面上，而且无论 G 多大，都不会破坏平衡状态，这就是自锁现象。

请读者思考，此题若不考虑摩擦($f_s=0$)，平衡时 F 是唯一的吗？

例 5.2　长为 l 的梯子 AB，重量不计，靠在墙上如图 5.12（a）所示，若 $\alpha=60°$，接触处的滑动摩擦系数均为 1/3。今有重为 600 N 的人沿梯子向上行走。试问能否安全地到

达最高点?如不能，试求梯子不致下滑时人所能蹬上的最大距离 x?

解：（1）研究人是否能安全地到达最高点 B 处

先假定人已站在最高点 B 处，检验此时梯子是否处于平衡状态。取梯子为研究对象，作用其上的力有：主动力 G，约束反力 F_{NA}、F_{sA}、F_{NB}、F_{sB}。因梯子有下滑趋势，故 A 点摩擦力 F 向左，B 点摩擦力 F 向上，受力图如图 5.12（a）所示。列平衡方程

$$\sum F_x = 0, \quad F_{NB} - F_{sA} = 0 \tag{1}$$

$$\sum F_y = 0, \quad F_{NA} + F_{sB} - G = 0 \tag{2}$$

$$\sum M_O = 0, \quad F_{NA} \cdot l \cdot \cos 60° - F_{NB} \cdot l \cdot \sin 60° = 0 \tag{3}$$

由（3）式可得 $\quad F_{NA} = F_{NB} \tan 60°$

将上式分别代入式（1）、（2）可得

$$F_{sA} = F_{NB} = F_{NA} \cot 60° = 0.577 F_{NA} \tag{4}$$

$$F_{sB} = G - F_{NA} = G - F_{NB} \tan 60° = 600 - 1.732 F_{NB}$$

梯子 AB 处于平衡状态应满足如下条件：

$$F_{sA} \leqslant f_s F_{NA} = 0.333 F_{NA} \tag{5}$$

$$F_{sB} \leqslant f_s F_{NB} = 0.333 F_{NB}$$

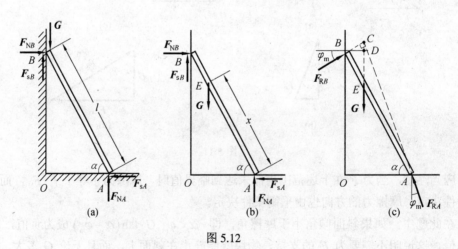

图 5.12

从式（4）、（5）中很明显地可以看出

$$F_{sA} = 0.577 F_{NA} > f_s F_{NA} = 0.333 F_{NA}$$

所以，此时梯子 AB 不能平衡，即人不能安全到达最高点 B 处。

（2）求使梯子不致下滑人所能蹬上的最大距离 x

取梯子为研究对象，作用其上的力有：主动力 G，约束反力 F_{NA}、F_{sA}、F_{NB}、F_{sB}，受力图如图 5.12（b）所示，列平衡方程

$$\sum F_x = 0, \quad F_{NB} - F_{sA} = 0 \tag{1}$$

$$\sum F_y = 0, \quad F_{NA} + F_{sB} - G = 0 \tag{2}$$

$$\sum M_O = 0, \quad F_{NA} \cdot l\cos 60° - F_{NB} \cdot l\sin 60° - G \cdot (l-x) \cdot \cos 60° = 0 \tag{3}$$

因所研究的问题是人所能到达的最高处，所以对应的梯子应处于临界平衡状态，补充摩擦平衡方程

$$F_{sA} = f_s F_{NA} = 0.333 F_{NA} \tag{4}$$

$$F_{sB} = f_s F_{NB} = 0.333 F_{NB} \tag{5}$$

将式（4）、（5）代入式（1）、（2）可得

$$F_{NA} = \frac{G}{1 + f_s^2} = 540 \ \text{N}$$

$$F_{NB} = \frac{f_s G}{1 + f_s^2} = 180 \ \text{N}$$

将 F_{NA}、F_{NB} 的值代入式（3）可得

$$x = \frac{l}{G\cos 60°}(-F_{NA} \cdot \cos 60° + F_{NB}\sin 60° + G\cos 60°) = 0.619l$$

即不使梯子下滑，人所能蹬上的最大距离为

$$x = 0.619l$$

此题也可利用摩擦角 φ_m 和全约束反力概念求解。

取梯子为研究对象，作用其上的力用如下三力表示，即主动力 G，全约束反力 F_{RA}、F_{RB}，受力图如图 5.12（c）所示。取人达到最高点 x 处的临界状态研究，即梯子在 G、F_{RA}、F_{RB} 三力作用下平衡。延长 F_{RA}、F_{RB} 的作用线交于 C，则重力 G 必然过 C 点，三力才平衡。因墙壁与地板垂直，所以 $AC \perp BC$，由直角三角形 ABC 及 BCD 中的几何关系可知

$$BC = l \cdot \cos(\alpha + \varphi_m),$$

$$BD = BC\cos\varphi_m = l \cdot \cos(\alpha + \varphi_m)\cos\varphi_m$$

而

$$\varphi_m = \arctan f_s = 18.43°$$

$$x = l - BE = l - BD / \cos\alpha =$$
$$l[1 - \cos(\alpha + \varphi_\mathrm{m}) \cdot \cos\varphi_\mathrm{m} / \cos\alpha] =$$
$$l[1 - \cos(60° + 18.43°) \cdot \cos 18.43° / \cos 60°] =$$
$$0.619l$$

所以要使梯子不下滑，人所能蹬上的最大距离为

$$x = 0.619\, l$$

例 5.3 重力坝断面如图 5.13（a）所示，1 m 长坝段所受重力为 G，坝所受水压力线集度为 $q = \gamma y$，其中 γ 为水的密度。坐标系及其尺寸如图 5.13（a）所示。试确定当坝体既不滑动又不倾覆时，水深 H 的范围（坝体与基础摩擦系数为 f_s）。

解： 为了便于计算，首先将线分布水压力合成为合力 F_H。

$$F_H = \frac{1}{2}\gamma H \cdot H \cdot 1 = \frac{1}{2}\gamma H^2 \quad （其作用线到坝底的距离为 \frac{1}{3}H）$$

1. 考虑坝体不滑动的条件

取坝体为研究对象，作用其上的力有：水压力 F_H，坝体自重 G，约束反力 F_{N1}，F_{s1} 坝体在水压力作用下有向右滑动的趋势，因而摩擦力的方向向左，受力图如图 5.13 所示。列平衡方程

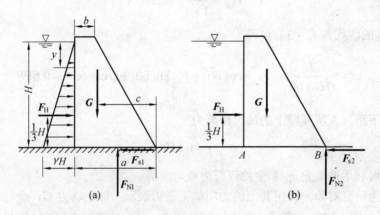

图 5.13

$$\sum F_x = 0, \quad F_H - F_{s1} = 0 \qquad (1)$$

$$\sum F_y = 0, \quad F_{N1} - G = 0 \qquad (2)$$

由式（1）解得

$$F_H = F_{s1}$$

由式（2）解得

$$F_{N1} = G$$

要使坝体不滑动

$$F_{s1} \leqslant f_s \cdot F_{N1} = f_s \cdot G \tag{3}$$

所以有

$$\frac{1}{2}\gamma H^2 \leqslant f_s \cdot G$$

解得

$$H \leqslant \sqrt{\frac{2f_s \cdot G}{\gamma}}$$

2. 考虑坝体不倾覆的条件

当坝体即将开始倾覆时，约束反力 F_{N2}、F_{s2} 作用在 B 点，如图 5.13（b）所示。坝体所受水压力对坝底 B 点的力矩称为倾覆力矩，其值为 $F_H \cdot \frac{1}{3}H = \frac{1}{6}\gamma H^3$；坝体自重 G 对坝底 B 点的力矩称为抗倾覆力矩，其值为 $G \cdot c$ 要使坝体不倾覆，抗倾覆力矩必须大于或等于倾覆力矩，即

$$G \cdot c \geqslant \frac{1}{6}\gamma H^3 \tag{4}$$

解得

$$H \leqslant \sqrt[3]{\frac{6G \cdot c}{\gamma}}$$

因此，要使坝体既不滑动又不倾覆，水深 H 值必须同时满足如下两个条件

$$H \leqslant \sqrt{\frac{2f_s G}{\gamma}} \text{ 和 } H \leqslant \sqrt[3]{\frac{6G \cdot c}{\gamma}} \text{ 的较小值}$$

例 5.4　制动器的构造如图 5.14（a）所示，已知重物重 G=500 N，制动轮与制动块间的静摩擦系数 f_s=0.6，R=250 mm，r=150 mm，a=1 000 mm，b=300 mm，c=100 mm，问 F 至少多大才能保持鼓轮静止。

解：鼓轮所以能被制动，是由于制动块与制动轮间的摩擦力作用。鼓轮在重物 G 的作用下将有逆时针转动的趋势，由此可以判定制动块与鼓轮之间的摩擦力方向，如图 5.14（b）、（c）所示。当鼓轮恰能被制动时，力 F 为最小值，静摩擦力达到最大值。

（1）取鼓轮为研究对象，作用其上的力有：主动力 G，约束反力 F_{Ox}、F_{Oy}、F_{smax}、F_N，受力图如图 5.14（b）所示。列平衡方程

$$\sum M_O = 0, \quad G \cdot r - F_{s\max} \cdot R = 0$$

解得

$$F_{s\,max} = \frac{r}{R}G$$

又

$$F_{s\,max} = f_s \cdot F_N$$

所以

$$F_N = \frac{r}{R \cdot f_s}G$$

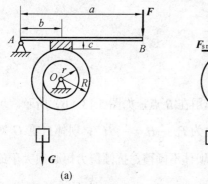 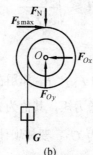 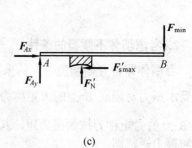

(a)　　　　　　　　(b)　　　　　　　　(c)

图 5.14

（2）取制动杆为研究对象，作用其上的力有：主动力 F_{min}，约束反力 F_{Ax}、F_{Ay}、F'_N、F'_{smax}，受力图如图 5.14（c）所示。列平衡方程，有

$$\sum M_O = 0, \quad F'_N b - F'_{s\,max} c - F_{min} a = 0$$

其中 $F'_N = F_N = \dfrac{r}{R \cdot f_s}G$，$F'_{s\,max} = F_{max} = \dfrac{r}{R}G$，则有

$$\frac{r}{R \cdot f_s}G \cdot b - \frac{r}{R}G \cdot c - F_{min} a = 0$$

由此方程即可解出力 F 的最小值为

$$F_{min} = \frac{rG}{Ra}\left(\frac{b}{f_s} - c\right)$$

代入数据，得所求 F 的最小值为

$$F_{min}/N = \frac{150 \times 500}{250 \times 1\,000} \times \left(\frac{300}{0.6} - 100\right) = 120$$

5.2.5　滚动摩擦

由生产实践可知，滚动比滑动省力。例如，在搬运重物时，放在地面上很难推动，如在它下面垫几根滚杆，推动起来就容易些了。在机械中，用滚动轴承代替滑动轴承，也是为了减少摩擦阻力。

为什么滚动比滑动省力?滚动摩擦有什么特性?下面通过分析车轮滚动时所受的阻力来回答。

（1）设有一半径为 r 的刚性车轮，在轮心 O 处受到力 G（包括轮的自重）的作用，当车轮静止放在粗糙的水平面上时，如图 5.15（a）所示。因为水平方向无主动力，车轮在力 G 和地面的约束反力 F_N 作用下平衡，所以车轮不受摩擦力作用。

（2）如在轮心 O 处施加一较小的水平主动力 F，车轮的受力图如图 5.15（b）所示。不难看出，在这种受力情况下车轮是不能平衡的。这是由于力 G、F、F_N 三力汇交于 O 点，而 F_s 不通过 O 点，不能满足 $\sum M_O = 0$。

实际上，当水平力 F 不大时，车轮是可以平衡的。这是因为车轮和路面实际上都不是刚体，它们在力的作用下都会发生变形，接触处不是一个点，而是一小块面积。当车轮受水平力 F 作用时，车轮除有滑动的趋势外，还有滚动的趋势，路面上产生的约束反力(阻力)不均匀地分布在接触面上，如图 5.15（c）所示。将这些阻力向 A 点简化，可得到作用在 A 点的一对正交力 F_N 和 F_s 及一力偶矩为 M_f 的力偶，如图 5.15（d）所示。显然力偶矩为 M_f 的力偶起着阻碍车轮滚动的作用，称之为滚动摩擦阻力偶，它与主动力偶(F，F_s)平衡，它的转向与滚动的趋势相反。

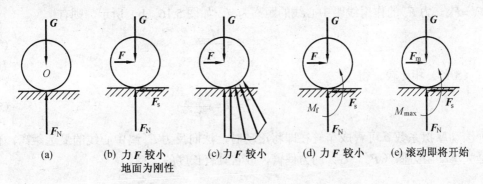

| (a) | (b) 力 F 较小
地面为刚性 | (c) 力 F 较小 | (d) 力 F 较小 | (e) 滚动即将开始 |

图 5.15

（3）如果增大加在轮心 O 上的水平主动力 F，而保持车轮的静平衡状态不变。这时滚动摩擦力偶将随主动力偶的增大而增大。

（4）当作用于轮心 O 的水平主动力增大到某一数值 F_m 时，车轮处于将滚动未滚动的临界状态，如图 5.15（e）所示。滚动摩擦力偶矩达到最大值，称为最大滚动摩擦阻力偶矩，用 M_{max} 表示。

（5）车轮达到临界状态后，若力 F 再增大一点，车轮就会滚动。在滚动的过程中，滚动摩擦阻力偶矩近似等于 M_{max}。

综上所述，滚动摩擦阻力偶矩的方向与滚动趋势方向相反，其数值介于零和最大值 M_{max} 之间，即

$$0 \leqslant M_f \leqslant M_{max} \qquad (5.10)$$

实验表明，最大滚动摩擦力偶矩 M_{max} 与法向反力 F_N 大小成正比，即

$$M_{max} = \delta \cdot F_N \qquad (5.11)$$

式（5.11）就是滚动摩擦定律。其中比例常数 δ 称为滚动摩擦系数。由式（5.11）可知，滚动摩擦系数是具有长度的量纲，单位一般用 mm 或 cm。

滚动摩擦系数由实验测定，它与车轮和支承面的材料的硬度、干湿度和温度等有关，与车轮的半径无关。表 5.3 是几种材料的滚动摩擦系数的值。

表 5.3　滚动摩擦系数 δ

材料名称	δ /mm	材料名称	δ /mm
铸铁与铸铁	0.5	软木与软木	1.5
钢质车轮与钢轨	0.5	淬火钢珠对钢	0.01
木与钢	0.3 ~ 0.4	软钢与软钢	0.05
木与木	0.5 ~ 0.8	轮胎与路面	2 ~ 10
有滚珠轴承的料车与钢轨	0.09	无滚珠轴承的料车与钢轨	0.21

滚动摩擦系数的物理意义：车轮在即将滚动的临界状态时，其受力如图 5.16（a）所示。根据力的平移定理，可将其中法向反力 F_N 与最大滚动摩擦力偶 M_{max} 合成为一个力 F_N'，且 $F_N' = F_N$。力 F_N' 的作用线距中心线的距离为 d，如图 5.16（b）所示，则有

$$d = \frac{M_{max}}{F_N'} \qquad (5.12)$$

与式（5.12）相比较，得

$$\delta = d = \frac{M_{max}}{F_N'} \qquad (5.13)$$

因而滚动摩擦系数 δ 可看成车轮在即将滚动时，法向反力 F_N' 离中心线的最远距离，也就是最大滚动阻力偶（F_N'，G）的力偶臂，故它具有长度的量纲。

(a)　　　　　　　　　　(b)

图 5.16

　　由于滚动摩擦系数较小，因此，在大多数情况下滚动摩擦可以忽略不计。在本书中，凡是需要考虑滚动摩擦阻力偶的地方，都作了特殊说明，若无特殊说明，则表示滚动摩擦阻力偶可以忽略不计。

　　例 5.5　如图 5.17（a）所示，拖车重为 G，两轮的半径为 R，车轮与地面间的滚动摩擦系数为 δ。设车轮的重量忽略不计，试求拉动拖车所需的牵引力 F 的大小。已知力 F 的作用线距地面高度为 h，两轮间距离为 b，拖车重心在两轮中间。

　　解：（1）取拖车为研究对象

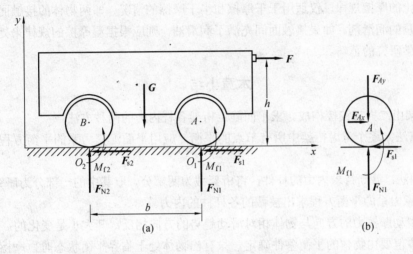

图 5.17

　　受力分析：设拖车受主动力 F 作用处于即将开始滚动的临界状态，因此作用其上的力有：主动力 F，约束反力 F_{N1}、F_{N2}、F_{s1}、F_{s2}、M_{f1}、M_{f2}，受力图如图 5.17（a）所示。
列平衡方程

$$\sum F_x = 0, \quad F - F_{s1} - F_{s2} = 0 \tag{1}$$

$$\sum F_y = 0, \quad F_{N1} + F_{N2} - G = 0 \tag{2}$$

$$\sum M_{O1} = 0, \quad G\frac{b}{2} - F_{N2}b + M_{f1} + M_{f2} - Fh = 0 \tag{3}$$

以上 3 个方程，包含 7 个未知量，因此还需要写出 4 四个补充方程。

　　（2）分别取轮 A、轮 B 为研究对象，受力图如图 5.17（b）所示，列平衡方程

$$\sum M_A = 0, \quad M_{f1} - F_{s1} \cdot R = 0 \tag{4}$$

$$\sum M_B = 0, \quad M_{f2} - F_{s2} \cdot R = 0 \tag{5}$$

　　（3）由于车轮处于临界平衡状态，所以滚动摩擦阻力偶达到最大值，列补充方程

$$M_{\max 1} = M_{f1} = \delta \cdot F_{N1} \tag{6}$$

$$M_{\max 2} = M_{f1} = \delta \cdot F_{N2} \tag{7}$$

联立以上 7 个方程可得

$$F_{\min} = \frac{\delta}{R} \cdot G$$

当 F 稍大于 $\dfrac{\delta}{R} \cdot G$ 时，就能拉动拖车。

本章讨论的摩擦规律，仅适用于干摩擦和半干摩擦的情况，即两物体的接触面间是干燥的或有少量的润滑剂。如果接触面间充满了润滑油，则应根据湿摩擦的规律来处理，它属于流体力学研究的范畴。

本章小结

（1）桁架由二力杆铰接构成。求平面静定桁架各杆内力的两种方法：

① 节点法：逐个考虑桁架中所有节点的平衡，应用平面汇交力系的平衡方程求出各杆的内力。

② 截面法：截断待求内力的杆件，将桁架截为两部分，取其中的一部分为研究对象，应用平面任意力系的平衡方程求出被截的各杆件的内力。

（2）静滑动摩擦力的方向与物体相对滑动趋势的方向相反，其大小是变化的：$0 \leqslant F \leqslant F_{\max}$，具体数值要由物体的平衡条件确定。只有当物体处于临界平衡状态时，摩擦力才达到最大值 $F_{\max}$。

（3）静滑动摩擦定律为：$F_{\max} = f_s N$。

（4）考虑摩擦时物体平衡问题的解题特点为：

① 画受力图时，要注意分析摩擦力，其方向与物体相对滑动趋势的方向相反。

② 当物体处于临界状态和求未知量的平衡范围时，除了要列出平衡方程外，还要列出摩擦关系式 $F_{\max} = f_s N$。

③ 因为摩擦力的大小是变化的，所以在问题的答案中有一定的范围。

（5）当摩擦力达到最大值 $F_{\max}$ 时，全反力 R 与法线间的夹角 φ_m 称为摩擦角，引入摩擦角的概念的目的在于说明工程上的自锁现象。

（6）当物体滚动时，滚动摩擦为一力偶，称为滚动摩擦力偶。其力偶矩 M 的转向与相对滚动方向相反，大小与滑动摩擦力类似，是在零与最大值之间，即

$$0 \leqslant M \leqslant M_{\max}$$

式中，最大滚动摩擦力偶矩 $M_{\max}$ 由下式决定

$$M_{\max} = \delta N$$

δ 为滚动摩擦素数，一般常以 cm 为单位。

习　题

5.1　试用节点法计算图示桁架各杆内力。

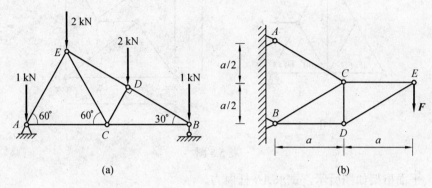

题 5.1 图

5.2　试用截面法计算图示桁架中杆件 *GH*、*DF*、*CF* 及 *CD* 的内力。

5.3　试用截面法求图示桁架中杆 1、2、3、4 的内力。

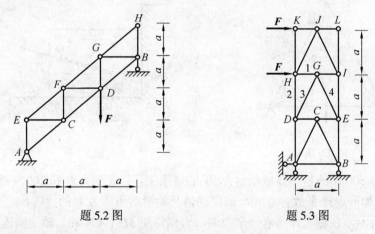

题 5.2 图　　　　　　　　题 5.3 图

5.4　试用截面法求图示桁架中杆件 *DE*、*EG* 及 *EH* 的内力。

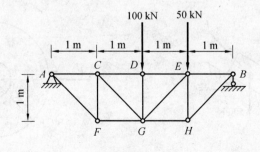

题 5.4 图

5.5 试用最简捷的方法求图示桁架指定杆件的内力。

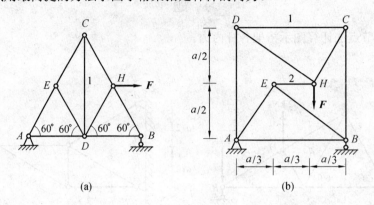

题 5.5 图

5.6 平面桁架如图所示，试求 AB 杆内力。

5.7 图示一吊桥的锚固墩，吊桥的铁索锚固在墩内。已知铁索拉力 $F=1\,960\ \text{kN}$，锚固墩与地基间的静摩擦系数 $f_s=0.4$，铁索与水平线间的夹角 $\alpha=20°$，求锚固墩不致滑动时的最小自重。

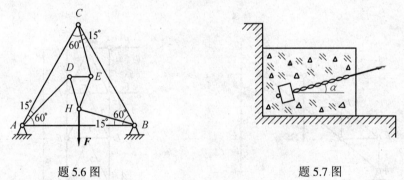

题 5.6 图   题 5.7 图

5.8 重量为 500 N 的物体放在倾角为 30° 的斜面上，并受到力 F 和 200 N 的水平力作用，如图所示。如静摩擦系数 $f_s=0.50$，求使物体开始滑动所需力 F 的值。

5.9 如图所示，在轴上作用着一个力偶，力偶矩矩 $M=1\ \text{kN·m}$。轴上固连着直径 $d=50\ \text{cm}$ 的制动轮，轮缘和制动块间的静摩擦系数 $f_s=0.25$。问制动块应对制动轮施加多大的压力 F，才能使轴不转动？

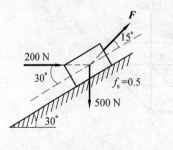

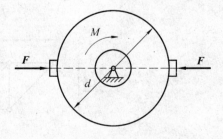

题 5.8 图   题 5.9 图

5.10　楔块顶重装置如图所示。楔块 A 的顶角为 α，在 B 块上受力 F_2 的作用。A 与 B 块间的摩擦系数为 f_s（其他有滚珠处表示光滑）。如不计 A 和 B 块的重量，试求：（1）顶住重物所需的力 F_1 的值；（2）使重物不向上移动所需的力的值 F_1。

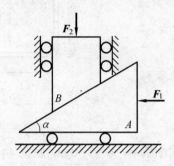

题 5.10 图

5.11　砖夹的宽度为 25 cm，曲杆 AGB 与 $GCED$ 在 G 点铰接，尺寸如图所示。设砖重 $G=120$ N，提起砖的力 F 作用在砖夹的中心线上，砖夹与砖间的摩擦系数 $f_s=0.5$，试求距离 b 为多大才能把砖夹起。

5.12　起重用的夹子如图所示。要把重力为 G 的重物夹起，必须利用重物与夹子之间的摩擦力，设夹子对重物的法向反力作用在与 C 点相距 15 cm 处的 A、B 两点。若不计夹子的重量，问要把重物夹起，重物与夹子之间的静摩擦系数 f_s 至少要多大?并求此时 C 铰的反力及绳 DH、EH 的拉力。

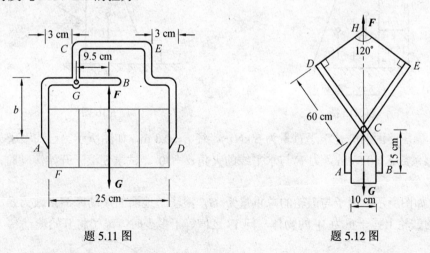

题 5.11 图　　　　　　　　　题 5.12 图

5.13　如图所示，在闸块制动器的两个杠杆上，分别作用有大小相等的力 F_1 和 F_2。试问这些力应为多大，方能使受到力偶作用的轴处于平衡?设力偶矩 $M=160$ N·m，摩擦系数为 0.2，其他尺寸如图所示。

5.14　如图所示为一绞车上的制动器。鼓轮半径 $r=15$ cm，制动轮半径 $R=25$ cm，重物 $G=1$ kN，$a=100$ cm，$b=40$ cm，$c=50$ cm，制动轮与制动块之间的静摩擦系数 $f_s=0.6$。试求当绞车吊着重物时，要刹住重物，使其不致下落，加在杠杆 B 上的力 F 至少应为多大?并求此时支座 O 与 O_1 的反力。

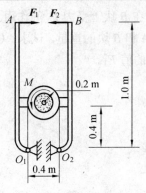

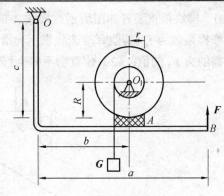

题 5.13 图　　　　　　　　　　题 5.14 图

5.15　混凝土坝的横断面如图所示，坝高 50 m，底宽 44 m。设 1 m 长的坝受到水压力 F_H=9 930 kN，作用位置如图所示。混凝土的体积密度 $\gamma = 22$ kN/m³，坝与地面的静摩擦系数 f_s=0.6，问：

（1）此坝是否会滑动（即校核坝的抗滑稳定）？

（2）此坝是否会绕 B 点而翻倒（即校核坝的抗倾覆稳定性）？

5.16　图示一挡土墙，它的单位长度(1 m)所受的重力为 G，土压力为 F，力 F 与水平线夹角为 α。要使挡土墙不滑动，问墙的底部与地基之间的静摩擦系数 f_s 最小应为多少？

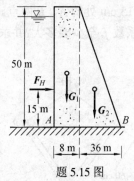

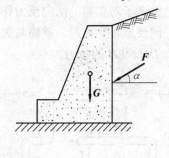

题 5.15 图　　　　　　　　　　题 5.16 图

5.17　碾压路面的圆柱滚子重量为 3 kN，半径 $r = 0.3$ m，如图所示。已知滚子与路面的滚动摩擦系数 $\delta = 0.5$ cm，力 F 与水平线的夹角 $\alpha = 30°$。试求使滚子开始滚动时，力 F 至少等于多少？

5.18　如图所示，滚子与鼓轮的总重量为 G，滚子与地面的滚动摩擦系数为 δ，在与滚子固连的鼓轮上挂一重为 W 的物体，问 W 之值等于多少时，滚子将开始滚动？

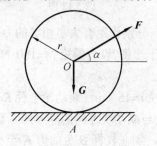

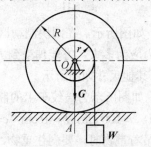

题 5.17 图　　　　　　　　　　题 5.18 图

第二篇

变形体的承载能力

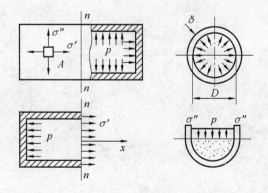

第6章 轴向拉伸与压缩

6.1 轴向拉伸与压缩时横截面上的内力

在工程实际中，由于外力作用而产生拉伸或压缩变形的杆件是很常见的。如果杆件在其两端受到一对沿着杆件轴线、大小相等、方向相反的外力作用，则杆件将发生轴向拉伸或压缩变形。当外力是拉力时，产生拉伸变形如图 6.1（a）所示，当外力是压力时，产生压缩变形如图 6.1（b）所示。

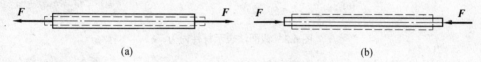

(a)　　　　　　　　　　　　　　　　　　　(b)

图 6.1　轴向拉伸与压缩变形

轴向拉伸与压缩是直杆变形的基本形式。例如，起重机的吊缆、房屋中的某些柱子、桁架结构中的一些杆件等在受到荷载作用时，都会产生拉伸或压缩变形。

1. 内力

物体的内力，一般是指物体内部各质点之间的相互作用力。在没有外力作用的情况下，其内部各质点之间均处于平衡状态，各质点之间保持一定的相对位置，从而使物体维持一定的几何形状。由此可见，一个完全不受外力作用的物体也是具有内力的。当物体受外力作用而变形时，内部质点间的相对距离发生了改变，从而引起内力的改变，即产生了"附加内力"。变形体静力学中研究的内力，就是这种物体内部各部分之间由于外力作用而引起的附加内力，简称内力。这种内力随外力的增加而增加，当达到某一极限值时，构件就会产生破坏。内力的分析与计算是变形体静力学解决杆件的强度、刚度、稳定性等问题的基础，所以必须予以重视。

2. 截面法、轴力与轴力图

为了显示受力杆件中的内力并确定其大小，可以采用截面法。构件内部之间的相互作用力总是成对存在的，为了显示和计算构件的内力，可假想地用一平面将构件在需要求内力的截面处"切开"，将构件分成两部分，这样就可以把构件的这两部分在"切开"处互相作用的内力以外力的形式显示出来，然后用静力平衡条件求出"切开"处截面上的内力。这种方法称为截面法。下面以轴向拉伸为例，具体说明如何用截面法求构件内力的问题。

为了求得轴向拉杆如图 6.2（a）中任意横截面 $m-m$ 上的内力，可在此截面处假想地用一平面将杆切成左右两部分如图 6.2（b）、（c）所示，若移去右边部分，而留下左边部分加以研究，则移去部分对保留部分的作用可以内力 F_N 来代替，F_N 就是 $m-m$ 截面上的内力。由于杆件原来处于平衡状态，因此切开后各部分仍应保持平衡。对保留部分建立平衡方程

$$\sum F_x = 0 , \quad F_N - F = 0 , \quad F_N = F$$

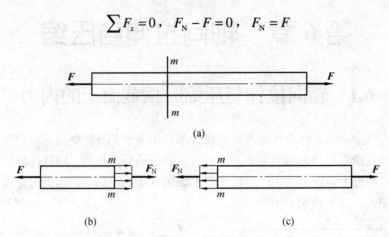

(a)

(b)　　　　　　　　　　　　　　　(c)

图 6.2　截面法表示杆件内力

上述运用截面法求内力的过程可归纳如下：

（1）在需求内力的截面处，假想用一平面将杆件切成两部分；

（2）留下一部分，移去另一部分，并以内力代替移去部分对留下部分的作用；

（3）对保留部分建立静力平衡方程，从而确定内力的大小和方向。

截面法是变形体静力学中求内力的一个基本方法，在讨论杆件的其他变形形式时，也经常使用。

由于外力 F 的作用线与杆的轴线重合，故内力 F_N 的作用线也与杆轴线重合，称为轴向内力，简称为轴力。在轴向拉伸时，轴力的指向离开截面；而在轴向压缩时，轴力的指向向着截面。通常把拉伸时的轴力定为正，压缩时的轴力定为负。计算中可假定轴力 F_N 为拉力，由半衡条件求出轴力的正负号，就可表明该截面及其邻近一段杆件是受拉或是受压了。

当杆件受到多个轴向外力作用时，在杆件的不同段内将有不同的轴力。为了表明杆内的轴力随截面位置的改变而变化的情况，常以轴力图来表示。所谓轴力图，就是用平行杆件轴线的坐标表示横截面的位置，垂直于杆件轴线的坐标表示相应横截面上的轴力，从而绘出表示轴力沿杆轴变化规律的图线。

例 6.1　一直杆受外力作用如图 6.3（a）所示。试求各段中横截面上的轴力，并绘轴力图。

解：要研究杆件内力，需先求出杆的支座约束力。

（1）计算 A 端支座约束力

设 A 端支座约束力为 F_{Ax}，由平衡方程得

$$\sum F_{ix} = 0 , \quad -F_{Ax} + 10\,\text{kN} - 8\,\text{kN} + 4\,\text{kN} = 0 , \quad F_{Ax} = 6\,\text{kN}$$

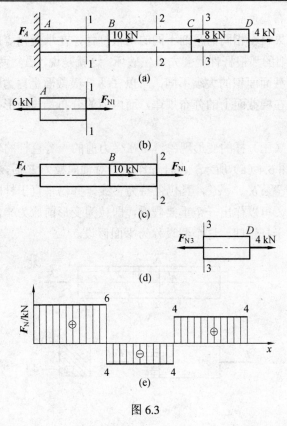

图 6.3

（2）分段计算轴力

用截面法，分段作 1-1、2-2、3-3 三个截面，取出三个脱离体（取左段或右段为脱离体，以含外力最少为佳），如图 6.3（b）、（c）、（d）所示，逐段计算轴力。为了便于计算，可设各段的轴力 F_N 都为拉力（截面的外法线方向），分别为 F_{N1}、F_{N2}、F_{N3}，则由平衡条件可得

$$F_{N1} = 6 \text{ kN} , \quad F_{N2}/ \text{kN} = 6 - 10 = -4 , \quad F_{N3} = 4 \text{ kN}$$

其中，F_{N2} 为负值，说明 F_{N2} 的作用方向与所设的方向相反，应为压力。

（3）作轴力图

用平行杆轴的横坐标表示截面的位置，以垂直于杆轴的纵坐标按一定的比例表示对应截面上的轴力，绘出全杆的轴力图如图 6.3（e）所示。

6.2 轴向拉伸与压缩时的应力及强度条件

1. 轴向拉(压)杆横截面上的应力

为了解决强度问题，不但要知道杆件可能沿着哪一个截面破坏，而且还要知道截面上哪些点最危险。可见，如果仅仅知道截面上的内力是不够的，还必须知道截面上内力的分布情况，即内力的分布集度。

由实践可知，如果材料相同而粗细不同的两根杆件，在承受相等的轴向拉力时，随着拉力的逐渐增加，较细的那根杆件就会先发生破坏。这就是说，虽然两根杆中的内力相同，但是，由于两根杆横截面面积的大小不同，所以在两杆横截面上内力的分布集度也不同。为此，必须知道内力在横截面上的分布规律，而内力的分布又与变形有关，因而应从研究杆件的变形入手。

为了便于观察拉（压）杆的变形现象，可在受力前的一等直杆的表面画上垂直于杆轴线的横线 *ab*、*cd* 如图 6.4（a）所示。在杆端作用一对轴向拉力 *F* 后，可以看到：横线 *ab*、*cd* 分别平移到新的位置 *a′b′*、*c′d′*，且仍保持为直线，并仍垂直于杆的轴线。根据这一观察到的表面变形现象，可以作出一个重要假设，即认为变形前原为平面的横截面，变形后仍然为平面且仍垂直于杆轴线。这个假设称为平面假设。

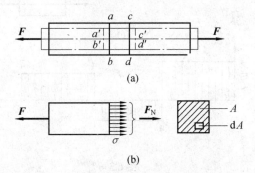

图 6.4　轴向拉（压）杆的变形与内力

根据平面假设可以推断：任意两个横截面之间所有纵向线段的伸长都相等，又因假设材料是连续、均匀的。所以内力在横截面上是均匀分布的，且垂直于横截面，即横截面上只有正应力 σ（法向应力），且是均匀分布的（见图 6.4（b））。因轴力 F_N 是横截面上分布内力系的合力，而横截面上各点处分布内力集度即正应力 σ 均相等，故有

$$F_N = \int_A \sigma \mathrm{d}A = \sigma \int_A \mathrm{d}A = \sigma A$$

于是，拉（压）杆横截面上的正应力（normal stress）为

$$\sigma = \frac{F_N}{A} \tag{6.1}$$

上式是在杆件横截面上的正应力 σ 的计算公式，规定它的正负号与轴力 F_N 相同，以拉应力为正，压应力为负。

在国际单位制中，应力的常用单位是帕斯卡（Pa），1 Pa=1 N／m²。有时还用 kPa、MPa 或 GPa 来表示，1 kPa=1×10^3 Pa，1 MPa=1×10^6 Pa，1 GPa=1×10^9 Pa。

正应力公式的导出，是综合考虑了三个方面的因素：一是观测杆件的实际变形并提出平面假设，称为几何关系；二是由内力集度求合力，称为静力关系；三是材料的均匀连续、内力与变形有关等性质，称为物理关系。这样的分析方法具有普遍性，在后续的章节里将多次用到。

应当指出，直接用式（6.1）计算杆件外力作用区域附近截面上各点的应力是不准确的，因为在该处外力作用的具体方式不同，引起的变形规律也比较复杂，其研究已超出材料力学范围。理论与实验均证明，在离杆件外力作用点一定距离（约等于横截面的最大尺寸处）的横截面上，内力已趋于平均分布如图 6.5 所示，式（6.1）就可应用。这一结论称为圣维南（Saint-Venant）原理。

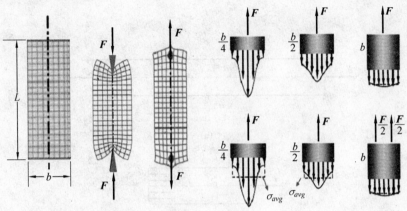

图 6.5 圣维南原理

2. 轴向拉（压）杆斜截面上的应力

上面讨论了轴向拉（压）杆横截面上的正应力计算，下面将在此基础上进一步研究其他斜截面上的应力。

图 6.6（a）所示为一轴向受拉的直杆。该杆件的横截面 $m-m$ 上有均匀分布的正应力 $\sigma = \dfrac{F_N}{A}$，如图 6.6（b）所示。现在假想用一与横截面 $m-m$ 成 α 角的斜截面（简称 α 截面）将杆件切成两部分，保留左段，弃去右段，用内力 $F_{N\alpha}$ 来表示右段对左段的作用，如图 6.6（c）所示。因为 $F_{N\alpha}$ 在斜截面上也是均匀分布的，故 α 截面上也有均匀分布的应力

$$p_\alpha = \frac{F_{N\alpha}}{A_\alpha} \tag{6.2}$$

式中　$F_{N\alpha}$——拉压杆斜截面上的内力；

　　　A_α——斜截面的面积；

　　　p_α——斜截面上的总应力。

根据脱离体受力图如图 6.6（c）所示，由平衡条件 $\sum F_{ix} = 0$ 可求得斜截面上的内力为

$$F_{N\alpha} = F \tag{1}$$

斜截面面积与横截面面积的关系为

$$A_\alpha = \frac{A}{\cos \alpha} \tag{2}$$

将式（1）、式（2）代入式（6.2），得

$$p_\alpha = \frac{F}{A}\cos\alpha = \sigma\cos\alpha$$

式中　σ ——横截面上的正应力，$\sigma = \dfrac{F_N}{A}$。

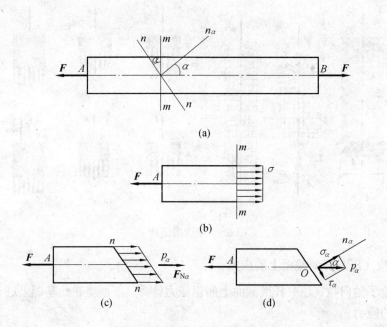

图 6.6　斜面上的应力分布

将总应力 p_α 分解为垂直于斜截面的正应力 σ_α 和相切于斜截面的切应力 τ_α。如图 6.6（d）所示，得

$$\sigma_\alpha = p_\alpha\cos\alpha = \sigma\cos^2\alpha = \frac{\sigma}{2}(1+\cos 2\alpha) \tag{6.3}$$

$$\tau_\alpha = p_a\sin\alpha = \sigma\sin\alpha\cos\alpha = \frac{\sigma}{2}\sin 2\alpha \tag{6.4}$$

式（6.3）、式（6.4）表达了斜截面一点处的正应力 σ_α 和切应力 τ_α 的数值随截面位置（以 α 角表示）而变化的规律。在一般情况下，拉（压）杆斜截面上既有正应力，又有切应力。

当 $\alpha = 0°$ 时，斜截面就成为横截面，σ_α 达到最大值，而 $\tau_\alpha = 0$，即 $\sigma_{0°} = \sigma_{\max} = \sigma$，$\tau_{0°} = 0$。

当 $\alpha = \pm 45°$ 时，如图 6.7 所示，τ_α 分别达到最大值和最小值，而 $\sigma_\alpha = \dfrac{\sigma}{2}$，即

$$\tau_{45°} = \tau_{\max} = \frac{\sigma}{2}, \quad \sigma_{45°} = \frac{\sigma}{2}$$

$$\tau_{-45°} = \tau_{\min} = -\frac{\sigma}{2}, \quad \sigma_{-45°} = \frac{\sigma}{2}$$

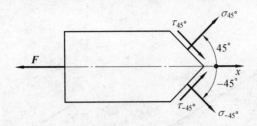

图 6.7 45° 截面的应力状况

轴向拉伸（压缩）时，杆内最大正应力产生在横截面上，工程中把它作为建立拉（压）杆强度计算的依据；而最大切应力则产生在与杆轴线成 45° 角的斜截面上，其值等于横截面上正应力的一半。

当 $\alpha = 90°$ 时，$\sigma_\alpha = \tau_\alpha = 0$，说明在平行于杆轴的纵向截面上没有应力存在。

3. 拉伸与压缩的强度条件

构件受轴向拉伸或压缩时，构件中的工作应力为 $\sigma = \dfrac{F_N}{A}$。

为了保证构件安全、正常地工作，构件中的工作应力不得超过材料的许用应力，即

$$\sigma = \frac{F_N}{A} \leqslant [\sigma] \tag{6.5}$$

式（6.5）称为拉伸或压缩时的强度条件。根据该强度条件，可以对构件进行三种不同情况的强度计算。

（1）强度校核

在已知构件尺寸、所用材料和荷载的情况下，可用式（6.5）来校核构件的强度，即 $\sigma = \dfrac{F_N}{A} \leqslant [\sigma]$。若 $\sigma \leqslant [\sigma]$，则构件安全可靠；若 $\sigma > [\sigma]$，则构件强度不够。

（2）设计截面

如果已知荷载情况，同时又选定了构件所用的材料，即确定了材料的许用应力$[\sigma]$，则构件所需的截面大小可由式 $A \geqslant F_N /[\sigma]$ 计算。

（3）确定许可荷载

如果已知构件的横截面面积 A 及材料的许用应力 $[\sigma]$，则构件能承受的许可轴力可由式 $[F_N] \leqslant [\sigma]A$ 计算。然后，可以根据静力平衡条件由外力与轴力之间的关系确定结构所能允许承受的最大荷载。

例 6.2 钢木构架如图 6.8（a）所示。BC 杆为钢制圆杆，AB 杆为木杆。若 F=10 kN，木杆 AB 的横截面面积为 A_1=10 000 mm^2，长度 l_1 =1.73 m，弹性模量 E_1=10 GPa，许用应力$[\sigma_1]$=7 MPa；刚杆 BC 的横截面面积为 A_2=600 mm^2，长度 l_2 = 2 m，许用应力$[\sigma_2]$=160 MPa。求：①校核两杆的强度；②求许用荷载$[F]$；③根据许用荷载，重新设计刚杆 BC 的直径。

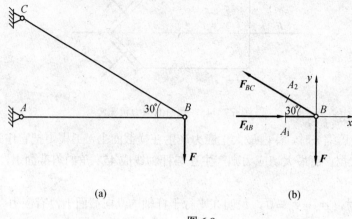

(a)   (b)

图 6.8

解：（1）校核两杆强度

首先必须确定两杆的内力，由节点 **B** 的受力图如图 6.8（b）所示，列出静力平衡方程

$$\sum F_{iy} = 0 \ , \quad F_{BC}\cos 60° = F \ , \quad F_{BC} = 2F = 20 \text{ kN}$$

$$\sum F_{ix} = 0 \ , \quad F_{AB} - F_{BC}\cos 30° = 0 \ , \quad F_{AB} = \sqrt{3}F = 17.3 \text{ kN}$$

对两杆进行强度校核

$$\sigma_{AB} = \frac{F_{AB}}{A_1} = \frac{17.3 \times 10^3}{10\,000 \times 10^{-6}} = 1.73 \text{ MPa} < [\sigma_1] = 7 \text{ MPa}$$

$$\sigma_{BC} = \frac{F_{BC}}{A_2} = \frac{20 \times 10^3}{600 \times 10^{-6}} = 33.3 \text{ MPa} < [\sigma_2] = 160 \text{ MPa}$$

由上述计算可知，两杆内的正应力都远低于材料的许用应力，强度尚没有充分发挥。因此，悬吊物的重量还可以增加。

（2）求许用荷载

两杆分别能承担的许用内力为

$$[F_{AB}]/\text{kN} = [\sigma_1]A_1 = 7 \times 10^6 \times 10\,000 \times 10^{-6} \text{ N} = 70$$

$$[F_{BC}]/\text{kN} = [\sigma_2]A_2 = 160 \times 10^6 \times 600 \times 10^{-6} \text{ N} = 96$$

由前面两杆的内力与外力 **F** 之间的关系可得

$$F_{AB} = \sqrt{3}F, \quad [F] = \frac{[F_{AB}]}{\sqrt{3}} = 40.4 \text{ kN}$$

$$F_{BC} = 2F, \quad [F] = \frac{[F_{AB}]}{2} = 48 \text{ kN}$$

根据上面计算结果，若以 BC 杆为准，取[F]=48 kN，则 AB 杆的强度显然不够，为了结构的安全，应取[F]=40.4 kN。

（3）重新设计 BC 杆的直径

根据许用荷载[F]=40.4 kN，对于 AB 杆来说，恰到好处，但对 BC 杆来说，强度是有余的，也就是说 BC 杆的截面还可以适当减小。由 BC 杆的内力与荷载的关系可得

$$F_{BC}/\text{kN} = 2F = 2 \times 40.4 = 80.8$$

根据强度条件，BC 杆的横截面面积应为

$$A \geqslant \frac{F_{BC}}{[\sigma_2]} = \frac{80.8 \times 10^3}{160 \times 10^6} = 5.05 \times 10^{-4} \text{ m}^2 = 505 \text{ mm}^2$$

BC 杆的直径为

$$d/\text{mm} = \sqrt{\frac{4A}{\pi}} = \sqrt{\frac{4 \times 505}{3.14}} \approx 25.4$$

6.3　轴向拉伸与压缩时的变形及刚度条件

1. 轴向变形、胡克定律

直杆受轴向拉力或压力作用时，杆件会产生轴线方向的伸长或缩短，如图 6.9 所示的等直杆原长为 l 变为 l_1，杆的轴向伸长为

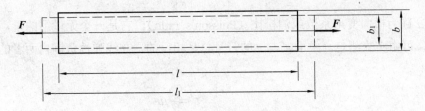

图 6.9　拉（压）杆的变形

$$\Delta l = l_1 - l \tag{1}$$

Δl 称为杆的轴向绝对线变形。线变形 Δl 与杆件原长 l 之比，表示单位长度内的线变形，又称为轴向线应变，以符号 ε 表示，即

$$\varepsilon = \frac{\Delta l}{l} \tag{2}$$

由式（1）、式（2）可见，Δl 和 ε 在拉伸时均为正值，而在压缩时均为负值。

实验表明，工程中使用的大多数材料都有一个线弹性范围。在此范围内，轴向拉（压）杆的伸长(或缩短) Δl 与轴力的大小 F_N、杆长 l 成正比，而与横截面面积 A 成反比，引入比例常数 E，即为

$$\Delta l = \frac{F_N l}{EA} \tag{6.6}$$

这就是轴向拉伸或压缩时等直杆的轴向变形计算公式，通常称为胡克定律。引入 $\sigma = F_N / A$，$\varepsilon = \Delta l / l$，可得到胡克定律的另一表达式

$$\sigma = E\varepsilon \tag{6.7}$$

式（6.7）说明：当杆内应力未超过材料的比例极限时，横截面上的正应力与轴向线应变成正比。比例常数 E 称为材料的弹性模量（modulus of elasticity），其数值根据不同的材料，可由实验方法加以测定。E 的量纲与应力的量纲相同。弹性模量 E 表示材料抵抗弹性拉压变形能力的大小，E 值越大，则材料越不易产生伸长（缩短）变形。

式（6.6）中的 EA 称为杆件的抗拉（压）刚度，它表示杆件抵抗弹性拉压变形的能力。EA 值越大，即刚度越大，杆的伸长（缩短）变形就越小。

2. 横向变形、泊松比

实验表明，当杆件受拉伸而沿纵向伸长时，则横向收缩。如图 6.9 所示杆件变形前横向尺寸为 b，变形后为 b_1，设横向线应变为 ε'，$\varepsilon' = \dfrac{\Delta b}{b} = \dfrac{b_1 - b}{b}$。

显然，杆件受拉伸时，Δb 与 ε' 均为负值。实验证明，只要在线弹性范围内，材料的横向线应变 ε' 与轴向线应变 ε 成比例关系，即横向线应变 ε' 与轴向线应变 ε 之比的绝对值为一常数，即

$$\left| \frac{\varepsilon'}{\varepsilon} \right| = \mu \tag{6.8}$$

比值 μ 称为横向变形系数或泊松比（Poisson's ratio）。它是一个无量纲的量，其值随材料而异，可由实验测定。由于 ε' 与 ε 的符号总是相反的，在线弹性范围内两者的关系可表示为

$$\varepsilon' = -\mu\varepsilon \tag{6.9}$$

弹性模量 E 与泊松比 μ 是表示材料性质的两个弹性常数。一些常用材料的 E、μ 值列于表 6.1 中。

表 6.1 常用材料的弹性模量 E 和泊松比 μ 的约值

材料名称	E/GPa	μ
Q235 钢	200 ～ 220	0.24～0.28
Q345（16Mn）钢	200	0.25～0.30
合金钢	210	0.28～0.32
灰铸铁	60 ～ 160	0.23～0.27
球墨铸铁	150 ～ 180	0.24～0.27
铝及其合金	72	0.33
钢及其合金	100 ～ 110	0.31～0.36
混凝土	15 ～ 36	0.16～0.20
木材	9 ～ 12	—
橡胶	0.008	0.47～0.50

3. 刚度条件

为了杆件的安全，前面建立了强度条件。可是，有时杆件的强度足够，但由于变形过大，刚度不足以致不能适用。因此，为了使结构物既经济又安全，同时还要适用，就必须限制构件的变形，需满足变形条件，即刚度条件

$$\Delta l = \frac{F_{N}l}{EA} \leqslant [\Delta l] \text{ 或} \leqslant [\delta] \tag{6.10}$$

许可变形$[\Delta l]$或许可位移$[\delta]$视结构物适用条件而定。

例 6.3 一阶梯形钢杆受力如图 6.10 所示，$P_1 = 30$ kN，$P_2 = 10$ kN，AC 段的截面为 $A_{AC} = 500 \text{ mm}^2$，$CD$ 段的截面积为 $A_{CD} = 200 \text{ mm}^2$，钢杆的弹性模量 $E = 200 \text{ GPa}$。试求杆件的总变形及最大应变所在杆段。图中长度单位为 mm。

解：（1）画杆件的轴力图

杆件的轴力图应分两段画，如图 6.10（b）所示。

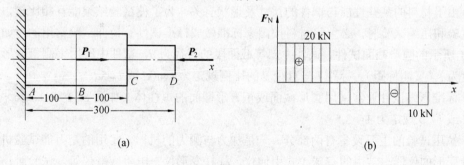

(a)　　　　　　　　　(b)

图 6.10

（2）计算杆件的变形

$$\Delta l_{AB}/\text{ mm} = \frac{F_{NAB}l_{AB}}{EA_{AB}} = \frac{20 \times 10^3 \times 100}{200 \times 10^3 \times 500} = 0.02$$

$$\Delta l_{BC} / \text{ mm} = \frac{F_{NBC} l_{BC}}{EA_{BC}} = \frac{-10 \times 10^3 \times 100}{200 \times 10^3 \times 500} = -0.01$$

$$\Delta l_{CD} / \text{ mm} = \frac{F_{NCD} l_{CD}}{EA_{CD}} = \frac{-10 \times 10^3 \times 100}{200 \times 10^3 \times 200} = -0.025$$

杆件总变形为

$$\Delta l_{AD} / \text{ mm} = 0.02 - 0.01 - 0.025 = -0.015$$

整个杆件缩短了 0.015 mm。

计算最大应变

最大拉应变在 AB 杆段 $\varepsilon_{AB} = \dfrac{\Delta l_{AB}}{l_{AB}} = \dfrac{0.02}{100} = 0.000\,2$

最大压应变在 CD 杆段 $\varepsilon_{CD} = \dfrac{\Delta l_{CD}}{l_{CD}} = \dfrac{-0.025}{100} = -0.000\,25$

6.4　材料的力学性能、安全系数和许用应力

前面讨论杆件在拉伸或压缩时的内力、应力和变形的问题时，涉及一些反映材料力学性能的弹性常数，如材料的弹性模量 E、泊松比 μ 等。为了解决杆件的强度、刚度和稳定三大问题，还必须研究材料的力学性能。所谓材料的力学性能，是指材料从开始受力到最后破坏的整个过程中，在变形和强度方面所表现出来的特征。不同的材料具有不同的力学性能，它们各自的力学性能均可通过材料试验来测定。下面将着重介绍材料在常温静载下的拉伸与压缩试验，这也是研究材料力学性能最常用和最基本的试验。

6.4.1　试件与设备

由于材料的某些性能与试件的尺寸及形状有关，为了使试验结果能互相比较，在做拉伸试验和压缩试验时，必须将材料按国家标准做成标准试件。拉伸试验常用的是如图 6.11（a）所示的圆形截面试件。试件中部等截面段的直径为 d，试件中段用来测量变形的工作长度为 l（又叫标距）。标距 l 与直径 d 的比例规定为 $l = 10d$ 或 $l = 5d$。

标准压缩试件通常采用圆形截面或正方形截面的短柱体（如图 6.11（b）、（c）所示）。l / d 或 l / b 规定为 1～3.5。

拉压试验的主要设备有两部分。一是加力与测力的机器，常用的是万能试验机；二是测量变形的仪器，常用的有球铰式引伸仪、杠杆变形仪、电阻应变仪等。试验时，将试件装入试验机夹头或置于承压平台上。开动试验机对试件施加拉力或压力 F，F 的大小可由试验机的测量装置读出。而试件的标距 l 的伸长或缩短变形 Δl 可用相应的变形仪来测定。

若以力 F 的大小为纵坐标，变形 Δl 为横坐标，由试验过程中所测得的一系列数据可画出 F-Δl 曲线。这种曲线称为试件的拉伸图或压缩图。一般的万能试验机上都备有绘图仪器，能自动绘出此曲线。

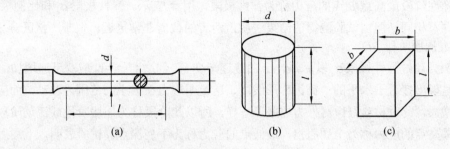

图 6.11　材料拉伸与压缩试件

6.4.2　低碳钢在拉伸时的力学性能

1. 拉伸图 —— 应力-应变图

低碳钢是工程中使用较广泛的一种材料，它的力学性能具有典型性，常用来说明钢材的一些特性。图 6.12 是低碳钢试件的拉伸图（tensile diagram），它描述了试件从开始加载直至断裂的全过程中力与变形的关系，即 F-Δl 曲线。

显然，拉伸图中 F 与 Δl 的关系与试件尺寸有关。例如，如果将标距 l 加大，则同一荷载 F 所引起的伸长 Δl 也要变大。因此，为了消除试件尺寸的影响，获得反映材料固有特性的关系曲线，通常以正应力 $\sigma = F_N / A$ 为纵坐标，而以应变 $\varepsilon = \Delta l / l$ 为横坐标，从而将拉伸试验的 F-Δl 曲线改画成 $\sigma - \varepsilon$ 曲线（如图 6.13 所示），该曲线称为应力－应变图。它的形状与拉伸图相似。

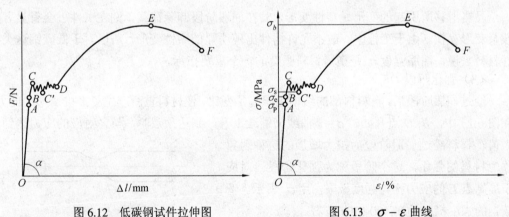

图 6.12　低碳钢试件拉伸图　　　　　　　图 6.13　$\sigma - \varepsilon$ 曲线

2. 低碳钢在拉伸过程中的四个阶段

（1）弹性阶段 OB

应力-应变曲线上的 OB 段称为材料的弹性阶段。在此阶段内，可以认为变形完全是弹性的，即在此阶段内若将荷载卸去，则变形将完全消失，弹性阶段内的 OA 段为直线，在此范围内，应力 σ 与应变 ε 成正比，材料服从胡克定律，即 $\sigma = E\varepsilon$。此时，OA 直线的斜率 $\tan \alpha = \sigma / \varepsilon = E$，它就是材料的弹性模量，因此，材料的弹性模量可以通过拉伸试验测得。A 点所对应的应力值称为比例极限，用 σ_p 表示。低碳钢的比例极限在 200 MPa 左右。

过 A 点后，从 A 点到 B 点应力一应变曲线开始微弯，在此范围内，σ 与 ε 不再成正比。

对应于弹性阶段最高点 B 点的应力称为弹性极限，用 σ_e 表示。弹性极限 σ_e 和比例极限 σ_P 的意义并不相同，但由试验测得的结果表明，两者的数值非常接近，很难严格区分。

（2）屈服阶段 BD

当应力超过弹性极限 σ_e 以后，$\sigma-\varepsilon$ 曲线逐渐变弯。到达 C 点后，应变迅速增加，$\sigma-\varepsilon$ 曲线上呈现出接近于水平的"锯齿"形线段，这说明应力在很小的范围内波动，而应变却急剧地增大，此时材料好像对外力屈服了一样，所以此阶段称为屈服阶段或流动阶段。屈服阶段最高点的应力称为上屈服点，最低点的应力称为下屈服点。试验表明，上屈服点的数值受加载速度、试件的形式和截面的形状等因素影响，不太稳定；而下屈服点比较稳定，它代表材料抵抗屈服的能力，所以通常取下屈服点（图 6.13 中 C' 点）作为材料的屈服极限（屈服强度），以 σ_s 表示。低碳钢的屈服强度约在 240 MPa 左右。

在屈服阶段内，如果试件表面抛光，则可以看到在其表面出现许多倾斜的条纹，这些条纹与试件轴线的夹角约 $45°$，这些条纹通常称为滑移线，如图 6.14 所示。这是材料内部的晶格之间发生相互滑移而引起的，晶格间的滑移是产生塑性变形的根本原因。在轴向拉伸时，与杆轴成 $45°$ 的斜截面上存在最大切应力 τ_{max}，所以滑移线与 τ_{max} 密切相关。

图 6.14　滑移线

晶格滑移所引起的变形是塑性变形，若在屈服阶段卸除荷载，则在试件上会有显著的残余变形存在。由于工程中一般不允许构件出现明显的塑性变形，所以对于低碳钢这类塑性材料来说，屈服强度 σ_s 是衡量材料强度的一个重要指标。

（3）强化阶段 DE

经过屈服阶段后，材料内部的结构组织起了变化，使材料重新产生了抵抗变形的能力。在图 6.13 中，从 D 点开始，$\sigma-\varepsilon$ 曲线又继续上升，到达顶点时，与之对应的应力达到最大值。材料经过屈服阶段后抗力增加的这种现象称为材料的强化，这个阶段称为强化阶段。对应于最高点 E 的应力称为强度极限，用 σ_b 表示。低碳钢的强度极限约在 400 MPa 左右。

（4）缩颈阶段

EF 应力达到强度极限 σ_b 之后，试件的变形开始集中在最弱横截面附近的局部区域内，使该区域的横截面面积急剧缩小，出现缩颈现象，如图6.15（a）所示。

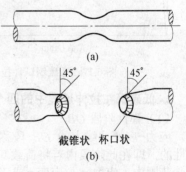

图 6.15　缩颈现象及断口状

由于局部区域横截面面积的显著减小，试件继续变形所需的荷载也随之下降，直到试件在缩颈处断裂。图 6.13 中 EF 段称为缩颈阶段。试件拉断后，断口呈杯锥状，即断口的一头向内凹成杯口状；而另一头则呈截锥状，如图 6.15（b）所示。

3. 塑性指标——伸长率与截面收缩率

试件断裂后，弹性变形消失，塑性变形则保留了下来。工程中用试件拉断后遗留下来的变形情况来表示材料的塑性性能。常用的塑性指标有两个：

一个是伸长率 δ，一个是截面收缩率 ψ。只需将拉断的试件拼合起来，量出断裂后的标距长度 l_1 和断裂处的最小横截面面积 A_1，然后分别用下式进行计算伸长率

$$\delta = \frac{l_1 - l}{l} \times 100\% \qquad (6.11)$$

截面收缩率

$$\psi = \frac{A - A_1}{A} \times 100\% \qquad (6.12)$$

式中　　l——试件标距原长；

　　　　l_1——试件断裂后的标距长度；

　　　　A——试件原来的横截面面积；

　　　　A_1——试件断裂后断口处的最小横截面面积。

低碳钢的伸长率约为 $\delta = 20\% \sim 30\%$；截面收缩率约为 $\psi = 50\% \sim 60\%$。伸长率和截面收缩率是衡量材料塑性的重要指标。伸长率、截面收缩率越大，说明材料的塑性越好。在工程中，一般把 $\delta > 5\%$ 的材料称为塑性材料，如低碳钢、铜、铝等；把 $\delta < 5\%$ 的材料称为脆性材料，如铸铁、砖石、混凝土等。

4. 卸载规律与冷作硬化

若对试件加载到超过屈服阶段后的某应力值，如图 6.16 中的 G 点，然后逐渐将荷载卸除，则卸载路径几乎沿着与 OA 平行的直线 GO_1 回到 ε 轴上的 O_1 点。这说明在卸载过程中，应力和应变之间呈直线关系，这就是材料的卸载规律。荷载全部卸去后，图 6.16 中 O_1O_2 是消失的弹性应变 ε_e，而 OO_1 则是残留下来的塑性应变 ε_p。

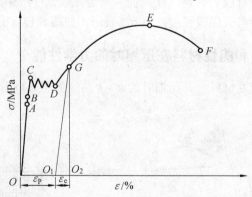

图 6.16　卸载规律

卸完荷载后，若立即进行第二次加载，则应力，应变曲线将沿 O_1G 发展，到 G 点后即折向 GEF，直到在 F 点试件被拉断。这表明：在常温下将材料预拉到超过屈服强度后卸除荷载，再次加载时，材料的比例极限将得到提高，而断裂时的塑性变形将降低，这种现象称为冷作硬化。工程中常利用钢材的冷作硬化特性对钢筋进行冷拉，以提高材料的弹性范

围。不过应指出，冷作硬化虽然提高了材料的弹性极限指标，但材料却因塑性降低而变脆了，这对承受冲击或振动荷载是不利的。

6.4.3 其他材料在拉伸时的力学性能

前面着重地讨论了塑性材料低碳钢的拉伸性能，对于其他塑性材料和脆性材料的拉伸试验，做法基本相同。图 6.17（a）给出了一些常用材料的 $\sigma-\varepsilon$ 图。

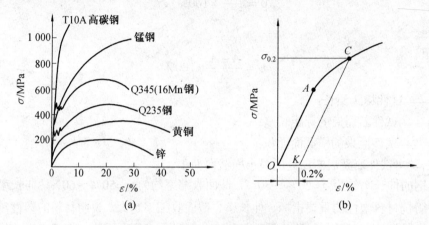

图 6.17   常用材料的 $\sigma-\varepsilon$ 曲线

图 6.17（a）中，Q345 (16Mn) 和低碳钢一样，有明显的弹性阶段、屈服阶段、强化阶段和缩颈阶段。有些材料，如铜和锌则没有屈服阶段，但有其他三个阶段。还有一些材料，如高碳钢，只有弹性阶段和强化阶段，而没有屈服和缩颈阶段。至于铸铁，抗拉强度很低，伸长率 δ 远小于 5%，属脆性材料。而玻璃钢的特点是 $\sigma-\varepsilon$ 曲线几乎到拉断时都呈直线，即弹性阶段一直延续到几乎断裂。

对于没有明显屈服阶段的材料，在工程中规定，以试件产生 0.2% 的残余变形时的应力作为屈服强度，称为名义屈服强度，以 $\sigma_{0.2}$ 表示，如图 6.17（b）所示。

6.4.4 塑性材料和脆性材料在压缩时的力学性能

低碳钢是典型的塑性材料，其压缩时的 $\sigma-\varepsilon$ 曲线如图 6.18 所示。

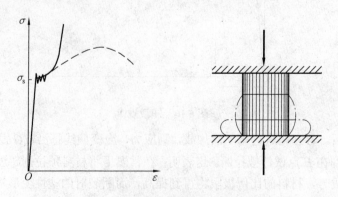

图 6.18   低碳钢压缩时的 $\sigma-\varepsilon$ 曲线

最初阶段应力与应变成正比关系，其压缩时的弹性模量 E、比例极限 σ_p 及屈服强度 σ_s 都与拉伸时基本相同。当应力超过屈服强度后，试件产生显著的横向塑性变形，随着压力的不断增加，试件越压越扁，由于承压面的摩擦力使两端的横向变形受阻，而使试件变成鼓形。随着荷载的增加，横截面越压越大，最后压成饼形，因而得不到其强度极限。

铸铁是典型的脆性材料，其压缩时的 $\sigma - \varepsilon$ 曲线如图 6.19（a）所示。铸铁的抗压强度极限远比抗拉时为高，破坏时略成鼓形。残余变形比抗拉时为大，破坏形状大致如图 6.19（b）所示。断裂破坏沿与试件轴线约成 $55° \sim 60°$ 的斜截面发生。

对于其他脆性材料(如石料、混凝土等)的压缩试验表明，抗压能力都要比抗拉能力大得多。故工程中一般都把它们用作受压构件。

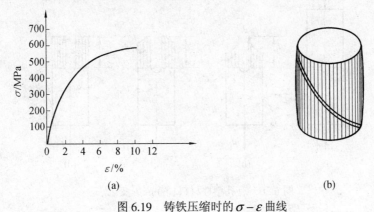

图 6.19　铸铁压缩时的 $\sigma - \varepsilon$ 曲线

6.4.5　两类材料的力学性能比较

工程上一般根据常温、静载下拉伸试验的伸长率的大小，将材料大致分为塑性材料和脆性材料两大类。这里再用低碳钢作为塑性材料的代表，铸铁作为脆性材料的代表，将两类材料在力学性能上的主要差别归纳如下。

1. 变形方面

塑性材料在破坏前有较大的塑性变形，一般都有屈服阶段；脆性材料则没有屈服现象，并在变形不大的情况下就发生断裂。

2. 强度方面

塑性材料在拉伸和压缩时抵抗屈服的能力是相等的，但脆性材料的抗压强度远比抗拉强度大。因此，脆性材料宜用于承压构件，而塑性材料既可用于受拉构件，也可用于承压构件。

3. 抗冲击方面

试件拉断前，塑性材料显著的塑性变形使其 $\sigma - \varepsilon$ 曲线下的面积远大于脆性材料相应的面积。可见，使塑性材料试件破坏所需要的功远大于使脆性材料相同试件破坏所需的功。因使试件破坏所做功的大小可以用来衡量试件材料抗冲击性能的高低，故塑性材料抵抗冲击的性能一般要比脆性材料好得多。所以，对承受冲击或振动的构件，宜采用塑性材料。

4. 对应力集中的敏感性

当杆件上有圆孔、凹槽时，受力后，在截面突变处的附近，有应力集中现象，如圆孔边缘处的最大应力要比平均应力高得多（如图 6.20（b）所示）。对于塑性材料来说，因为有较大的屈服阶段，所以在孔边最大应力到达屈服强度时（加力到 F_1），若继续加力（到 F_2），圆孔边缘的应力仍在屈服强度点，所以应力并不增加，所增加的外力只使屈服区域不断扩展。因此，塑性材料的屈服阶段对于应力集中起着应力平均化（重分布）的作用。而脆性材料随着外力的增加，孔边应力也急剧地上升并始终保持最大值，当达到强度极限时，该处首先破裂。所以，脆性材料对于应力集中十分敏感，而塑性材料则相反。因此，应力集中使脆性材料的承载能力显著降低，即使在静载下，也应考虑应力集中对构件强度的影响。

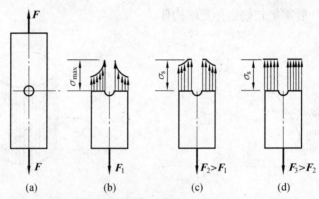

图 6.20　有孔塑性材料杆件应力变化

必须指出，通常所说的塑性材料和脆性材料，是根据常温、静载下拉伸试验所得的伸长率的大小来区分的。但是材料的塑性和脆性是随外界条件(如温度、应变速率、应力状态等)而互相转化的。例如，在常温、静载下塑性很好的低碳钢，在低温、高速荷载下会发生脆性破坏。所以，材料的塑性和脆性是相对的、有条件的。

6.4.6　材料的极限应力、许用应力与安全系数

通过材料的拉伸（压缩）试验可以看到，当正应力达到强度极限时，试件就会产生断裂；当正应力达到屈服强度 σ_s 时，试件就会产生显著的塑性变形。一般情况下，为保证工程结构能正常工作，要求组成结构的每一构件既不断裂，也不产生过大的变形。因此，工程中把材料断裂或产生塑性变形时的应力统称为材料的极限应力，用 σ^0 表示。

对于脆性材料，因为它没有屈服阶段，在变形很小的情况下就发生断裂破坏，所以它只有一个强度指标，即强度极限 σ_b。因此，通常以强度极限作为脆性材料的极限应力，即 $\sigma^0 = \sigma_b$。对于塑性材料，由于它一经屈服就会产生很大的塑性变形，构件也就恢复不了它原有的形状，所以一般取它的屈服强度作为塑性材料的极限应力，$\sigma^0 = \sigma_s$。

为了保证构件能够正常地工作和具有必要的安全储备，必须使构件的工作应力小于材料的极限应力。因此，构件的许用应力$[\sigma]$应该是材料的极限应力 σ^0 除以一个数值大于 1 的安全系数 n，即

$$[\sigma] = \frac{\sigma^0}{n} \tag{6.13}$$

对于塑性材料，$[\sigma] = \dfrac{\sigma_s}{n_s}$；对于脆性材料，$[\sigma] = \dfrac{\sigma_b}{n_b}$。

安全系数 n 的取值直接影响到许用应力的大小。如果许用应力定得太大，即安全系数偏低，则结构物偏于危险；反之，则材料的强度不能充分发挥，造成物质上的浪费。所以，安全系数在所使用材料的安全与经济这对矛盾中成为关键。正确选取安全系数是一个很重要的问题，一般要考虑以下一些因素：

(1) 材料的不均匀性；

(2) 荷载估算的近似性；

(3) 计算理论及公式的近似性；

(4) 构件的工作条件、使用年限等差异。

安全系数通常由国家有关部门决定，可以在有关规范中查到。目前，在一般静载条件下，塑性材料可取 $n_s = 1.2 \sim 2.5$，脆性材料可取 $n_b = 2 \sim 5$。随着材料质量和施工方法的不断改进，计算理论和设计方法的不断完善，安全系数的选择将会更加合理。

6.5　简单拉压超静定问题

1. 超静定问题的提出及求解方法

在前面讨论的问题中，杆件的内力或杆系结构的约束反力只需根据静力平衡方程就可以确定，这类问题称为静定问题。

工程上也常遇到另一类结构，其约束反力或杆件内力的数目超过静力平衡方程的数目，单凭静力平衡方程不能求出全部未知力，这类问题称为超静定问题。未知力的数目与独立平衡方程的数目之差值，称为超静定次数。

为了求出超静定结构的全部未知力，除利用平衡方程外，必须同时考虑结构的变形情况以建立补充方程，并使补充方程的数目等于超静定次数。结构在正常使用的情况下，各部分的变形之间必然存在一定的几何关系，称为变形协调条件。解超静定问题的关键在于根据变形协调条件写出变形几何方程。将杆件的变形与内力之间的物理关系即胡克定律代入变形几何方程，即得所需的补充方程。

求解拉压超静定问题时，一般可按以下步骤进行：

(1) 根据约束的性质画出杆件或节点的受力图；

(2) 根据静力平衡条件列出所有独立的静力平衡方程；

(3) 画出杆件或杆系节点的变形－位移图；

(4) 根据变形-位移图建立变形几何关系，从而建立补充方程；

(5) 将力与变形间的物理关系（胡克定律）代入变形几何关系，便能得到解题所需的补充方程；

(6) 将静力平衡方程与补充方程联立，解出全部的约束反力或杆件的内力。

应该指出的是，在超静定汇交杆系中，各杆的内力是受拉还是受压在解题前往往是未知的。为此，在绘受力图时，可假定各杆均受拉力，并以此画受力图，列静力平衡方程；

根据杆件变形与内力一致的原则，绘制节点变形－位移图，建立几何关系。最后解得的结果若为正，则表示杆件的轴力与假设的一致；若为负，则表示杆件中轴力与假设的相反。

例 6.4 如图 6.21（a）所示构架的三根杆件由同一材料制成。各杆的截面面积分别为 $A_1=400\ cm^2$，$A_2=200\ cm^2$，$A_3=300\ cm^2$。在节点处承受铅垂力 $F=50\ kN$。试求各杆的内力。

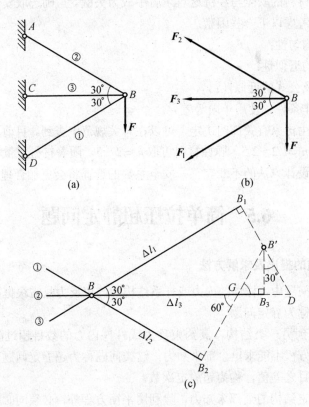

图 6.21

解：（1）画节点 B 的受力图

设三杆均受拉力，绘节点 B 的受力图如图 6.21（b）所示。

（2）列静力平衡方程

$$\sum F_{ix} = 0 \ , \quad (F_{N1}+F_{N2})\cos 30^\circ + F_{N3} = 0 \ , \quad \frac{\sqrt{3}}{2}(F_{N1}+F_{N2}) + F_{N3} = 0 \tag{1}$$

$$\sum F_{iy} = 0 \ , \quad (F_{N2}-F_{N1})\sin 30^\circ - F = 0 \ , \quad F_{N2}-F_{N1} = 2F \tag{2}$$

（3）画节点 B 的位移图

根据"变形与内力一致"的原则，绘节点 B 的位移图如图 6.21(c)所示。

（4）建立变形几何关系

由位移图可知

$$BB_3 = BD - B_3D = BD - B_3G = BD - (BB_3 - BG)$$

即
$$\Delta l_3 = \frac{\Delta l_1}{\cos 30^\circ} - \left(\Delta l_3 - \frac{\Delta l_2}{\cos 30^\circ} \right)$$

化简后得
$$\Delta l_3 = \frac{\sqrt{3}}{3}(\Delta l_1 + \Delta l_2)$$

（5）建立补充方程

将物理关系 $\Delta l_1 = \dfrac{F_{N1}l_1}{EA_1}$， $\Delta l_2 = \dfrac{F_{N2}l_2}{EA_2}$， $\Delta l_3 = \dfrac{F_{N3}l_3}{EA_3}$

代入上面变形几何关系（注意：$l_1 = l_2$，$l_3 = \dfrac{\sqrt{3}}{2}l_1$），化简后得补充方程

$$\frac{1}{2}F_{N1} + F_{N2} - F_{N3} = 0 \tag{3}$$

（6）求解各杆内力

联立式（1）、式（2）、式（3）可解得

$$F_{N1} = -57.7 \text{ kN (压)}, \quad F_{N2} = 42.3 \text{ kN(拉)}, \quad F_{N3} = 13.5 \text{ kN(拉)}$$

2. 装配应力

杆件在制造过程中，其尺寸有微小的误差是在所难免的。对于静定结构，这种微小的误差只会引起结构几何形状的极小改变，而不会在各杆中产生内力。

如图 6.22（a）所示，两根长度相同的杆件组成一个简单结构，若由于两根杆制成后的长度（图中双点画线表示）均比设计长度（图中实线表示）超出了 δ，则在装配好以后，两杆原应有的交点 C 下移一个微小的距离 Δ 至 C' 点，且两杆的夹角略有改变，但杆内不会产生内力。

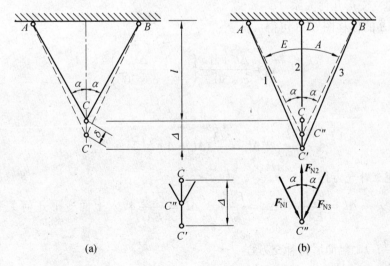

图 6.22　装配应力

可是对于超静定结构情况就不同了。如图 6.22（b）所示的超静定桁架，由于两斜杆的长度制造得不精确，因而均比设计长度长出些，这样就会使三杆交不到一起，而实际装

配往往强行完成，装配后的结构形状如图 6.22（b）中的虚线所示。

设三杆交于 C''（介于 C 及 C' 之间），由于各杆长度都有所变化，因而在结构尚未承受外载作用时，各杆就已经有了应力，这种应力称为装配应力。根据变形协调条件建立变形几何方程，同样是计算装配应力的关键。下面以实例加以说明。

例 6.5　图 6.21（a）所示构架的三根杆件 EA 相同，若杆①比设计长度长了 Δ，构架受到的荷载为 F，列出求解三杆内力所必需的方程。

解：（1）列静力平衡方程

设三杆均受拉力，受力图仍为图 6.21（b）所示，静力平衡方程式（a）、式（b）仍为例 6.4 中原方程。

（2）画节点 B 的位移图

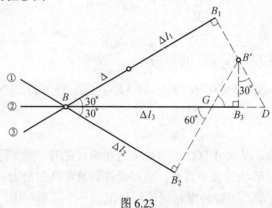

图 6.23

绘节点 B 的位移图如图 6.23 所示，与图 6.21(c)的图形相似，只是将原杆①的变形 Δl_1 改成 $\Delta l_1 + \Delta$。

（3）建立变形几何关系

由节点 B 的位移图 6.23 可得

$$\Delta l_3 = \frac{\Delta l_1 + \Delta}{\cos 30^\circ} - \left(\Delta l_3 - \frac{\Delta l_2}{\cos 30^\circ} \right)$$

化简后得

$$\Delta l_3 = \frac{\sqrt{3}}{3}(\Delta l_1 + \Delta + \Delta l_2)$$

（4）建立补充方程

将物理关系 $\Delta l_1 = \dfrac{F_{N1} l_1}{EA_1}$，　$\Delta l_2 = \dfrac{F_{N2} l_2}{EA_2}$，　$\Delta l_3 = \dfrac{F_{N3} l_3}{EA_3}$ 代入上面变形几何关系（注意：

$l_1 = l_2, l_3 = \dfrac{\sqrt{3}}{2} l_1$），化简后得补充方程

$$3F_{N3} - 2(F_{N1} + F_{N2}) = \frac{2\Delta EA}{l} \tag{3'}$$

式（1）、式（2）、式（3'）即为求解三杆内力所必需的方程。

3. 温度应力

实际工程中的构件常处于温度变化的环境下工作。如果杆内温度变化是均匀的，即同一截面上各点的温度变化相同，则直杆只发生伸长或缩短变形(热胀冷缩)。在静定结构中，杆件能自由伸缩，由温度变化引起的变形不会在杆中产生应力。但在超静定结构中，由于温度变化引起的伸缩变形要受到外界约束或各杆之间的相互约束的限制，杆件内将产生应力，这种应力称为温度应力。根据变形协调条件建立变形几何方程，依然是计算温度应力的关键。

如图 6.24 所示的 AB 杆为例，杆的两端固定，当温度由 t_1 升至 t_2 时，杆件就要膨胀，由于固定端的约束，在 AB 杆的两端将引起约束力 F_{RA} 和 F_{RB}，使杆件受到压缩。由平衡方程 $\sum F_{ix} = 0$，得 $F_{RA} = F_{RB} = F_N$，两端的反力不能单独由平衡方程求得，所以这也是一个超静定问题，必须再补充一个方程式。

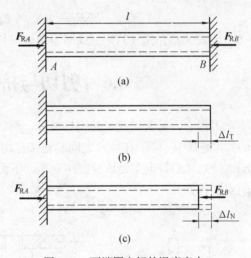

先假设移去 B 端约束，使杆件可以自由伸长，因温度的增加，杆件将伸长 Δl_T，如图 6.24（b）所示，由物理学得知

$$\Delta l_T = \alpha(t_2 - t_1)l$$

式中，α 为材料的线膨胀系数，表示温度改变 1 ℃时单位长度的伸缩。而杆件的膨胀 Δl_T，正好是受压力 F_N 后被压缩的长度 Δl_N，如图 6.24（c）所示，所以 $\Delta l_T = \Delta l_N$，即

图 6.24　两端固定杆的温度应力

$$\alpha(t_2 - t_1)l = \frac{F_N l}{EA}$$

解得

$$F_N = \alpha(t_2 - t_1)EA$$

温度应力为

$$\sigma_T = \frac{F_N}{A} = \alpha E(t_2 - t_1) \tag{6.14}$$

例 6.6　在例 6.4 中，图 6.21（a）所示构架的三根杆件 EA 相同，材料的线膨胀系数为 α。构架在受到荷载 F 的同时，温度均匀地上升了 Δt，列出求解三杆内力所必需的方程。

解:（1）列静力平衡方程

设三杆均受拉力，受力图仍为图 6.21（b）所示，静力平衡方程式（1）、式（2）仍为例 6.4 中原方程。

（2）建立变形几何关系

节点 B 的位移图与图 6.21（c）的图形相似，只需将原图中的变形 Δl_1、Δl_2 分别改成

$$\Delta l_1 = \Delta l_{N1} + \Delta l_{t1}, \quad \Delta l_2 = \Delta l_{N2} + \Delta l_{t2}, \quad \Delta l_3 = \Delta l_{N3} + \Delta l_{t3}\, t$$

建立变形几何关系

$$\Delta l_{N3} + \Delta l_{t3} = \frac{\sqrt{3}}{3}(\Delta l_{N1} + \Delta l_{t1} + \Delta l_{N2} + \Delta l_{t2})$$

（3）建立补充方程

将物理关系

$$\Delta l_1 = \frac{F_{N1}l_1}{EA} + \alpha\Delta tl_1, \quad \Delta l_2 = \frac{F_{N2}l_2}{EA} + \alpha\Delta tl_2, \quad \Delta l_3 = \frac{F_{N3}l_3}{EA} + \alpha\Delta tl_3$$

代入上面变形几何关系（注意：$l_1 = l_2$，$l_3 = \frac{\sqrt{3}}{2}l_1$）

化简后得补充方程

$$3F_{N3} - 2(F_{N1} + F_{N2}) = \alpha EA\Delta t \qquad\qquad (3'')$$

式（1）、式（2）、式（3″）三式即为求解三杆内力所必需的方程。

6.6　剪切与挤压的实用计算

在工程中，受剪切变形的构件很多，例如，钢筋或钢板在剪切机上被剪断（如图 6.25（a））就是其中一例；在构件之间起连接作用的销钉、螺栓、铆钉、键等连接件（如图 6.25（b）、（c）、（d））也主要承受剪切变形。下面就以铆接接头的强度计算来具体说明连接接头的实用计算。

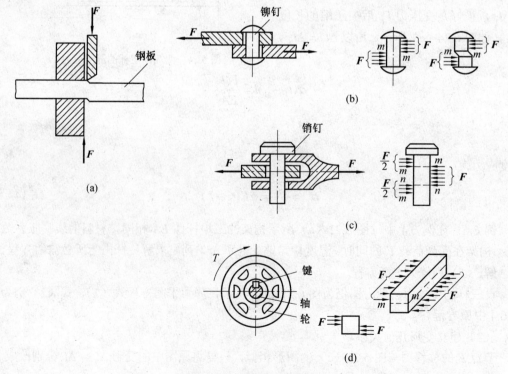

图 6.25　受剪构件工程实例

1. 剪切的实用计算

图 6.26（a）是用铆钉连接两块钢板的接头，可设铆钉数为 n 个，从接头中取出铆钉，其受力情况如图 6.26（b）所示。现假设每个铆钉所受力相等，即所有铆钉平均分担接头所承受的总拉力 F。每个铆钉所受的剪力如图 6.26（c）所示，可表示为 $F_s = \dfrac{F}{n}$。

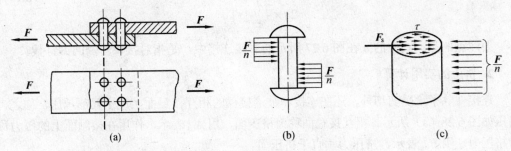

图 6.26　设剪应力均匀分布

内力 F_s 在横截面上的实际分布规律是很复杂的，为了在实际计算中简化，可以假设剪力 F_s 均匀地分布在横截面（剪切面）上如图 6.26（c）所示。设 A_s 为剪切面面积，则切应力 τ 可按下式计算

$$\tau = \frac{F_s}{A_s} \tag{6.15}$$

式（6.15）为剪切的实用计算式。根据计算式（6.15）进行计算，并写出强度条件如下

$$\tau = \frac{F_s}{A_s} = \frac{\dfrac{F}{n}}{\dfrac{\pi}{4}d^2} \leqslant [\tau] \tag{6.16}$$

式中　　　$[\tau]$——铆钉材料的许用切应力；

　　　　　A_s——剪切面积，$A_s = \dfrac{\pi}{4}d^2$。

根据这个强度条件还可计算该接头所需铆钉的个数，即

$$n \geqslant \frac{F}{\dfrac{\pi}{4}d^2[\tau]} \tag{6.17}$$

必须指出，以上所述只是对单剪铆钉而言。所谓单剪，就是铆钉只有一个受剪面。如果钢板采用对接连接，如图 6.27 所示，则铆钉有两个剪切面，这就称为双剪。

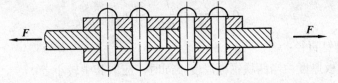

图 6.27　铆钉受剪（双剪）

此时的计算式（6.16）和式（6.17）则相应改为

$$\tau = \frac{F}{2n \times \dfrac{\pi d^2}{4}} \leqslant [\tau] \tag{6.18}$$

和

$$n \geqslant \frac{F}{2n \times \dfrac{\pi d^2}{4}[\tau]} \tag{6.19}$$

要注意的是：式中的 n 在图 6.27 所示的对接连接中，是指对接口一侧的铆钉数。

2. 挤压的实用计算

连接件除了承受剪切外，还在连接和被连接件的相互接触面上产生局部承压，称之为挤压如图 6.28（a）所示。相互接触面称为挤压面，用 A_{bs} 表示，作用在接触面上的压力称为挤压力，用 F_{bs} 表示，挤压力垂直于挤压面。

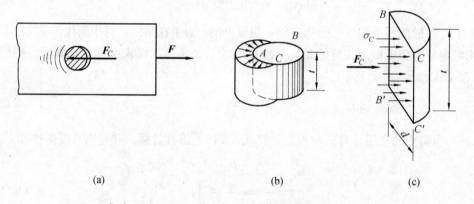

图 6.28   挤压力、挤压面与挤压应力

挤压应力在挤压面上的分布情况是比较复杂的。对于铆接接头来说，铆钉与钢板之间的接触面为圆柱形曲面，挤压应力沿此挤压面的分布是不均匀的如图 6.28（b）所示，在挤压最紧的 A 点，挤压应力最大，向两旁挤压应力逐步减小，在 B、C 部位挤压应力为零。要精确计算这样分布的挤压应力是比较困难的。

在工程中采用挤压面的正投影面积作为挤压面面积如图 6.28（c）所示，即 $A_{bs}=dt$，将挤压力 F_{bs} 除以挤压面面积 A。所得到的平均值作为计算挤压应力，即

$$\sigma_{bs} = \frac{F_{bs}}{A_{bs}} \tag{6.20}$$

如两块钢板由 n 个铆钉连接，则建立挤压应力的强度条件为

$$\sigma_{bs} = \frac{F_{bs}}{A_{bs}} = \frac{F}{ndt} \leqslant [\sigma_{bs}] \tag{6.21}$$

式中 d——铆钉直径；

        t——钢板厚度，当两块钢板厚度不同时，应取其中较小者；

        $[\sigma_{bs}]$——材料的许用挤压应力。

材料的许用挤压应力 $[\sigma_{bs}]$ 由材料直接进行挤压试验得到，对于钢材，可取 $[\sigma_{bs}]=(1.7\sim$

2.0）$[\sigma]$，$[\sigma]$为材料的许用拉伸应力。

显然，为了使一个铆接接头在传递外力时既不发生剪切破坏，又不发生挤压破坏，对于"单剪"的情况，就必须按式（6.16）和式（6.21）来进行强度计算；而对于"双剪"的情况，则按式（6.18）和式（6.21）来进行强度计算。

例 6.7　如图 6.29（a）所示的拉杆接头，已知销钉直径 d=30 mm，材料的许用切应力 $[\tau]$=60 MPa，传递拉力 F =100 kN，试校核销钉的剪切强度。若强度不够，则设计销钉的直径。

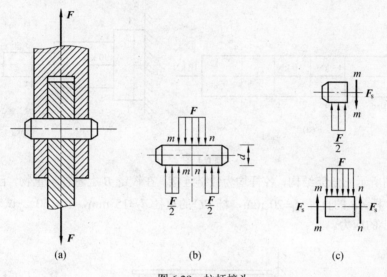

图 6.29　拉杆接头

解：（1）受力分析

由销钉受力图（如图 6.29（b））所示，销钉具有两个剪切面（$m-m$ 和 $n-n$），剪切面上的剪力为 $F_s = \dfrac{F}{2}$。

（2）剪切强度校核

由

$$\tau = \frac{F_s}{A_s} = \frac{F}{2A_s} = \frac{100\times10^3}{2\times\left(\dfrac{\pi}{4}\times30^2\times10^{-6}\right)}\,\text{Pa} = 70.7\ \text{MPa} > [\tau]$$

可知销钉的剪切强度不够。

（3）设计销钉的直径

由剪切强度条件

$$A_s \geqslant \frac{F_s}{[\tau]} = \frac{F}{2[\tau]}$$

得

$$d\,/\,\text{mm} = \sqrt{\frac{4F}{2\pi[\tau]}} = \sqrt{\frac{2\times100\times10^3}{\pi(60\times10^6)}} = 32.6$$

选用 $d=33$ mm 的销钉。

讨论：本例销钉具有两个剪切面，称为双剪。在计算工作应力时可直接应用公式 $\tau = \dfrac{F_s}{2A_s}$。式中，F 为销钉所传递的力；A_s 为销钉的横截面面积。

习　题

6.1　试求图中各杆指定截面的轴力，并作出轴力图。

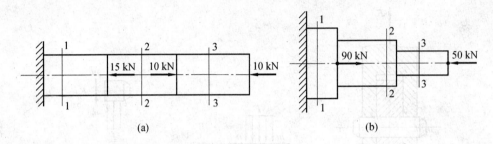

题 6.1 图

6.2　如图所示三角架结构，各杆均为铰链连接。在铰链 B 上悬挂一重物，已知重物重量 $G=10$ kN，杆 AB 的直径 $d_1=20$ mm，杆 BC 的直径 $d_2=15$ mm，$\alpha=30°$。试求 AB 杆和 BC 杆横截面上的应力。

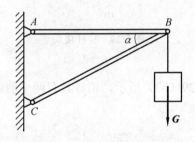

题 6.2 图

6.3　如图所示阶梯杆，已知 $P=20$ kN，$L_1=L_2=200$ mm，$A_1=2$，$A_2=8$ mm^2，杆件材料的弹性模量 $E=200$ GPa。试求阶梯杆的轴向总变形。

6.4　图示木制杆件，承受轴向力 $P=10$ kN，杆的横截面积 $A=1\,000$ mm^2，若粘接面的方位角 $\theta=45°$，试计算该截面的正应力与切应力，并画出应力的方向。

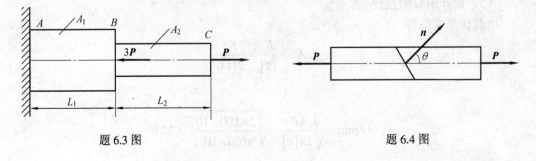

题 6.3 图　　　　　　　　　　　题 6.4 图

6.5　钢拉杆如图所示，荷载 $P=40$ kN，若拉杆的许用应力$[\sigma]=100$ MPa，横截面为矩形，且 $b=2a$。试确定 a、b 的尺寸。

6.6　如图所示的结构中，假设 AB 为刚杆，CD 杆的横截面面积 $A=500$ mm^2，材料的许用拉应力$[\sigma]=160$ MPa，试求 B 点能承受的最大荷载 Q。

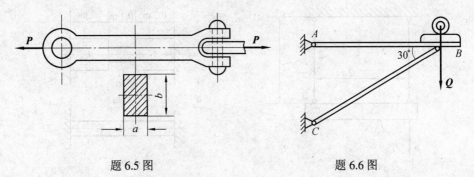

<table>
<tr><td>题 6.5 图</td><td>题 6.6 图</td></tr>
</table>

6.7　图示构架，杆 1 为圆截面钢杆，杆 2 为方截面木杆，在结点 A 处作用有荷载 P，试确定钢杆的直径 d 与木杆截面的边长 a。已知 $P=50$ kN，钢的许用应力$[\sigma_1]=160$ MPa，木材的许用应力$[\sigma_2]=10$ MPa。

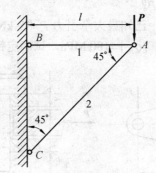

题 6.7 图

6.8　圆截面刚杆受到拉力 100 kN，已知 $E=200$ GPa，若杆的轴向应变不得超过 0.000 5，应力也不得大于 120 MPa，试求刚杆所需的最小直径。

6.9　图示刚梁 BC，用两铅直杆 BE、CD 悬挂于水平位置。已知 BE 为钢杆，横截面积 $A=200$ mm^2，$E=210$ GPa；CD 为铝杆，横截面积 $A=400$ mm^2，$E=70$ GPa。如要使梁保持水平，试问 P 应作用在何处？梁的自重不计。

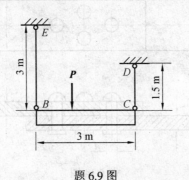

题 6.9 图

6.10 刚性杆 *AB*，固定如图所示。杆 1、2 的材料、截面积、长度均相同，许用应力 $[\sigma]=100$ MPa，$A=200$ mm^2。试求此结构所能承受的最大荷载 **P**。

6.11 两刚杆如图 6.11 所示，两杆横截面积 $A_1=100$ mm^2，$A_2=200$ mm^2，$E=200$ GPa，$\alpha=1.25\times10^{-5}/^\circ$C。试求当温度升高 30 ℃各杆横截面上的最大正应力。

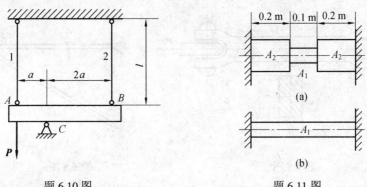

题 6.10 图   题 6.11 图

6.12 直径 *d*=20 mm 的轴上安装着一个手柄，柄与轴之间用一平键连接，键长 *l*=35 mm，键宽 *b*=6 mm，键高 *h*=6 mm。键的材料为 45 号钢，$[\tau]=100$ MPa，$[\sigma_{bs}]=220$ MPa，求距轴心 600 mm 处可加多大力 *P*？

6.13 拖车挂钩用锁钉连接，已知最大牵引力 *P*=85 kN，尺寸 *t*=30 mm，销钉和板材料相同，许用应力 $[\tau]=80$ MPa，$[\sigma_{bs}]=180$ MPa，试确定销钉的直径。

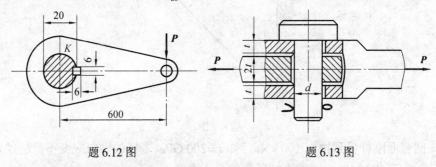

题 6.12 图   题 6.13 图

6.14 如图所示接头，承受轴向荷载 *P*=80 kN，板宽 *b*=80 mm，板厚 *t*=10 mm，铆钉直径 *d*=16 mm，板与铆钉材料相同，许用应力 $[\sigma]=160$ MPa，$[\tau]=120$ MPa，$[\sigma_{bs}]=320$ MPa。试校核接头的强度。

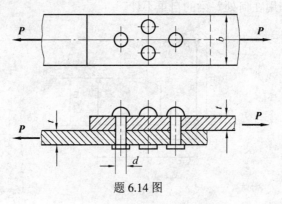

题 6.14 图

第7章 扭 转

7.1 扭转的概念

在工程实际中，受扭的杆件很多。通常把以扭转变形为主的杆件称为轴，如汽车转向轴 AB 如图 7.1（a）所示，其他机械中的传动轴等如图 7.1（b）所示。这些杆件的受力特点：在垂直于杆轴平面内作用着一对大小相等、转向相反的外力偶矩。受扭杆件的变形特点：杆件的各横截面绕轴线发生相对转动。

图 7.2 所示的等截面圆杆，在垂直于杆轴的杆端平面内作用着一对大小相等、转向相反的外力偶矩 M_e，使杆发生扭转变形。由图可知，圆轴表面的纵向直线 AB，由于外力偶矩 M_e 的作用而变成斜线 AB'，其倾斜的角度为 γ，γ 称为剪切角，也称切应变。B 截面相对 A 截面转过的角度称为相对扭转角，以 φ_{AB} 表示。

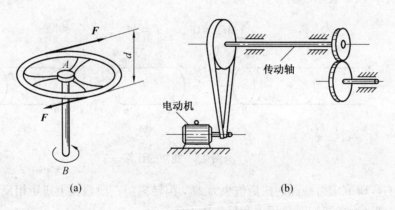

(a)   (b)

图 7.1 扭转实例

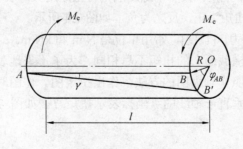

图 7.2 扭转变形

7.2 杆受扭时的内力计算

1. 外力偶矩的计算

在实际计算传动轴扭转问题时，通常并不知道作用在传动轴上的外力偶矩 M_e，而只知道轴的转速和所传递的功率。这时，可以根据已知的转速和功率来计算外力偶矩，表达式为

$$M_e = 9\,550\frac{P}{n} \tag{7.1}$$

式中　P——功率，kW；

　　　n——转速，r/min；

　　　M_e——力偶矩，N·m。

2. 内力——扭矩与扭矩图

要对受扭杆件进行强度和刚度计算，首先必须知道杆件受扭后横截面上产生的内力。如图 7.3（a）所示圆轴受到一对外力偶矩 M_e 的作用，为了求得任意 $m-n$ 截面上的内力，可采用截面法求解。首先，沿 $m-n$ 截面将杆截为两部分，左段脱离体受力如图 7.3（b）所示，右段脱离体受力如图 7.3（c）所示。由受力图知，$n-n$ 截面上必有内力存在，该内力称为扭矩，以 T 表示。由静力平衡方程

$$\sum M_{ix} = 0 \quad , \quad T = M$$

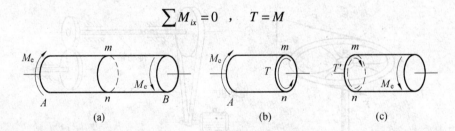

图 7.3　扭矩的计算

若取右段研究求得截面的扭矩值也为 M_e，但转向与左段截面上扭矩相反，很显然两段轴在 $m-n$ 截面上的扭矩是作用力和反作用力关系。

对扭矩符号作如下规定：按右手螺旋法则将扭矩用矢量表示，若矢量方向与横截面外法线方向一致，则该扭矩为正，反之为负，如图 7.4 所示。

扭矩 T 的量纲为[力]×[长度]，常用单位是 N·m 和 kN·m。

一般情况下，各横截面上的扭矩不尽相同，为了形象地表示各横截面上的扭矩沿轴线的变化情况，可仿照作轴力图的方法，作出扭矩图。作图时，沿轴线方向取横坐标表示各横截面位置，以垂直于轴线的纵坐标表示扭矩 T。如图 7.5（e）所示为一传动轴的扭矩图。

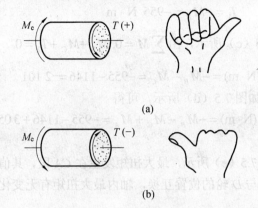

(a)

(b)

图 7.4 扭矩符号的规定

例 7.1 如图 7.5（a）所示为传动轴，已知转速 n=250 r/min，主动轮 A 的输入功率 P_A =80 kW，三个从动轮 B、C、D 输出功率分别为 15 kW、30 kW 和 25 kW，试画出传动轴的扭矩图。

解：（1）计算外力偶矩

$$M_A = 9549\frac{P_A}{n} = 3056 \text{ N·m}$$

同理可得 $\quad M_B = M_D = 955 \text{ N·m}, \quad M_C = 1146 \text{ N·m}$

（2）计算扭矩

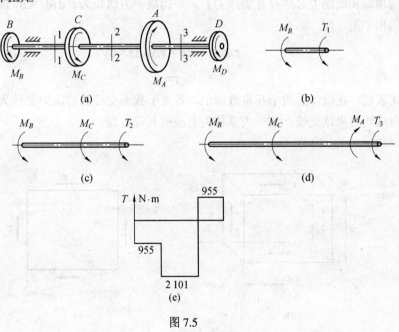

图 7.5

将轴分为三段：BC、CA、AD 段，利用截面法逐段计算扭矩。

对 BC 段，如图 7.5（b）所示，有

$$\sum M = 0, M_B + T_1 = 0$$

可得 $T_1 = -M_B = -955 \text{ N} \cdot \text{m}$

对 CA 段，如图 7.5（c）所示，由 $\sum M = 0, M_B + M_C + T_2 = 0$

可得 $T_2 / (\text{N} \cdot \text{m}) = -M_B - M_C = -955 - 1146 = -2\ 101$

同理，对 AD 段，如图 7.5（d）所示，可得

$T_3 / (\text{N} \cdot \text{m}) = -M_B - M_C + M_A = -955 - 1146 + 3\ 056 = 955$

（3）画扭矩图

绘制的扭矩图如图 7.5（e）所示，最大扭矩发生在 CA 段，其值 $|T|_{max} = 2\ 101 \text{ N} \cdot \text{m}$。

讨论： 如果将 A 轮与 D 轮的位置互换，轴内最大扭矩有无变化？

7.3　圆轴扭转时横截面上的应力及强度计算

7.3.1　剪应力互等定理、剪切胡克定律

1. 剪应力互等定理

如图 7.6（a）所示，在构件中截取一微小长方体，简称微体。微体的边长分别为 dx、dy 和 dz。已知在微体的左右侧面上作用有剪应力 τ，相应地存在剪力 $\tau \times dydz$，这对大小相等、方向相反的剪力构成一力偶，其力偶矩为 $\tau dydz \times dx$。由于微体处于平衡状态，因此，在微体的顶面和底面上必然存在剪应力 τ'，并构成一力偶矩为 $\tau' dxdz \times dy$ 的反向力偶，与上述力偶相平衡，即

$$\tau dydz \times dx = \tau' dxdz \times dy \tag{7.2}$$

由此得 $\tau = \tau'$

上式表明：在微体的两个互垂截面上，垂直于截面交线的剪应力必然大小相等、方向则均指向或均背离该交线。这一关系称为剪应力互等定理。

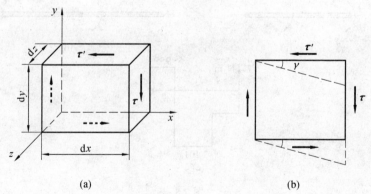

图 7.6　剪应力互等定理

可以看出，在图 7.6 所示微体的四个侧面上，只存在剪应力而无正应力，微体的这种受力状态称为纯剪切应力状态。

2. 剪切胡克定律

如图 7.6（b）所示，微体在剪应力的作用下产生剪切变形，原来的直角发生了微小改变，直角的改变量 γ 称为剪应变或切应变，单位为 rad（弧度）。

试验表明：当剪应力不超过材料的剪切比例极限 τ_p 时，剪应力 τ 剪应变 γ 成正比如图 7.7 所示。这个关系称为剪切胡克定律，可用下式表示，即

$$\tau = G\gamma \tag{7.3}$$

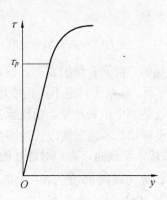

图 7.7　剪切胡克定律

式中，比例常数 G 称为材料的剪切弹性模量，其值随材料而异，并由试验测定，其常用单位为 GPa。钢材的剪切弹性模量 G 为 $80\sim84$ GPa。

理论和试验均表明，材料的弹性模量 E、剪切弹性模量 G 和泊松比 μ 之间有如下关系

$$G = \frac{E}{2(1+\mu)} \tag{7.4}$$

所以，当知道材料的任意两个弹性常数后，由上式可以确定第三个弹性常数。

7.3.2　圆轴扭转时横截面上的应力

在构件的内部，各点的应力值不相同，因此仅知道横截面上的内力仍不足以确定各点的应力值。通过对变形的观察和研究可以得到应变规律。而研究应力分布的基本思想方法是通过观察、分析，给出变形的规律，称为几何关系，再由变形与应力之间的物理关系得到应力分布规律，最后利用截面上应力简化的结果来确定应力值，称为静力关系。所以，应力公式的推导分为几何关系、物理关系、静力学关系三个阶段。

1. 圆轴扭转时横截面上的应力

（1）变形几何关系

首先观察受扭圆轴的变化。为了便于观察，在圆轴表面画上纵向线和横向线，即圆周线，在外力矩作用下，变形如图 7.8(a)所示，可看到下面现象。

① 圆周线：圆周线之间的距离保持不变，圆周线仍保持圆周线，直径不变，只是转动了一个角度，轴端面保持平面。

② 纵向线：直线变成螺旋线，保持平行，纵向线与圆周线不再垂直，角度变化均为 γ。

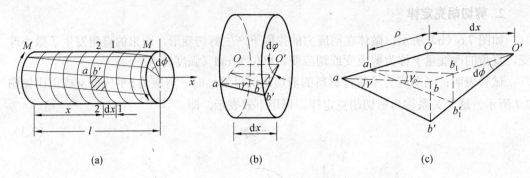

图 7.8　受扭圆轴的变形

上述现象是在圆轴表面看到的。根据看到的变形，假定内部变形也如此，从而提出平面假设：圆轴横截面始终保持平面，各截面只是不同程度地、刚性地绕轴转动了一个角度。从观察到的现象到提出假设，这是一个由表及里，由现象到本质的升华过程，根据假设就可以导出应变规律。由平面假设可知，各轴向线段长度不变，因而横截面上正应力 $\sigma = 0$。

取圆轴上长为 dx 的一段微段，左截面作为相对静止的面，右截面相对左截面转过 $d\varphi$ 角如图 7.8（b）所示。轴表面的纵向线段 ab 变为 ab'。右截面上 b 点的位移 $\overline{bb'}$，从表面看 $\overline{bb'} = \gamma dx$，从横截面上看 $\overline{bb'} = d\varphi D/2$，因此有

$$\gamma dx = d\varphi \frac{D}{2}$$

内部变形如同表面所见如图 7.8（c）所示，因此，在半径为 ρ 处的点的周向位移 $\overline{b_1 b_1'}$ 也有关系式 $\gamma_\rho dx = \rho d\varphi$

γ_ρ 是半径 ρ 处的切应变，上式可改写为

$$\gamma_\rho = \rho \frac{d\varphi}{dx} = \rho\theta$$

式中　θ——单位扭转角。

该式表达了横截面上切应变的分布规律，切应变与半径 ρ 成正比。

（2）物理关系

当材料处于弹性阶段的比例极限以内时，剪切胡克定律成立，切应力的分布规律为

$$\tau_\rho = G\gamma_\rho = G\rho\theta \qquad (7.5)$$

式（7.2）表示切应力与半径 ρ 成正比，在圆周上切应力达最大值，在轴中心处 $\tau = 0$。切应力沿半径呈线性分布，方向皆垂直于半径如图 7.9 所示。

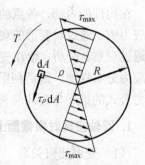

图 7.9　切应力沿半径呈线性分布

（3）静力学关系

根据几何关系、物理关系已确定了的切应力在横截面上的分布规律，若单位扭转角 θ 确定，则应力就确定了。由内力的定义知各点切应力对轴线的力矩之和就是扭矩，由于扭

矩已知，τ 值便可求得。

截面上微面积为 dA，微面积上切应力之和为 $\tau_\rho dA$，此力对轴的力矩为 $\tau_\rho dA\rho$ 如图 7.9 所示。整个横截面上切应力对轴之矩应和横截面上的扭矩 T 相等，即

$$T = \int_A \tau_\rho \rho dA = \int_A \rho^2 \theta G dA = \theta G \int_A \rho^2 dA$$

若令 $I_P = \int \rho^2 dA$，则上式可变为 $T = \theta G I_P$。由此可得单位扭转角公式

$$\theta = \frac{T}{GI_P} \tag{7.6}$$

式中　I_P——极惯性矩，它是一个与横截面形状有关的量，对于给定的截面，I_P 是一个常数，其量纲为 $[长度]^4$；

　　　GI_P——抗扭刚度，GI_P 越大，则单位长度扭转角 θ 就越小，即扭转变形也就小。

将式（7.6）代入式（7.5），消去 G 得

$$\tau_\rho = \frac{T \cdot \rho}{I_P} \tag{7.7}$$

式（7.7）就是圆轴横截面上的切应力公式，切应力在横截面上呈线性分布。

切应力值与材料性质无关，只取决于内力和横截面形状。当 $\rho = \rho_{max} = R$（圆周表面处）时，切应力最大，即

$$\tau_{max} = \frac{T \cdot R}{I_P} \tag{7.8}$$

令 $W_t = \dfrac{I_P}{R}$，于是上式为

$$\tau_{max} = \frac{T}{W_t} \tag{7.9}$$

式中　W_t——抗扭截面系数，它也是和横截面形状有关的量，其量纲为 $[长度]^3$。

2. 极惯性矩及抗扭截面系数的计算

（1）实心圆截面

若在距圆心 ρ 处取微面积 $dA = 2\pi\rho d\rho$ 如图 7.10（a）所示，则有

$$I_P = \int_A \rho^2 dA = \int_0^{\frac{D}{2}} \rho^2 \cdot 2\rho \cdot \pi \cdot d\rho = \frac{\pi D^4}{32}$$

$$W_t = \frac{I_P}{R} = \frac{\pi D^3}{16}$$

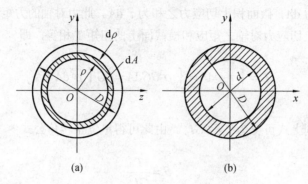

图 7.10 圆截面 W_t 的计算

（2）空心圆截面

同理，空心圆截面的极惯性矩为（如图 7.10（b）所示）

$$I_P = \int_A \rho^2 dA = \int_{\frac{d}{2}}^{\frac{D}{2}} \rho^2 \cdot 2\rho \cdot \pi \cdot d\rho = \frac{\pi}{32}(D^4 - d^4) =$$

$$\frac{\pi D^4}{32}(1 - \alpha^4)$$

抗扭截面系数为

$$W_t = \frac{I_P}{R} = \frac{\pi D^3}{16}(1 - \alpha^4)$$

式中，$\alpha = d/D$。

3. 圆轴扭转时的强度条件

圆轴受扭时，轴内最大的工作应力 τ_{max} 不能超过材料的许用切应力，故圆轴扭转时的强度条件为

$$\tau_{max} = \frac{T_{max}}{W_t} \leqslant [\tau] \tag{7.10}$$

式中　　T_{max}——横截面上的最大扭矩；

　　　　W_t——抗扭截面系数；

　　　　$[\tau]$——材料的许用切应力。

根据上述强度条件可以解决工程中的强度校核、设计截面、确定许用荷载的三类工程问题。

例 7.2　钢制传动轴如图 7.11（a）所示，已知轮 B 为输入轮，$P_B = 30\,kW$，轮 A、C、D 为输出轮，$P_A = 15\,kW$，$P_C = 10\,kW$，$P_D = 30\,kW$，轴的转速 $n = 500\,r/min$，轴材料的许用切应力 $[\tau] = 40\,MPa$。试按强度条件选择轴的直径；若改用内外径比值为 $\alpha = 0.8$ 的空心轴，试选择其直径，并比较两轴的重量。

解：（1）计算外力偶矩

$$M_B/(N \cdot m) = 9\,550 \frac{P_B}{n} = 9\,550 \times \frac{30}{500} = 573$$

$$M_A / (\text{N} \cdot \text{m}) = 9\,550 \frac{P_A}{n} = 9\,550 \times \frac{15}{500} = 286.5$$

$$M_C / (\text{N} \cdot \text{m}) = 9\,550 \frac{P_C}{n} = 9\,550 \times \frac{10}{500} = 191$$

$$M_D / (\text{N} \cdot \text{m}) = 9\,550 \frac{P_D}{n} = 9\,550 \times \frac{5}{500} = 95.5$$

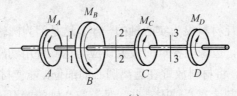

(a)

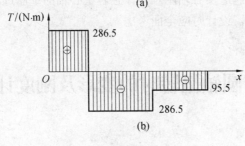

(b)

图 7.11

（2）画扭矩图

扭矩图如图 7.11（b）所示。轴 *AB* 段（或 *BC* 段）为危险截面，其最大扭矩（绝对值）为 $T_{\max} = 286.5\ \text{N} \cdot \text{m}$。

（3）计算轴的直径

由强度条件得

$$W_t \geqslant \frac{T_{\max}}{[\tau]}$$

① 实心轴

$$W_t = \frac{\pi d^3}{16} \geqslant \frac{286.5 \times 10^3}{40}$$

$$d\,/\text{mm} \geqslant \sqrt{\frac{16 \times 286.5 \times 10^3}{40\pi}} = 33.2 \quad (\text{取 } d = 34\ \text{mm})$$

② 空心轴

$$W_t = \frac{\pi D^3}{16}(1 - 0.8^4) \geqslant \frac{286.5 \times 10^3}{40}$$

$$D\,/\text{mm} \geqslant \sqrt{\frac{16 \times 286.5 \times 10^3}{40\pi(1 - 0.8^4)}} = 39.5 \quad (\text{取 } D = 40\ \text{mm})$$

（4）比较两种轴的重量

因为两轴的材料和长度均相同，故空心轴与实心轴重量之比就等于它们的面积 A_k 与 A_s 之比

$$\frac{G_k}{G_s} = \frac{A_k}{A_s} = \frac{\frac{\pi}{4}D^2(1-\alpha^2)}{\frac{\pi}{4}d^2} = \frac{40^2(1-0.8^2)}{34^2} = 0.498$$

该比值说明空心轴消耗材料仅为实心轴的一半。这是因为圆轴扭转时横截面上的切应力沿半径方向呈线性分布，边缘上各点的最大切应力达到许用切应力值时，圆心附近各点处的切应力仍很小。因此，将材料放置在远离圆心的部位，能使材料得到充分利用。当然，在工艺上制造空心轴要比制造实心轴困难些，且若空心轴的壁厚过于薄，受扭时将产生皱损现象而降低其抗扭能力，设计时应全面考虑。

7.4　圆轴扭转时的变形及刚度计算

1. 变形计算

衡量扭转变形的大小可用扭转角 φ 来表示，φ 与单位扭转角间的关系为 $\theta = \dfrac{\mathrm{d}\varphi}{\mathrm{d}x}$。由式（7.6）可得

$$\mathrm{d}\varphi = \theta\mathrm{d}x = \frac{T}{GI_P}\mathrm{d}x$$

上式表示相距 $\mathrm{d}x$ 的两截面之间相对转过的角度。

对于长为 l 的等直圆杆，若两横截面之间的扭矩 T 为常数，则

$$\varphi = \frac{Tl}{GI_P} \tag{7.11a}$$

式（7.11a）计算出来的扭转角 φ，其单位是 rad，若以（°）计算，则

$$\varphi = \frac{Tl}{GI_P} \times \frac{180°}{\pi} \tag{7.11b}$$

2. 刚度条件

圆轴受扭时，除满足强度条件外，还须满足一定的刚度要求。通常是限制单位长度上的最大扭转角 θ_{max}，不超过规范给定的许用值 $[\theta]$，刚度条件可写作

$$\theta_{max} = \frac{T_{max}}{GI_P} \leqslant [\theta] \tag{7.12a}$$

上式中 θ_{max} 单位为 rad / m，工程中给出的 $[\theta]$ 单位通常是° / m，上式可写成

$$\theta_{max} = \frac{T_{max}}{GI_P} \times \frac{180°}{\pi} \leqslant [\theta] \tag{7.12b}$$

例 7.3 校核例 7.2 所计算的实心轴和空心轴是否符合刚度要求，设单位长度许用扭转角 $[\theta] = 1.5°/\text{m}$，材料的切变模量 G=80 GPa。

解：（1）计算实心轴的极惯性矩

$$I_{\text{P}}/\text{mm}^4 = \frac{\pi}{32}d^4 = \frac{\pi}{32}\times 34^4 = 131.2\times 10^3$$

校核实心轴的刚度 $\theta/\text{m} = \dfrac{286.5\times 10^3}{80\times 10^3 \times 131.2\times 10^3}\times\dfrac{180°\times 10^3}{\pi} = 1.56° > [\theta]$

实心轴刚度不够。

（2）计算空心轴的极惯性矩

$$I_{\text{P}}/\text{mm}^4 = \frac{\pi}{32}D^4(1-\alpha^4) = \frac{\pi}{32}\times 40^4(1-0.8^4) = 148.3\times 10^3$$

校核空心轴的刚度 $\theta/\text{m} = \dfrac{286.5\times 10^3}{80\times 10^3 \times 148.3\times 10^3}\times\dfrac{180°\times 10^3}{\pi} = 1.38° < [\theta]$

空心轴强度足够。

7.5 圆轴受扭破坏分析

以低碳钢为代表的塑性材料，扭转破坏时，断口在横截面上表现为断面光滑如图 7.12（a）所示，是横截面上的切应力造成滑移破坏。以铸铁为代表的脆性材料，扭转破坏断口发生在与轴线约成 45°的斜面上，断口为螺旋面，晶粒明显，断口粗糙，与拉伸试验破坏的断口相同，仅方位不同。断口形状、方位表明，铸铁扭转时是斜面上的拉应力造成破坏，正负扭矩作用下的断口都发生在拉应力最大的面上，如图 7.12（b）、（c）所示。铸铁扭转破坏的断口方位和形状表明，脆性材料抗拉应力的能力比抗剪应力的能力差，所以不在切应力最大的面上破坏，而是在拉应力最大的面上破坏。结合铸铁的拉、压、扭破坏分析可得到结论，铸铁抗压能力最强，抗剪切能力其次，抗拉能力最弱。

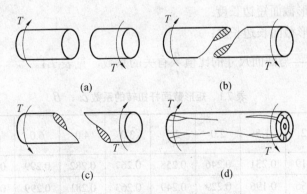

图 7.12 低碳钢铸铁等材料的受扭破坏

像木材、竹子这类各向异性材料受扭破坏时，断口发生在纵向截面上，如图 7.12（d）所示。由切应力互等定理可知，圆杆受扭时纵向截面上也存在切应力，其值与横截面上的相等。破坏不发生在横截面而发生在纵向面上，这是由于木材、竹子等在顺纹方向抗剪强度差的缘故。

7.6　矩形截面杆的自由扭转

前面讨论了圆截面杆的扭转，但应注意到，圆截面杆在扭转时，变形前和变形后其圆截面的平面特征并没有改变，半径仍保持为直线。对于非圆截面杆，在扭转时其横截面不再保持为平面，而发生翘曲如图 7.13 所示。

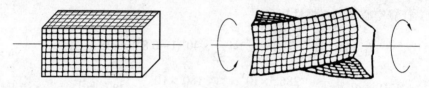

图 7.13　矩形截面杆扭转变形

因此，由圆截面杆扭转时根据平面假设导出的公式，对于非圆截面杆扭转就不再适用了。本节对矩形截面杆在自由扭转时的应力及变形作一简单介绍。

矩形截面杆自由扭转时，横截面上的切应力分布如图 7.14 所示，它具有以下特点：

(1) 截面周边的切应力方向与周边平行；

(2) 角点的切应力为零；

(3) 最大的切应力发生在长边的中点处，其计算式为

$$\tau_{\max} = \frac{T}{\alpha h t^2} \tag{7.13}$$

单位长度扭转角的计算公式为

$$\theta = \frac{T}{\beta G h t^3} \tag{7.14}$$

式中　　t ——矩形截面短边长度；

　　　　h ——矩形截面长边长度；

　　　　α 、β ——与截面尺寸的比值 $\dfrac{h}{t}$ 有关的系数，见表 7.1。

表 7.1　矩形截面杆扭转的系数 α 、β

$\dfrac{h}{t}$	1.0	1.2	1.5	2.0	2.5	3.0	4.0	6.0	8.0	10.0	∞
α	0.208	0.219	0.231	0.246	0.258	0.267	0.282	0.299	0.307	0.313	0.333
β	0.141	0.166	0.196	0.229	0.249	0.263	0.281	0.299	0.307	0.313	0.333

当矩形截面的 $h/t > 10$ 时(狭长矩形)，由表 7.1 可查得 $\alpha = \beta = 0.333$ ，可近似地认为 $\alpha = \beta = 1/3$ 。于是横截面上长边中点处的最大切应力为

$$\tau_{\max} = \frac{T}{\frac{1}{3}ht^2} \qquad (7.15)$$

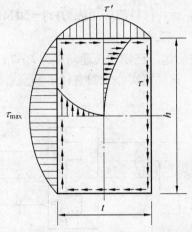
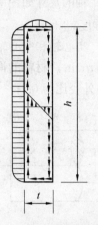

图 7.14　矩形截面杆自由扭转时横截面上的切应力分布　　　图 7.15　狭长矩形应力图

这时，横截面周边上的切应力分布规律如图 7.15 所示。而杆件的单位扭转角则为

$$\theta = \frac{T}{\frac{1}{3}ht^3G} \qquad (7.16)$$

习　题

7.1　求图中各轴的扭矩，并画出扭矩图。

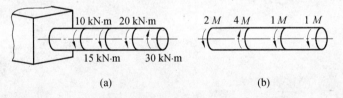

(a)　　　　　　　　　　　(b)

题 7.1 图

7.2　传动轴如图所示，已知轴的直径 $d=50$ mm，试计算：

（1）轴的最大切应力；

（2）截面 1-1 上半径为 20 mm 圆周处的切应力；

（3）从强度观点看三个轮子如何布置比较合理？为什么？

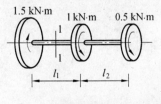

题 7.2 图

7.3 上题中的传动轴，若已知 $l_1 = 1\,200$ mm, $l_2 = 800$ mm，材料的切变模量 G=80 GPa，试计算轴两端的相对扭转角。若三个轮子按强度的合理要求重新布置后，轴两端的相对扭转角又为多少？

7.4 轴的尺寸如图所示，外力偶矩 M=300 N·m，材料的许用应力 $[\tau] = 60$ MPa，试校核轴的强度。

7.5 实心轴和空心轴用牙嵌式离合器连接在一起，已知轴传递功率为 P =7.5 kW，转速 $n = 96$ r/min，材料的许用切应力 $[\tau] = 40$ MPa，试确定实心轴的直径 d_1 和空心轴段的外径 D_2（内外径比为 0.7）

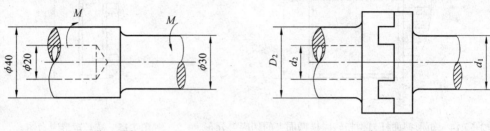

题 7.4 图   题 7.5 图

7.6 一直径为 $d = 90$ mm 的圆轴，转速为 $n = 45$ r/min，设横截面上最大切应力 $\tau_{max} = 50$ MPa，试求轴所传递的功率。

7.7 某圆截面钢轴，转速 $n = 250$ r/min，传递功率为 P=60 kW，许用切应力为 $[\tau] = 40$ MPa，单位长度许用扭转角 $[\theta] = 0.8^{\circ}$/m，切变模量 G=80 GPa，试设计轴径。

7.8 若上题改用 $\alpha = 0.8$ 空心轴，求轴的外径 D。与原实心轴相比，空心轴节约材料百分之几？

第8章 弯曲内力

8.1 弯曲的概念

8.1.1 平面弯曲的概念与实例

弯曲变形是工程实际和日常生活中最常见的一种变形。如火车轮轴，如图 8.1（a）所示，可以简化为一根直杆，轨道对车轮的支承视为固定铰支座和活动铰支座，外力垂直于轮轴的轴线，在外力的作用下，轮轴的轴线由直线变为曲线。

桥式起重机大梁，如图 8.2（a）所示，也可以简化为一直杆，两端轨道简化为固定铰支座和活动铰支座，在外力作用下其轴线由直线变为曲线。

以上都是弯曲变形的工程实例。它们的共同特点为：构件可以简化为一直杆，外力都是垂直于杆的轴线，在外力的作用下杆轴线由直线变为曲线。

一般来说，当杆件受到垂直于杆轴线的外力或在杆轴平面内受到外力偶作用时，杆轴线将由直线变为曲线，这样的变形形式称为弯曲变形。工程中把以发生弯曲变形为主的杆件通常称为梁。轴线为直线的梁称为直梁。

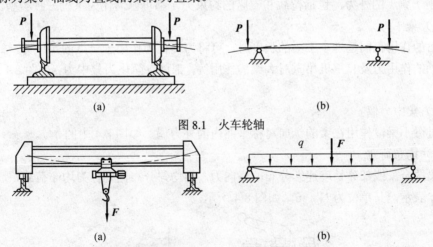

(a)   (b)

图 8.1 火车轮轴

(a)   (b)

图 8.2 桥式起重机大梁

工程上常见的梁，其横截面上一般至少有一根对称轴，如图 8.3 所示，各截面对称轴形成一个纵向对称面，若梁上的所有外力（包括外力偶）都作用在梁的纵向对称平面内，梁的轴线将在其纵向对称平面内弯成一条平面曲线，梁的这种弯曲称为平面弯曲。它是最常见、最基本的弯曲变形，如图 8.4 所示。平面弯曲是最简单的弯曲变形，也是一种基本变形。

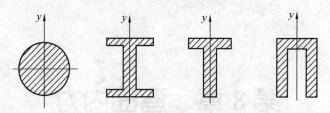

图 8.3　梁横截面纵向对称轴

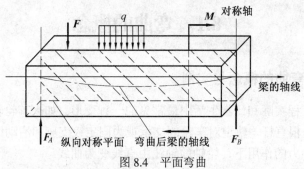

图 8.4　平面弯曲

8.1.2　梁的简化与分类

1. 支座的简化

按支座对梁的不同的约束特性，静定梁的约束支座可按静力学中对约束简化的力学模型，分别简化为固定铰支座、活动铰支座和固定端支座。

2. 荷载的简化

作用于梁上的外力，包括荷载和支座的约束力，都可以简化为下列三种类型。

（1）集中力

当力的作用范围远远小于梁的长度时，可将力简化为作用于一点的集中力，如火车车厢对轮轴的作用力及起重机吊重对大梁的作用等，都可以简化为集中力，如图 8.1 和图 8.2 所示。

（2）集中力偶

通过微小梁段作用在梁的纵向对称平面内的外力偶，如图 8.4 中的 M。

（3）均布荷载

沿梁的全长或部分长度连续分布的横向力。如均匀分布，则称为均布荷载，通常用荷载集度 q 表示，其单位为 N／m，如图 8.4 所示。

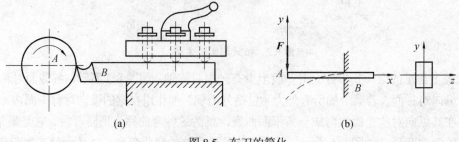

(a)　　　　　　　　　　　　　　　　(b)

图 8.5　车刀的简化

通过对梁、荷载和支座进行简化，就可以得到梁的力学模型。根据梁所受不同的支座约束，梁平面弯曲时的基本力学模型可分为以下 3 种形式。

（1）简支梁

梁的两端分别为固定铰支座和活动铰支座，如图 8.2（b）所示。

（2）外伸梁

具有一端或两端外伸部分的简支梁，如图 8.1（b）所示。

（3）悬臂梁

梁的一端为固定端约束，另一端为自由端。如图 8.5（a）所示的车刀，刀架限制了车刀的随意移动和转动，故可简化为固定端，车刀则简化为悬臂梁，如图 8.5（b）所示。

以上梁的支座约束力均可通过静力学平衡方程求得，因此称为静定梁。若梁的支座约束力的个数多于静力平衡方程的个数，支座约束力不能完全由静力平衡方程确定，这样的梁称为静不定梁。本章重点介绍单跨静定梁的平面弯曲内力。

8.2　梁的内力、剪力和弯矩

为了计算梁的应力和变形，首先必须用截面法确定梁在外力作用下横截面上的内力。如图 8.6 所示的简支梁 AB，在纵向对称平面内作用有横向力 F_1、F_2 和 F_3，支反力 F_A 和 F_B 已由静力平衡条件求出，即全部外力均已知。现计算任一横截面 $m-m$ 上的内力。应用截面法沿 $m-m$ 截面假想地将梁切开，分成左右两段，任取其中一段（如左段梁）为研究对象如图 8.6（b）所示，由于整根梁 AB 处于平衡，作为梁的一部分的左段梁也应处于平衡。因为作用于其上的各力在垂直于梁轴方向的投影之和一般不为零，为了维持左段梁的平衡，横截面 $m-m$ 上必然同时存在一个切于该横截面的合力 F_s，称为剪力。它是与横截面相切的分布内力系的合力；同时左段梁上各力对截面形心 O 点矩的代数和一般不为零，为使该段梁不发生转动，在横截面上一定存在一个位于荷载平面内的内力偶，其力偶矩用 M 表示，称为弯矩。它是与横截面垂直的分布内力系的合力偶的力偶矩。由此可知，梁弯曲时横截面上一般存在两种内力。

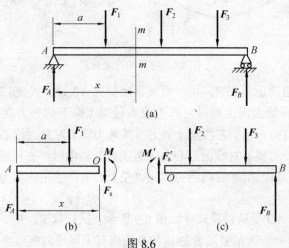

图 8.6

$$\sum F_x = 0 \ , \quad F_A - F_1 - F_s = 0 \ , \quad F_s = F_A - F_1 \qquad (8.1)$$

$$\sum M_C(F) = 0 \ , \quad -F_A x + F_1(x-a) + M = 0 \ , \quad M = F_A x - F_1(x-a) \qquad (8.2)$$

若取梁的右段为研究对象，然后用同样的方法可求得截面 $m-m$ 上的剪力 F_s' 和弯矩 M'，其大小分别与 F_s 与 M 相同，而方向、转向则相反，符合作用力与反作用力关系。

根据以上的分析，可以得到如下结论：

（1）梁弯曲时，横截面上的内力一般有剪力 F_s 和弯矩 M，其值随截面的位置而变化。

（2）截面上的剪力在数值上等于截面一侧所有外力的代数和；截面上的弯矩在数值上等于截面一侧所有外力对截面形心力矩的代数和。

无论研究截面的左侧还是右侧，为了使所求的同一截面上的剪力和弯矩正负号相同，根据梁的变形特征，对剪力和弯矩的正负号作如下规定：使微段左侧截面向上、右侧截面向下相对错动的剪力为正；反之为负，如图 8.7 所示。使微段弯曲变形凹面向上的弯矩为正；反之为负，如图 8.8 所示。在列平衡方程计算横截面上的内力时，将剪力和弯矩全部假设为正的。

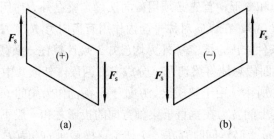

图 8.7　剪力的符号规定

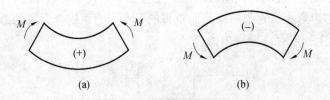

图 8.8　弯矩的符号规定

根据剪力和弯矩的正负规定，可以直接写出如式（8.1）、式（8.2）所示剪力和弯矩的表达式，且截面左段梁上向上的横向外力或右段梁上向下的外力在该截面上产生正的剪力，反之产生负的剪力；截面左段梁上外力（或外力偶）对截面形心之矩为顺时针转向或右段梁上外力（或外力偶）对截面形心之矩为逆时针转向时，在横截面上产生正的弯矩，反之产生负的弯矩。以上所述可归纳为口诀"左上右下产生正的剪力；左顺右逆产生正的弯矩。"

例 8.1　外伸梁 AD 受荷载及尺寸如图 8.9 所示，试计算 E、B_-、B_+、C_-、C_+ 各截面上的内力。B_-、B_+ 分别表示截面 B 左侧和右侧离其无限近的横截面，C_-、C_+ 亦然。

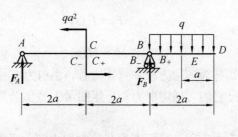

图 8.9

解：（1）求约束反力取 AD 为研究对象，由平衡方程

$$\sum M_A(F) = 0 \qquad qa^2 + F_B \times 4a - q \times 2a \times 5a = 0$$

$$\sum M_B(F) = 0 \qquad -q \times 2a \times a + qa^2 - F_A \times 4a = 0$$

解得

$$F_B = \frac{9}{4}qa \ , \ \ F_A = -\frac{1}{4}qa$$

（2）应用截面法计算各横截面上的内力

C_- 截面：取截面左侧为研究对象，根据梁左侧上的外力，分别按照"左上右下"和"左顺右逆"的规则求得

$$F_{sC_-} = F_A = -\frac{qa}{4} \ , \quad M_{C_-} = F_A \times 2a = -\frac{qa}{4} \times 2a = -\frac{q}{2}a^2$$

C_+ 截面：取截面左侧为研究对象，同理可得

$$F_{sC_+} = F_A = -\frac{qa}{4} \ , \quad M_{C_+} = F_A \times 2a - qa^2 = -\frac{3}{2}qa^2$$

B_- 截面：取截面左侧为研究对象，得

$$F_{sB_-} = F_A = -\frac{qa}{4} \ , \quad M_{B_-} = F_A \times 4a - qa^2 = -2qa^2$$

B_+ 截面：取截面左侧为研究对象，得

$$F_{sB_+} = F_A + F_B = -\frac{qa}{4} + \frac{9}{4}qa = 2qa \ , \quad M_{B_+} = F_A \times 4a - qa^2 = -2qa^2$$

E 截面：取截面右侧为研究对象，根据梁右侧上的外力，得

$$F_{sE} = qa \ , \quad M_E = -qa \times \frac{a}{2} = -\frac{q}{2}a^2$$

8.3　剪力图和弯矩图

由例 8.1 的分析可见，在一般情况下，横截面上的剪力和弯矩随截面的位置而变化。若以平行梁轴的坐标表示横截面位置，以垂直于梁轴的纵坐标表示各相应截面上的剪力和弯矩，则各横截面上的剪力和弯矩可表示为横截面位置的函数，即

$$F_s = F_s(x) \qquad\qquad (8.3)$$

$$M = M(x) \qquad\qquad (8.4)$$

以上两个函数式分别称为剪力方程和弯矩方程，由剪力方程和弯矩方程所画的图线称为剪力图和弯矩图。通过它们可确定剪力和弯矩的最大数值及其所在截面的位置，这对以后的强度计算至关重要。

下面举例说明建立剪力方程、弯矩方程和绘制剪力图、弯矩图的方法。

例 8.2　如图 8.10（a）所示简支梁 C 点受集中力作用。试写出剪力和弯矩方程，并画出剪力图和弯矩图。

解：（1）计算支反力

$$\sum M_A = 0 \quad , \quad F_B l - Fa = 0$$

$$\sum M_B = 0 \quad , \quad -F_A l + Fb = 0$$

解得

$$F_A = \frac{Fb}{l} \;, \quad F_B = \frac{Fa}{l}$$

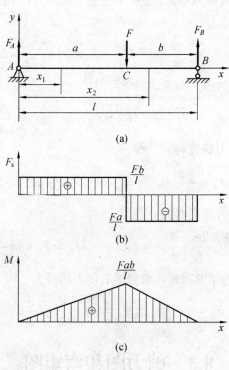

图 8.10

（2）列剪力方程和弯矩方程

由于梁上的集中力作用于 C 点，梁左右两段的剪力或弯矩不能用同一个方程表示，故应分段考虑。

AC 段：以 A 为坐标原点，任取一截面，其坐标为 x_1，根据截面左侧梁段上的外力，得该截面上的剪力方程和弯矩方程为

$$F_s(x_1)=F_A=\frac{Fb}{l} \qquad (0<x_1<a) \qquad (1)$$

$$M(x_1)=F_A x_1=\frac{Fb}{l}x_1 \qquad (0\leqslant x_1\leqslant a) \qquad (2)$$

BC 段：任取一截面，其坐标 x_2，根据左侧梁段上的外力，得该截面上的剪力方程和弯矩方程为：

$$F_s(x_2)=F_A-F=\frac{-Fa}{l} \qquad (a<x_2<l) \qquad (3)$$

$$M(x_2)=F_A x_2-F(x_2-a)=\frac{Fb}{l}x_2-F(x_2-a) \qquad (a\leqslant x_2\leqslant l) \qquad (4)$$

（3）画出剪力图和弯矩图

由式（1）、（3）可知，AC 和 BC 两段梁的剪力均为常数，因此剪力图为两条平行于 x 轴的直线，如图 8.10（b）所示。在 $a>b$ 的情况下，BC 段上剪力最大，为

$$F_{s\max}=\frac{Fa}{l}$$

由（2）、（4）两式可知，$M(x_1)$、$M(x_2)$ 均为 x 的一次函数，因此两段梁上的弯矩图均为斜直线，对每一段梁只要求出两个端点的弯矩值，就可画出弯矩图。

AC 段：当 $x_1=0$ 时，$M_1=0$；$x_1=a$ 时，$M_1=\dfrac{Fab}{l}$

BC 段：当 $x_2=0$ 时，$M_2=0$；$x_2=b$ 时，$M_2=\dfrac{Fab}{l}$

用直线连接各段值，即可分别得两段梁的弯矩图，如图 8.10（c）所示。在集中力作用的 C 处，弯矩值最大，为

$$M_{\max}=\frac{Fab}{l}$$

可见，在集中力 $\boldsymbol{F}$ 作用处，剪力图有突变，突变值等于集中力 $\boldsymbol{F}$ 的大小，弯矩图有转折。

例 8.3 简支梁 AB 在 C 处受集中力偶 M_e 作用如图 8.11（a）所示，试作梁的剪力图和弯矩图。

解：（1）计算支座反力

由平衡方程

$$\sum M_B(F)=0 \quad , \quad -F_A l+M_e=0 \qquad (1)$$

解得
$$F_A = \frac{M_e}{l} = F_B$$

（2）列剪力方程和弯矩方程

根据梁的受力情况，以集中力偶作用处 C 为界，分段列剪力方程和弯矩方程。

AC 段：以 A 为坐标原点，任取一截面，其坐标为 x_1，由截面左侧梁段上的外力，列剪力方程和弯矩方程为

$$F_s(x_1) = F_A = M_e / l \qquad (0 < x_1 \leqslant a)$$

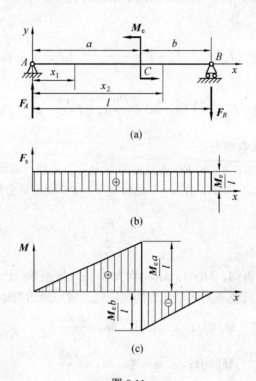

图 8.11

$$M(x_1) = F_A x_1 = M_e x_1 / l \qquad (0 \leqslant x_1 < a) \tag{2}$$

CB 段：任取一截面，其坐标 x_2，由截面左侧梁段上的外力，列剪力方程和弯矩方程为

$$F_s(x_2) = F_B = \frac{M_e}{l} \qquad (a \leqslant x_2 < l) \tag{3}$$

$$M(x_2) = -F_B(l - x_2) = \frac{M_e}{l}(x_2 - l) = \frac{M_e}{l}x_2 - M_e \qquad (a < x_2 \leqslant l) \tag{4}$$

（3）画剪力图和弯矩图。

由式（1）、（3）画剪力图如图 8.11（b）所示。AC 和 CB 段梁的剪力图为同一条平行于 x 轴的直线。该梁各横截面上的剪力相同，其值为

$$F_s = \frac{M_e}{l}$$

由式（2）、（4）画弯矩如图 8.11（c）所示。两段梁的弯矩图均为斜直线。若 $a > b$，则 C 截面左侧且离其无限近的截面上弯矩值最大，为

$$|M|_{max} = \frac{M_e a}{l}$$

由图可见，在集中力偶 M 作用处，剪力图无变化，弯矩图突变，突变的值等于该集中力偶的力偶矩的大小。

例 8.4 简支梁 AB 受均布荷载 q 作用，如图 8.12（a）所示，试作梁的剪力图和弯矩图。

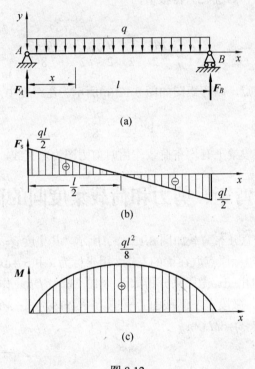

图 8.12

解：（1）计算支座反力

由梁及荷载的对称关系，容易求出两支座反力为 $F_A = F_B = \dfrac{ql}{2}$。

（2）列剪力方程和弯矩方程

以 A 为坐标原点，任取一截面，其坐标为 x，由截面左侧梁段上的外力，列剪力方程和弯矩方程为

$$F_s(x) = F_A - qx = ql/2 - qx \qquad (0 < x < l) \tag{1}$$

$$M(x) = F_A x - \frac{q}{2}x^2 = \frac{ql}{2}x - \frac{q}{2}x^2 \qquad (0 \leqslant x \leqslant l) \tag{2}$$

（3）画剪力图和弯矩图

由式（1）画剪力图如图 8.12（b）所示，剪力图为一斜直线。在支座内侧且离其无限近的截面上剪力值最大，其值为 $|F_s|_{max} = \dfrac{ql}{2}$

由式（2）知，$M(x)$ 是二次函数，弯矩图为二次抛物线。要确定此曲线，需适当确定曲线上几个点的坐标值。一般求两个端值和一个极值。当 $x=0$ 时，$M=0$; $x=l$ 时，$M=0$。极值截面的位置可由式（2）对 x 的一阶导数等于零求得

由 $\dfrac{dM(x)}{dx} = \dfrac{ql}{2} - qx = 0$

解得：$x = \dfrac{l}{2}$，代入式（2）得极值为

$$M_{max} = \frac{ql}{2} \times \frac{l}{2} - \frac{q}{2} \times (\frac{l}{2})^2 = \frac{ql^2}{8}$$

通过此三个对应点，画弯矩图如图 8.12(c)所示。在跨度中点截面上，弯矩值最大为

$$|M|_{max} = \frac{ql^2}{8}$$

由图可见，在某段梁上有均布荷载作用时剪力图为斜直线，弯矩图为抛物线。

8.4 弯矩、剪力和荷载集度间的微分关系

设梁上作用有任意分布荷载如图 8.13（a）所示，其集度 $q=q(x)$ 是 x 的连续函数，并规定向上为正。将 x 轴坐标原点取在梁的左端，用坐标为 x 和 $x+dx$ 处的两个横截面 $m-m$ 和 $n-n$ 假想地从梁中取出 dx 微段来分析如图 8.13（b）所示。作用在该微段上的分布荷载 $q(x)$ 可认为是均匀的。微段在左侧截面上有剪力 $F_s(x)$ 和弯矩 $M(x)$；在右侧截面上有剪力 $F_s(x)+dF_s(x)$ 和弯矩 $M(x)+dM(x)$。

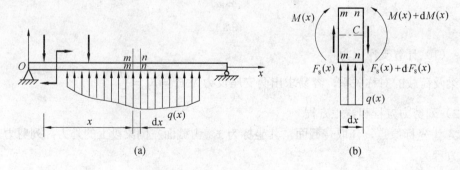

图 8.13

考虑微段的平衡，由平衡条件

$$\sum F_{iy} = 0, \qquad F_s(x) - \left[F_s(x) + dF_s(x) \right] + q(x)dx = 0$$

得

$$\frac{\mathrm{d}F_{\mathrm{s}}(x)}{\mathrm{d}x} = q(x) \tag{8.5}$$

再由平衡条件

$$\sum M_{iC} = 0$$

$$-M(x) - F_{\mathrm{s}}(x)\mathrm{d}x - \frac{1}{2}q(x)(\mathrm{d}x)^2 + \left[M(x) + \mathrm{d}M(x)\right] = 0$$

$$\mathrm{d}M(x) = F_{\mathrm{s}}(x)\mathrm{d}x + \frac{1}{2}q(x)(\mathrm{d}x)^2$$

略去二阶微量 $q(x)\mathrm{d}x\dfrac{\mathrm{d}x}{2}$，得

$$\frac{\mathrm{d}M(x)}{\mathrm{d}x} = F_{\mathrm{s}}(x) \tag{8.6}$$

如将式（8.6）再对 x 求导数，并利用式（8.5）即得

$$\frac{\mathrm{d}^2 M(x)}{\mathrm{d}x^2} = \frac{\mathrm{d}F_{\mathrm{s}}(x)}{\mathrm{d}x} = q(x) \tag{8.7}$$

以上三式就是弯矩、剪力和荷载集度之间的微分关系。

式（8.5）、（8.6）表明：剪力图上任一点切线的斜率等于梁上该点处的荷载集度；弯矩图上任一点切线的斜率等于梁上相应截面处的剪力。

根据 $M(x)$、$F_{\mathrm{s}}(x)$ 和 $q(x)$ 间的微分关系并结合例 8.2、8.3、8.4 可以得出下列推论：

（1）某段梁上无均布荷载作用，即 $q(x)=0$，由式（8.5）知，在这一段内 $F_{\mathrm{s}}(x)=$常数，剪力图是水平线；$M(x)$ 是 x 的一次函数，弯矩图是斜直线。当 $F_{\mathrm{s}}(x)=C>0$ 时（C 为常数），由式（8.6）知弯矩图曲线的斜率为正值常数，则斜直线必向右上方倾斜。反之，$F_{\mathrm{s}}(x)=C<0$，则斜直线必向右下方倾斜，如图 8.10 所示。

（2）若某段梁上有均布荷载作用，即 $q(x)=C$，由式（8.5）知，在这一段内 $F_{\mathrm{s}}(x)$ 是 x 的一次函数，剪力图是斜直线；而 $M(x)$ 是 x 的二次函数，弯矩图为抛物线。

$q(x)=C>0$ 荷载向上时，由式（8.5）知剪力图为斜直线，斜率为正值常数，斜直线向右上方倾斜，因而它表明了自左向右梁段各横截面上的剪力逐渐增大。由式（8.6）知弯矩图抛物线各点的斜率也逐渐增大，抛物线必是下凸的。反之，$q(x)=C<0$（荷载向下）时，斜直线向右下方倾斜，抛物线必是上凸的。如图 8.12 所示。

（3）若在梁的某一截面上 $F_{\mathrm{s}}(x)=0$，即 $\dfrac{\mathrm{d}M}{\mathrm{d}x}=0$ 亦即弯矩图上该点切线斜率为零，则在该截面上弯矩为极值，如图 8.12 所示。

（4）在集中力作用处，剪力图有突变，突变值等于集中力的大小，突变的方向与集中力的方向一致；弯矩图也因剪力的突然变化，其斜率也要发生突然变化而有转折，如图 8.10 所示。

（5）在集中力偶作用处，剪力图无变化，弯矩图有突变，突变值等于集中力偶矩的大小。若力偶为顺时针转向，弯矩图向上突变，反之，弯矩图向下突变。如图 8.11 所示。

（6）$|M|_{max}$ 可能在 $F_s(x)=0$ 的截面上，也可能在集中力作用处或集中力偶作用处。

利用上述推论不仅可以对由剪力方程、弯矩方程所画的剪力图和弯矩图进行校核，而且还可以根据梁的荷载情况和特殊截面上的剪力和弯矩，直接绘制剪力图和弯矩图，其方法是：求出梁的支座反力以后，根据梁上的外力情况将梁分段，并由各段梁上的外力分布情况判断各段梁的剪力图和弯矩图的大致形状，然后求出特殊截面上的 $F_s(x)$、M 值，从而画出全梁的剪和图和弯矩图。下面举例说明。

例 8.5 已知外伸梁受载如图 8.14（a）所示，试作梁的剪力图和弯矩图。

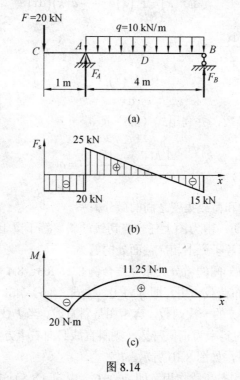

图 8.14

解：（1）计算约束反力由平衡方程

$$\sum M_A(F)=0, \quad 20\times1-10\times4+F_B\times4=0$$

$$\sum F_y=0, \quad -20+F_A-10\times4+F_B=0$$

解得 $F_A=45\text{ kN}, F_B=15\text{ kN}$

（2）将梁分段，根据梁上的外力情况，将梁分成 CA、AB 两段。

（3）画剪力图

CA 段：CA 段无分布荷载作用，即 $q(x)=0$，剪力图为水平直线。在 C 处有向下的集中力 F，所以 $F_{sC_+}=-F=-20\text{ kN}$，因此可画出该段梁的剪力图。

AB 段：有向下的均布荷载，即 $q(x)=-10\text{ kN}<0$，剪力图为向右下方倾斜的直线。在

A 处有向上的集中力 F_A 作用，剪力图突变，向上突变的值为 F_A，所以，$F_{sA_+}/\text{kN} = -20 + 45 = 25$；在 B 处作用有向上的集中力 F_B，$F_{sB_-} = -F_B = -15\,\text{kN}$，由此，画该段梁的剪力图。全梁的剪力图如图 8.14（b）所示。由图可见，A 截面右侧且离其无限近的截面上剪力值最大，其值为 $|F_s|_{\max} = 25\,\text{kN}$。

（4）画弯矩图

CA 段：无均布荷载作用，即 $q(x)=0$，弯矩图为斜直线。$F_{sC_+} = -20\,\text{kN} < 0$，斜直线向右下方倾斜，$M_C = 0$，$M_A/(\text{kN·m}) = -20 \times 1 = -20$，画该段梁的弯矩图。

AB 段：有向下的均布荷载作用，弯矩图为上凸的抛物线。在剪力突变的 A 处，弯矩有转折。在 B 截面处，$M_D = 0$。在 D 处截面上，$F_{sD} = 0$，弯矩有极值，D 截面相对坐标原点 C 的坐标为 x 可由 $F_s(x) = 0$ 求得，即由截面右侧的外力得

$$F_s(x) = -15 + 10(5-x) = 0, \quad x = 3.5\,\text{m}$$

于是由 D 截面右侧外力可求得弯矩的极值为

$$M_{\max}/(\text{kN·m}) = 15 \times (5-3.5) - 10 \times (5-3.5) \times \frac{(5-3.5)}{2} = 11.25$$

根据 A、B、C 和 D 各截面上的弯矩值画各段梁弯矩图，全梁的弯矩图如图 8.14（c）所示。由图可见，在 A 截面上的弯矩值最大，其值为

$$|M|_{\max} = 20\,\text{kN·m}$$

例 8.6　一外伸梁受均布荷载和集中力偶的作用，如图 8.15（a）所示。试作此梁的剪力图和弯矩图。

解：（1）计算约束反力　由平衡方程

$$\sum F_y = 0, \quad -20 \times 1 + F_A - F_B = 0$$

$$\sum M_A(F) = 0, \quad 20 \times 1 \times 0.5 + 20 - F_B \times 2 = 0$$

解得　　　　　　　　　　$F_A = 35\,\text{kN}, F_B = 15\,\text{kN}$

（2）将梁分段，根据梁上的外力情况将梁分成 CA、AD 和 DB 三段。

（3）画剪力图

CA 段：有向下的均布荷载作用，剪力图为一段向右下方倾斜的直线。$F_{sC_+} = 0$，$F_{sA_-}/\text{kN} = -20 \times 1 = -20$，由此可画出该段梁的剪力图。

AD 段：无分布荷载作用，即 $q(x)=0$，剪力图为水平线。在 A 处有向上的集中力 F_A 作用，剪力图突变，向上突变的值为 F_A，所以 $F_{sA_+}/\text{kN} = -20 + 35 = 15$。由此，画 AD 段梁的剪力图。

DB 段：无均布荷载作用，剪力图为水平线。由于 D 处受集中力偶 M 作用，剪力图无变化，所以剪力图和 AD 段的剪力图为同一水平线。由此画出该段梁的剪力图。全梁的剪力图如图 8.15（b）所示，由图可见，A 截面左侧且离其无限近的截面上剪力值最大 $|F_s|_{\max} = 20\,\text{kN}$。

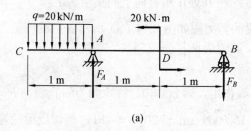

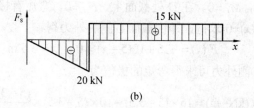

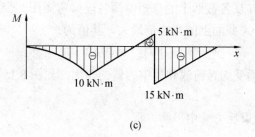

图 8.15

（4）画弯矩图

CA 段：有向下的均布荷载作用，弯矩图为上凸的抛物线。$M_C = 0$，$M_A/(\mathrm{kN \cdot m}) = -20 \times 1 \times 0.5 = -10$，由此画 CA 段梁的弯矩图。

AD 段：无均布荷载作用，弯矩图为斜直线。因 $F_s(x) = 15\ \mathrm{kN} > 0$，故斜直线向右上方倾斜。$A$ 处受集中力 F_A 作用，剪力图有突变，所以此处截面弯矩图有转折。取 D 截面右侧梁段研究得 $M_D/(\mathrm{kN \cdot m}) = -15 \times 1 + 20 = 5$，由此画 AD 段梁的弯矩图。

DB 段：无均布荷载作用，且 $F_s(x) = 15\ \mathrm{kN} > 0$，所以弯矩图为斜直线且向右上方倾斜。在 D 处有逆时针转向的集中力偶作用，其弯矩图向下突变，突变的值为力偶矩的大小，所以，$M_D/(\mathrm{kN \cdot m}) = 5 - 20 = -15$；$M_B = 0$，由此画 BD 段梁的弯矩图。全梁的弯矩图如图 8.15（c）所示，由图可见，在 D 截面右侧且离其无限近的截面上弯矩值最大 $|M|_{\max} = 15\ \mathrm{kN \cdot m}$。

习　题

8.1　试求如图所示各梁指定截面上的剪力和弯矩（q、a 均为已知）。

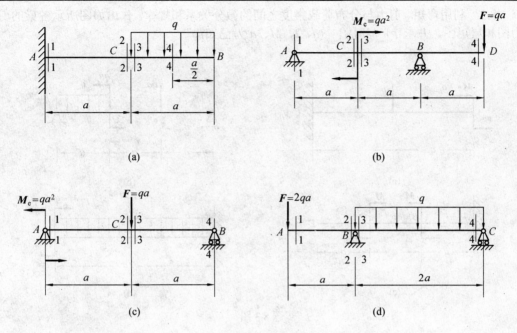

题 8.1 图

8.2 试建立如图所示各梁的剪力方程和弯矩方程，绘制剪力图和弯矩图，并求出 $\left|F_s\right|_{max}$ 和 $\left|M\right|_{max}$ （q、l、M、a 为已知）。

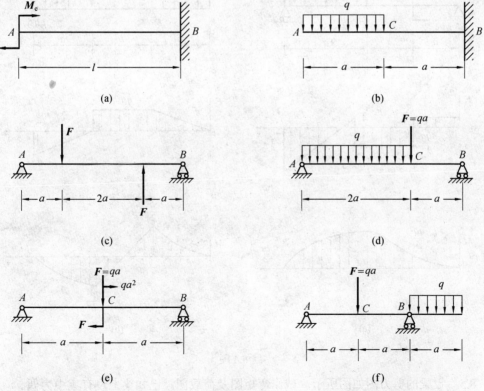

题 8.2 图

8.3　利用弯矩、剪力与分布荷载集度之间的微分关系和规律，作出如图所示各梁的剪力图和弯矩图，并求 $|F_s|_{max}$ 和 $|M|_{max}$（q、l、M、a 为已知）。

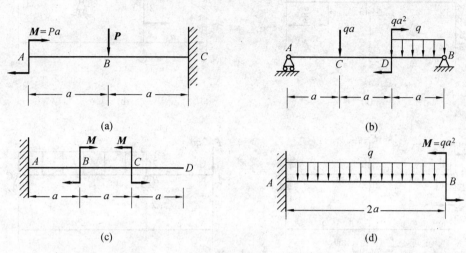

题 8.3 图

8.4　试根据弯矩、剪力和荷载集度间的微分关系，改正所示 F_s 图和 M 图中的错误。

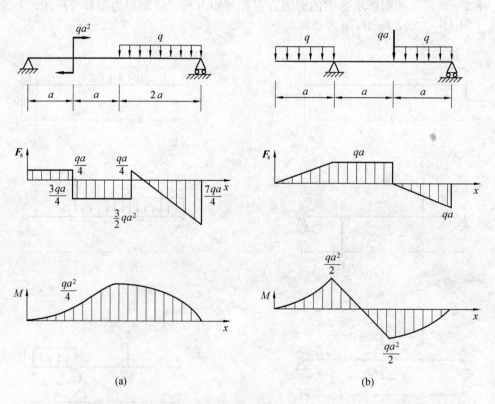

题 8.4 图

8.5　设梁的剪力图如图所示，试作弯矩图及荷载图。已知梁上没有集中力偶。

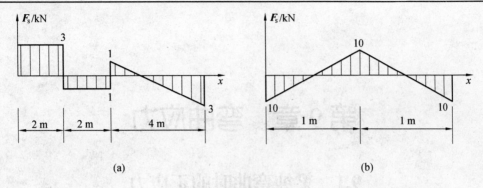

(a)   (b)

题 8.5 图

8.6 已知梁的弯矩图如图所示，试作梁的荷载图和剪力图。

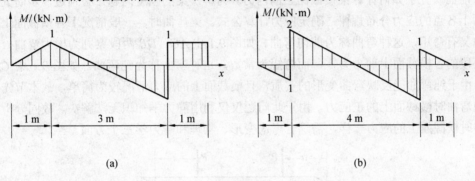

(a)   (b)

题 8.6 图

8.7 用叠加法绘出下列各梁的弯矩图。

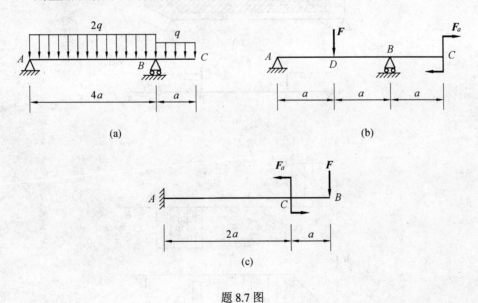

(a)   (b)

(c)

题 8.7 图

第9章 弯曲应力

9.1 梁纯弯曲时的正应力

前面研究了如何计算梁横截面上的内力。为解决梁的强度问题，必须进一步研究梁横截面上各点的应力分布规律，确定应力计算公式。梁弯曲时，一般情况下各横截面上既有剪力又有弯矩，这种弯曲称为剪切弯曲。如图 9.1 中 *AC*、*DB* 两段梁则为横力弯曲。若在梁某段的各横截面上剪力为零，而弯矩为常数，这种弯曲称为纯弯曲。如图 9.1 中 *CD* 段梁。由于纯弯曲能反映弯曲变形的实质，且横截面上的应力情况较为简单，故本节先研究梁纯弯曲时横截面上的正应力。由于此问题仅仅利用静力学知识无法解决，故同分析圆轴扭转时横截面上的应力一样，需综合考虑变形、物理和静力学三个方面。

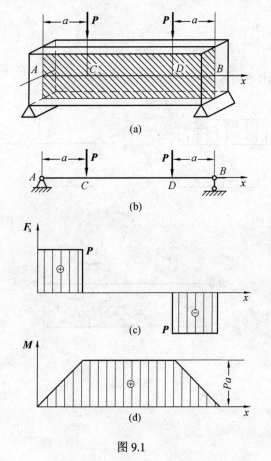

图 9.1

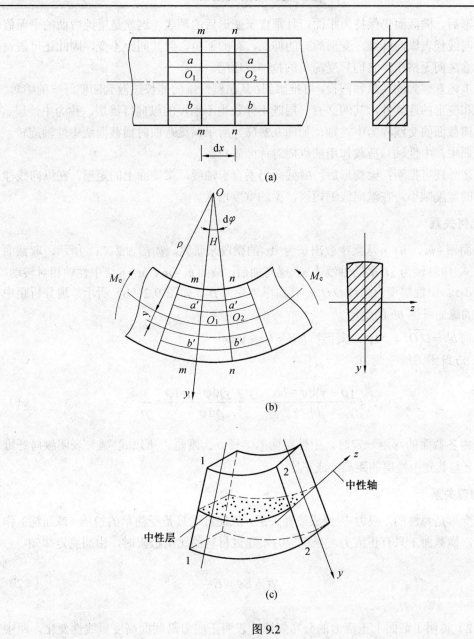

图 9.2

取一根矩形截面梁，在其侧面上画上与轴垂直的横向线 $m-m$，$n-n$ 和与轴线平行的纵向线 aa、bb 如图 9.2（a）所示，然后在梁两端的纵向对称平面内施加一对等值、反向的力偶 M_e，使梁产生纯弯曲如图 9.2（b）所示，这时可观察到如下变形现象：

（1）横向线 $m-m$，$n-n$ 仍为直线，并与变形后梁的轴线垂直，只是相对转动了一个微小的角度；

（2）所有纵向线变成曲线，仍保持平行；上、下部分的纵向线分别缩短和伸长如图9.2（b）所示。根据以上现象，对梁的变形作以下假设：

梁变形后，横截面仍保持为平面，且垂直于变形后的轴线。这就是梁纯弯曲的平面假设。各纵向线代表纵向纤维，变形后有的伸长，有的缩短，但其间距不变，因此还可假设各纵向纤维之间无挤压，它们只受简单的拉伸或压缩。

根据上述观察到的现象和假设，可推想到：从凸侧纤维的伸长过渡到凹侧纤维的缩短，由于材料和变形的连续性，其间必有一层既不伸长也不缩短的纵向纤维层，称为中性层。中性层与横截面的交线称为中性轴，如图9.2（c）所示，梁弯曲时横截面绕中性轴旋转。在平面弯曲中，中性轴与荷载作用的纵向对称面垂直。

除此之外还可推断：梁变形后，横截面仍垂直于轴线，梁侧面上的矩形，在纵向线伸长区，梁的宽度减小，在纵向线缩短区，梁的宽度增大。

1. 几何关系

用截面 $m-m$，$n-n$ 从梁中取出长为 dx 的微段来研究，如图9.2（a）所示，取截面对称轴为 y，中性轴为 z，梁的轴线为 x。梁弯曲后，截面 $m-m$，$n-n$ 绕中性轴相对转动，其转角为 $d\varphi$，中性层变为弧线 O_1O_2，其曲率半径为 ρ，如图9.2（b）所示，现分析距中性层为 y 的纵向纤维 bb 的变形。

变形前 $bb = \overline{O_1O_2} = \rho d\varphi$；变形后 $b'b' = (\rho+y)d\varphi$

因此 bb 纤维的线应变为

$$\varepsilon \frac{(\rho+y)d\varphi - bb}{bb} = \frac{(\rho+y)d\varphi - \rho d\varphi}{\rho d\varphi} = \frac{y}{\rho} \tag{1}$$

当梁内各截面的弯矩一定时，中性层曲率半径 ρ 为常量。所以式（1）表明纵向纤维的线应变 ε 与其到中性层的距离 y 成正比。

2. 物理关系

考虑变形是弹性的，应力-应变成线性关系，纵向纤维只是受简单的拉伸（或压缩）作用，所以，横截面上只有正应力。当正应力不超过材料的比例极限时，由胡克定律知

$$\sigma = E\varepsilon = E\frac{y}{\rho} \tag{2}$$

式（2）说明了截面上正应力的分布规律，表明正应力沿截面高度呈线性变化，距中性轴越远，应力值越大，在中性轴处（$y=0$）正应力为零，如图9.3所示。

3. 静力学关系

式（2）只能说明弯曲正应力的分布规律，但还不能由此式来计算应力。这是因为中性轴的位置还不知道，因此 y 和 ρ 均是未知量。为了解决此问题，必须考虑静力平衡条件。

图9.3为梁中截出的一部分，在截面上任取一距 z 轴距离为 y 的微面积 dA，作用在其上的微内力为 σdA，则整个截面上的内力为 $\int_A \sigma dA = 0$

$$\int_A \sigma dA = \int_A E\frac{y}{\rho}dA = \frac{E}{\rho}\int_A ydA = 0$$ 因为 $\frac{E}{\rho}$ 是常量不可能为零，所以要使上式成立，只

能 $\int_A ydA = y_c A = S_z$，称整个横截面对中性轴 z 的静矩；式中 y_c 表示该截面形心的坐标。因

为 $A \neq 0$，要满足 S_z 等于零的条件，必须使 $y_c = 0$。因此直梁纯弯曲时，中性轴 z 必然通

过截面的形心。由于截面的对称轴 y 也必定通过截面的形心，所以截面上所选的坐标原点

O 就是截面的形心。确定中性轴位置的目的就是为了确定点到中性轴的距离 y。

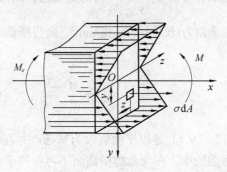

图 9.3

图 9.3 中微面积 dA 上的微内力 σdA 对 z 轴之矩为 $y\sigma dA$，各微内力对 z 轴之矩的总和

组成了横截面上的弯矩 M，即 $M = \int_A y\sigma dA$

将式（2）代入上式得

$$M = \int_A yE\frac{y}{\rho}dA = \frac{E}{\rho}\int_A y^2 dA \tag{3}$$

令 $\int_A y^2 dA = I_z$，它只是与横截面形状和尺寸有关的几何量，称为截面对中性轴 z 的惯

性矩，单位量钢为[长度]^4，常用 mm^4。于是式（3）可写为

$$\frac{1}{\rho} = \frac{M}{EI_z} \tag{9.1}$$

式（9.1）是用曲率 ρ 表示的弯曲变形公式，它表明在指定的截面处，梁轴线的曲率 $\frac{1}{\rho}$ 与

弯矩 M 成比，与 EI_z 成反比。当弯矩一定时，EI_z 愈大，则 $\frac{1}{\rho}$ 愈小，即弯曲程度愈小，故

EI_z 表征梁的材料和截面对弯曲变形的抵抗能力，称为梁的弯曲刚度。

将式（9.1）代入式（2），得纯弯曲时横截面上任一点正应力计算公式为

$$\sigma = \frac{My}{I_z} \tag{9.2}$$

应用式（9.2）时，通常将 M 和 y 代入绝对值，应力是拉还是压，可由该点位于凸侧

或是凹侧直观判定。关于梁的变形即何侧为凸、何侧为凹，可由弯矩的正负来判断，当弯

矩为正时，中性轴上侧凹，下侧凸。

由式（9.2）可知，当 $y = y_{max}$ ，即在横截面上离中性轴最远的边缘处，弯曲正应力最大，其值为

$$\sigma_{max} = \frac{M y_{max}}{I_z} \qquad (9.3)$$

当截面关于中性轴对称时，令 $W_z = \dfrac{I_z}{y_{max}}$ ，它也是只与截面形状和尺寸有关的几何量。称为抗弯截面系数，其单位量钢为[长度]^3，记作 mm^3。则得横截面上最大正应力计算公式为

$$\sigma_{max} = \frac{M}{W_z} \qquad (9.4)$$

式（9.1）、（9.2）、（9.3）、（9.4）是以平面假设为基础，并在纯弯曲的前提下导出的。对于工程上常见的受剪切弯曲的梁，在弯曲时横截面不再保持平面，其上不但有正应力而且还有切应力；同时在与中性层平行的纵截面上还有由横向力引起的挤压应力。虽然如此，但由弹性理论证明，对于剪切弯曲，只要梁比较细长（跨度 l 与截面高度 h 之比 $\dfrac{l}{h} > 5$），纯弯曲下的公式可以足够精确地计算其横截面上的正应力。

9.2 惯性矩、抗弯截面系数

9.2.1 简单截面对形心轴的惯性矩的计算

常见的简单截面有矩形和圆形等，他们的惯性矩可根据 $\int_A y^2 dA = I_z$ 求得。

1. 矩形截面

图 9.4 所示的矩形截面宽为 b，高为 h，其形心轴为 zy，在距 z 轴 y 处取宽为 b，高为 dy 的微面积，于是得

$$I_z = \int_A y^2 dA = \int_{-\frac{h}{2}}^{\frac{h}{2}} y^2 b dy = \frac{bh^3}{12} \qquad (9.5)$$

而其抗弯截面系数为

$$W_z = \frac{I_z}{y_{max}} = \frac{bh^3/12}{h/2} = \frac{bh^2}{6} \qquad (9.6)$$

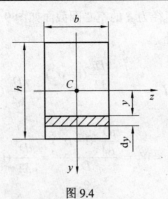

图 9.4

同理可得截面对 y 轴的惯性矩与抗弯截面系数为

$$I_y = \frac{hb^3}{12}, W_y = \frac{hb^2}{6} , \text{ 令 } i_z = \sqrt{\frac{I_z}{A}} , i_z \text{ 称为截面对 } z \text{ 轴的惯性半径，单位为长度单位，}$$

常用 mm。截面图形对形心轴 z 的惯性矩也可由 $I_z = i_z^2 A$ 来求得，矩形截面的 $i_z = \frac{h}{\sqrt{12}}$。

2. 圆形截面

图 9.5 所示的圆形截面，直径为 d，形心轴为 zy，取微面积为 dA，其坐标为 y 和 z，距圆心的距离为 ρ，圆形截面对形心的极惯性矩 $I_P = \frac{\pi d^4}{32}$，因为 $\rho^2 = y^2 + z^2$，所以

$$I_P = \int_A \rho^2 dA = \int_A (y^2 + z^2)dA = \int_A y^2 dA + \int_A z^2 dA = I_z + I_y$$

对于圆截面 $I_z = I_y$，于是可得

$$I_z = I_y = \frac{\pi d^4}{64} \tag{9.7}$$

其抗弯截面系数为

$$W_z = W_y = \frac{\frac{\pi d^4}{64}}{\frac{d}{2}} = \frac{\pi d^3}{32} \tag{9.8}$$

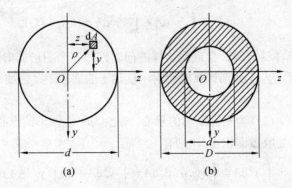

(a)　　　　　(b)

图 9.5

　　同理，可得外径为 D，内径为 d 的空心圆截面如图 9.5（b）所示，对形心轴 y 和 z 的惯性矩和抗弯截面系数分别为

$$I_z = I_y = \frac{I_P}{2} = \frac{\dfrac{\pi D^4}{32}(1-\alpha^4)}{2} = \frac{\pi D^4}{64}(1-\alpha^4)$$

$$W_z = W_y = \frac{\dfrac{\pi D^4}{64}(1-\alpha^4)}{\dfrac{D}{2}} = \frac{\pi D^3}{32}(1-\alpha^4)$$

式中 $\alpha = \dfrac{d}{D}$

　　其他简单截面和型钢的惯性矩、抗弯截面系数可查阅附表格及有关的工程手册。

9.2.2　组合截面惯性矩的计算

　　在工程实际中，常会遇到一些形状比较复杂的截面如图 9.6 所示。这些截面可以看成是由几个简单截面或型钢等组合而成，即所谓组合截面。

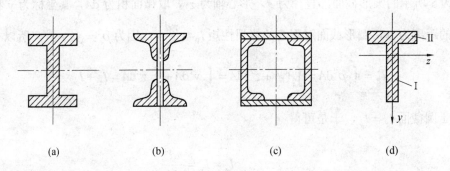

(a)　　　　　　　　(b)　　　　　　　　(c)　　　　　　　　(d)

图 9.6

　　根据惯性矩的定义，组合截面对某一轴的惯性矩等于其各个组成部分（即简单图形）对同一轴的惯性矩之和。如图 9.6 (d) 所示的 T 形截面，可将其分成两个矩形部分Ⅰ和Ⅱ，整个截面对 z 轴的惯性矩 I_z 应为这两个矩形部分对 z 轴的惯性矩之和，即

$$I_z = \int_{AⅠ} y^2 \mathrm{d}A + \int_{AⅡ} y^2 \mathrm{d}A = (I_z)_Ⅰ + (I_z)_Ⅱ \tag{1}$$

　　在应用上式具体计算时，会遇到这样的问题，即整个图形的中性轴 z 并不通过这两个矩形的形心。这时，为了分别计算它们对中性轴 z 的惯性矩，需要引入下述的平行移轴定理。

　　在图 9.7 中，设 C 点为平面图形的形心，$y_C z_C$ 为平面图形的形心轴，y 轴平行于 y_C 轴。在任一点（y，z）处取微面积 $\mathrm{d}A$，则有

$$I_z = \int_A y^2 \mathrm{d}A = \int_A (y_C + a)^2 \mathrm{d}A = \int_A y_C^2 \mathrm{d}A + 2a \int_A y_C \mathrm{d}A + a^2 \int_A \mathrm{d}A$$

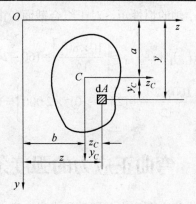

图 9.7

由于 z_c 轴通过形心，故

$$\int_A y_C \, dA = S_z = y_C A = 0, \quad I_{zC} = \int_A y_C^2 \, dA \quad A = \int_A dA$$

所以上式可写为

$$I_z = I_{zC} + a^2 A \tag{9.9a}$$

$$I_y = I_{yC} + b^2 A \tag{9.9b}$$

式（9.9）说明：横截面对某轴的惯性矩，等于截面对与该轴平行的形心轴的惯性矩，加上两轴距离的平方与面积的乘积。

由式（9.9）可以看出，截面对诸平行轴的惯性矩中，以对形心轴的惯性矩最小。

例 9.1　有一 T 型截面，尺寸如图 9.8 所示，长度单位为 mm。求它对其形心轴 z_C 的惯性矩。

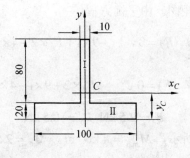

图 9.8

解：（1）求形心的位置。

为此选一参考轴 z，再将截面分成 I、II 两部分，由静矩定义和静力学关系知

$$y_C / \text{mm} = \frac{S_z}{A} = \frac{A_1 y_{C1} + A_2 y_{C2}}{A_1 + A_2} = \frac{80 \times 10 \times 60 + 100 \times 20 \times 10}{80 \times 10 + 100 \times 20} = 24.3$$

（2）计算 T 型截面对 z_C 轴的惯性矩，对于组合截面，由式（1）和式（9.9）可得

$$I_{zC}/\text{mm}^4 = (I_{zC})_{\text{I}} + (I_{zC})_{\text{II}} = \left[\frac{10 \times 80^3}{12} + (60 - 24.3)^2 \times 800\right] +$$

$$\left[\frac{100 \times 20^3}{12} + (24.3 - 10)^2 \times 2\,000\right] = 193 \times 10^4$$

9.3 弯曲正应力的强度条件

对于细长梁，弯曲正应力为主要应力。通常梁内最大弯曲正应力 $\sigma_{\max}$ 不超过材料的许用应力 $[\sigma]$，就可保证安全，由此可得梁弯曲时的正应力强度条件为：

截面相对中性轴对称的梁 $\qquad \sigma_{\max} = \dfrac{M}{W_z} < [\sigma]$ $\qquad\qquad$ （9.10）

截面相对中性轴不对称的梁 $\qquad \sigma_{\max} = \dfrac{My}{I_z} < [\sigma]$ $\qquad\qquad$ （9.11）

对于等截面梁，$\sigma_{\max}$ 发生在具有最大弯矩 $M_{\max}$ 的截面上，且离中性轴最远的各点处，这些点称为危险点。对于变截面梁，$\sigma_{\max}$ 不一定发生在弯矩最大的截面上，需进行计算比较。

用 $[\sigma_t]$ 表示许用拉应力，$[\sigma_c]$ 表示许用压应力，对于塑性材料：$[\sigma_t] = [\sigma_c] = [\sigma]$；对于脆性材料：$[\sigma_t] \neq [\sigma_c]$，且 $[\sigma_t] < [\sigma_c]$，计算时应分别考虑。

梁正应力强度条件也可用来解决强度校核，截面设计和确定许可荷载这三类问题。现举例说明。

例 9.2 T 型截面的铸铁梁如图 9.9（a）所示，铸铁的许用拉应力 $[\sigma_t] = 30\,\text{MPa}$，许用压应力 $[\sigma_c] = 60\,\text{MPa}$，T 型截面尺寸如图 9.9（b）所示。试校核梁的强度。

解：（1）求反力并绘弯矩图。由平衡方程

$$\sum M_A(F) = 0, \qquad -9 \times 1 + F_B \times 2 - 4 \times 3 = 0$$

$$\sum M_D(F) = 0, \qquad -F_A \times 2 + 9 \times 1 - 4 \times 1 = 0$$

解得 $\qquad\qquad F_A = 2.5\,\text{kN}, \ F_B = 10.5\,\text{kN}$

绘弯矩图如图 9.9（c）所示，$M_{\max} = 4\,\text{kN·m}$，$M_C = 2.5\,\text{kN·m}$。

（2）确定截面形心位置，计算惯性矩 I_z

选 z 为参考轴

$$y_C/\text{mm} = \frac{120 \times 20 \times (60 + 10)}{80 \times 20 + 120 \times 20} = 42$$

上下边缘距中性轴的距离为

$$y_1 = 52\,\text{mm}, \ y_2 = 88\,\text{mm}$$

惯性矩

$$I_{zC}/\text{mm}^4 = \frac{80 \times 20^3}{12} + 80 \times 20 \times 42^2 + \frac{20 \times 120^3}{12} + 120 \times 20 \times (88-60)^2 = 763 \times 10^4$$

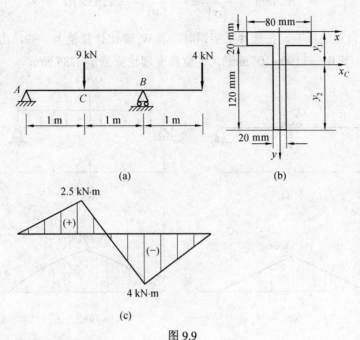

图 9.9

（3）校核梁的强度

由于此梁横截面相对中性轴是非对称的，材料的抗拉、压强度又不同，所以对梁的最大拉应力和最大压应力均应校核。由于截面上的最大拉应力和最大压应力随弯矩的符号而变化，因此危险截面可能是最大正弯矩或最大负弯矩所在的截面。拉应力和压应力的危险点可根据两截面的弯矩数值和边缘点距中性轴的距离确定。

例如 B 截面 $M_B = -4\,\text{kN}\cdot\text{m}$，$B$ 截面上拉下压；C 截面 $M_C = 2.5\,\text{kN}\cdot\text{m}$，$C$ 截面上压下拉，通过对此分析可以确定压应力的危险点一定是在 B 截面下边缘，而拉应力的危险点可能是在 B 截面的上边缘，也可能是在 C 截面的下边缘。这样就需对以上三点进行强度校核。

B 截面：
$$\sigma_t/\text{MPa} = \frac{M_B y_1}{I_z} = \frac{4 \times 10^6 \times 52}{736 \times 10^4} = 27.2 < [\sigma_t]$$

$$\sigma_c/\text{MPa} = \frac{M_B y_2}{I_z} = \frac{4 \times 10^6 \times 88}{736 \times 10^4} = 46.2 < [\sigma_c]$$

C 截面：
$$\sigma_t/\text{MPa} = \frac{M_C y_2}{I_z} = \frac{2.5 \times 10^6 \times 88}{736 \times 10^4} = 28.8 < [\sigma_t]$$

故该梁的强度足够。

例 9.3 电葫芦吊起重物时，在桥式起重机的横梁上移动，如图 9.10（a）所示。

解：（1）先不考虑梁的自重，电葫芦移到梁的中央时，梁最危险，弯矩图如图 9.10（b）所示。

$$M_{\max}/(\text{kN}\cdot\text{m}) = \frac{G_1 + G_2}{2} \times \frac{l}{2} = \frac{60+8}{4} \times 9.5 = 161.5$$

梁的抗弯截面系数为

$$W_z / \text{mm}^3 \geqslant \frac{M_{\max}}{[\sigma]} = \frac{161.5 \times 10^6}{140} = 1153 \times 10^3$$

考虑梁的自重的影响，在选择工字钢时，其 W_z 要比计算稍大一些，由型钢表中查得 40c 号工字钢，其 $W_z = 1190 \times 10^3 \ \text{mm}^3$，单位长度理论重量 $q = 785 \ \text{N/m}$。

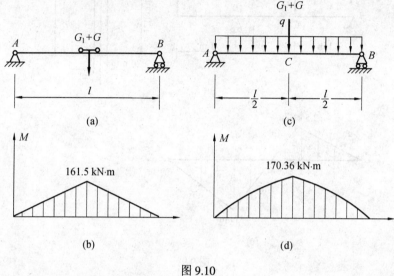

图 9.10

（2）考虑梁的自重时，校核梁的强度

将梁的自重按均布荷载 q 加在梁上，如图 9.10（c）所示，弯矩图如图 9.10（d）所示，最大弯矩为 $M_{\max} / (\text{kN} \cdot \text{m}) = \dfrac{G_1 + G_2}{2} l + \dfrac{ql^2}{8} = 161.5 + \dfrac{1}{8} \times 0.785 \times 9.5^2 = 170.36$

校核梁的强度 $\sigma_{\max} / \text{MPa} = \dfrac{M_{\max}}{W_z} = \dfrac{170.36 \times 10^6}{1190 \times 10^3} = 143.2 > [\sigma]$

虽然 $\sigma_{\max} > [\sigma]$，但是相对误差 $\dfrac{\sigma_{\max} - [\sigma]}{[\sigma]} = \dfrac{3.2}{140} = 2.3\% < 5\%$，工程上仍认为梁是安全的，所以可选 40c 工字钢。

9.4 提高梁弯曲强度的措施

通过前面对弯曲强度的研究和分析可知，梁的承载能力主要取决于正应力，所以下面从正应力强度条件来分析提高梁弯曲强度的措施。由 $\sigma_{\max} = \dfrac{M_{\max}}{W_z} \leqslant [\sigma]$ 可知，要提高梁的强度，即设法降低最大工作应力 $\sigma_{\max}$ 的值。为此应从增大 W_z 和降低 M 两方面着手。

1. 选用合理的截面形状

根据弯曲正应力强度条件，$\sigma_{\max}$ 与梁可承受的最大弯矩 $M_{\max}$ 成正比，与抗弯截面系数 W_z 成反比。因此，合理的截面形状应使截面面积较小而抗弯截面系数较大，即应使抗弯截

面系数 W_z 与截面面积的比值 A 尽量大。例如对于截面高度 h 大于宽度 b 的矩形截面梁，垂直平面内发生弯曲变形时，若把截面竖放如图 9.11 所示，则 $W_z = \dfrac{bh^2}{6}$；若把截面平放，则 $W_z = \dfrac{hb^2}{6}$。两者之比是 $\dfrac{W_{z1}}{W_{z2}} = \dfrac{h}{b} > 1$。所以，竖放比平放更为合理。

由弯曲正应力沿截面高度呈线性分布，可知离中性轴愈远，正应力愈大，而靠近中性轴处应力很小。这表明只有离中性轴较远的材料才能得到充分利用，为此应尽可能将中性轴附近的材料移到离中性轴较远的地方，例如将矩形截面改为工字形截面，如图 9.12 所示。

在工程中，为了便于比较，常用 W/A 来比较截面的合理性与经济性，下表列出了几种常见截面形状的 W/A 值，以供参考。

表 9.1 几种常见截面形状的 W/A 值

截面形状	矩形	圆形	圆环形	槽钢	工字钢
W/A	$0.167h$	$0.125d$	$0.205D$	$(0.27-0.31)h$	$(0.27-0.31)h$

选择合理截面形状时，还应考虑到材料的特性。如对于 $[\sigma_t] = [\sigma_c]$ 的塑性材料，应选用相对于中性轴对称的截面；对于 $[\sigma_t] < [\sigma_c]$ 的脆性材料，应选用相对于中性轴不对称的截面，且中性轴应偏向受拉的一边，并使各自的工作应力接近于其许用应力，这样才能充分发挥材料的潜能。

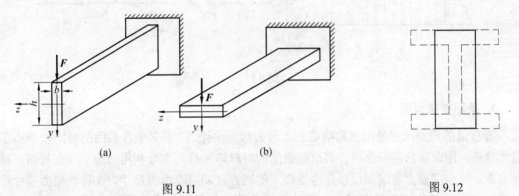

图 9.11　　　　　　　　　　　　　　　　图 9.12

2. 合理布置支座和荷载

合理布置支座和荷载的目的是为了减小最大弯矩。如图 9.13 所示受集中力作用的简支梁，若使荷载尽量靠近一边的支座，则梁的最大弯矩值比荷载作用在跨度中间时小的多，设计齿轮传动时，尽量将齿轮安排得靠近轴承（支座），就是为了减小弯矩，从而使轴的尺寸减小。

又如图 9.14（a）所示受均布荷载作用的简支梁，其最大弯矩 $M_{max} = \dfrac{1}{8}ql^2$。若将两端支座向里移动 $0.2l$，则 $M_{max} = \dfrac{1}{40}ql^2$ 如图 9.14（b）所示，只有前者的 $\dfrac{1}{5}$。因此，梁截面的尺寸也可相应减小，卧式压力容器的支撑点向中间移动一段距离，就是这个道理。

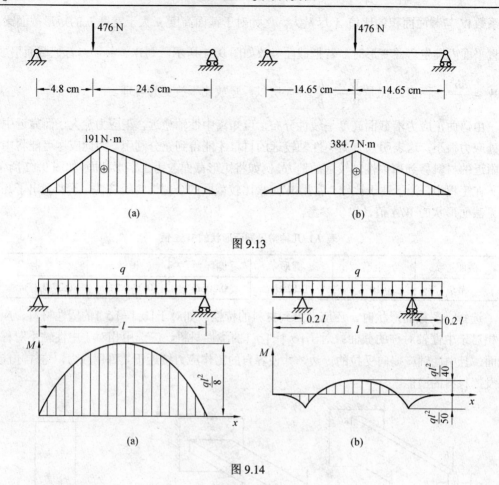

图 9.13

图 9.14

3. 采用变截面梁

等直梁的截面尺寸是根据危险截面上最大弯矩设计的，而其他各截面的弯矩值都小于最大弯矩。因此除危险截面外，其余各截面的材料均未得到充分利用。为了节省材料，减轻自重，从强度观点考虑，可以在弯矩较大的地方，采用较小的尺寸。这种横截面尺寸沿着轴线变化的梁称为变截面梁。当梁的各横截面上的最大正应力均等于材料的许用应力时，该变截面梁就称为等强度梁。若梁的截面沿轴线连续变化时，可用弯曲正应力强度条件计算，即

$$\sigma_{max} = \frac{M(x)}{W(x)} \leqslant [\sigma] \tag{9.12}$$

式中　　$M(x)$——梁内任一横截面上的弯矩；

　　　　$W(x)$——梁内任一横截面的抗弯截面系数。

由于结构和工艺原因，应用理想的等强度梁是有困难的，但接近于等强度的构件是比较常见的，如图 9.15 所示的齿轮的轮齿，汽机的阶梯轴，汽车的板簧及钢筋混凝土电杆等。

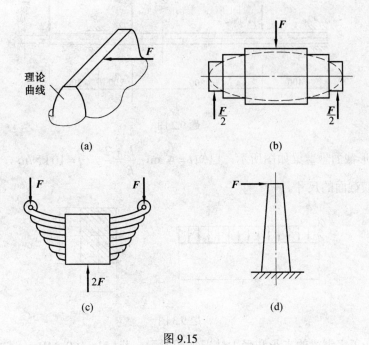

图 9.15

习　题

9.1　简支梁承受均布荷载如图所示。若分别采用截面面积相等的实心和空心圆截面，且 $D_1=40$ mm，$\dfrac{d_2}{D_2}=\dfrac{3}{5}$，试分别计算它们的最大正应力。并问空心截面比实心截面的最大正应力减小了百分之几?

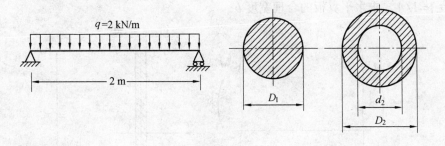

题 9.1 图

9.2　某圆轴的外伸部分系空心圆截面，荷载情况如图所示。试作该轴的弯矩图，并求轴内的最大正应力。

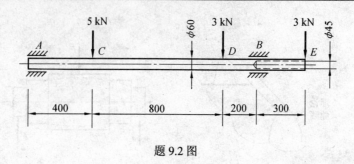

题 9.2 图

9.3　矩形截面悬臂梁如图所示，已知 $l = 4$ m，$\dfrac{b}{h} = \dfrac{2}{3}$，$q = 10$ kN/m，$[\sigma] = 10$ MPa。试确定此梁横截面的尺寸。

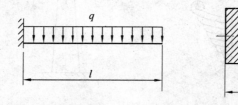

题 9.3 图

9.4　20a 工字钢梁的支承和受力情况如图所示。若 $[\sigma] = 160$ MPa，试求许可荷载 F。

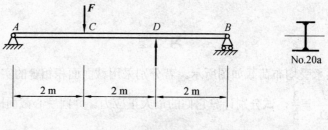

题 9.4 图

9.5　图示为一承受纯弯曲的铸铁梁，其截面为 T 形，材料的拉伸和压缩许用应力之比 $[\sigma_t]/[\sigma_c] = 1/4$。求水平翼板的合理宽度 b。

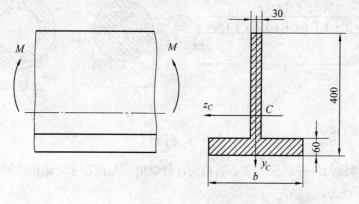

题 9.5 图

9.6 "⊥"型截面铸铁悬臂梁，尺寸及荷载如图所示，长度单位为 mm。若材料的拉伸许用应力 $[\sigma_t]=40$ MPa，压缩许用应力 $[\sigma_c]=160$ MPa，截面对形心轴 z_C 的惯性矩 $I_{zC}=10\,180$ cm^4，$h_1=9.64$ cm，试计算该梁的许可荷载 F。

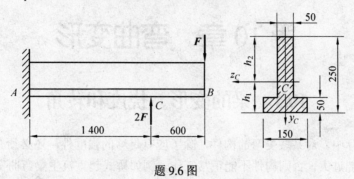

题 9.6 图

9.7 截面为正方形的梁按图示两种方式放置。试问哪种方式比较合理？

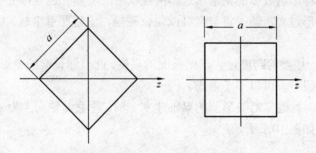

题 9.7 图

9.8 在 No.18 工字梁上作用着可移动的荷载 F。为提高梁的承载能力，试确定 a 和 b 的合理数值及相应的许可荷载。设 $[\sigma]=160$ MPa。

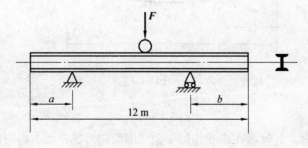

题 9.8 图

第 10 章　弯曲变形

10.1　梁的变形、挠度和转角

在工程实际中，对某些受弯的构件，除了应有足够的强度外，还必须有足够的刚度，即弯曲变形不能过大，否则构件不能正常工作。例如桥式起重机主梁弯曲变形过大，就会使梁上小车行走困难，出现爬坡现象，甚至引起梁的振动，破坏工作的稳定性；输液管道若弯曲变形过大，将影响液体的正常输送，出现积液沉淀和管道连接处的不密封现象；汽轮机的主轴弯曲变形过大，转子将与汽缸或隔板碰撞，引起严重事故。因此，需进一步研究梁的变形。

工程实际中，一般梁的跨度远大于横截面的高度，此类细长梁的变形主要由弯矩引起，剪力对变形的影响很小，可以不予考虑。

在研究梁变形时，通常沿变形前的梁轴建立 x 轴，垂直 x 轴向上为 w 轴，并将坐标原点取在梁的左端，如图 10.1 所示。

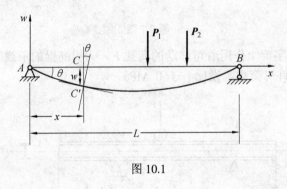

图 10.1

1. 挠曲线

梁在平面弯曲时，其轴线在荷载作用平面（即纵向对称平面）内弯成了一条光滑连续的平面曲线，该曲线称为挠曲线。

2. 挠度和转角

在梁上任意点取一截面研究，梁变形后该截面形心 C 移至点 C'，截面形心在垂直于轴线方向上的线位移 $\overline{CC'}$（忽略形心沿移轴线方向上的微小位移），称为该截面的挠度，用 w 表示，单位为 m 或 mm。

梁在发生弯曲变形时，横截面绕中性轴转过的角度称为该截面的转角，用 θ 表示，单位为 rad。在图 10.1 所示坐标系中，以向上的 w 和逆时针转向的 θ 为正，反之为负。根据平面假设，变形后的横截面仍垂直于挠曲线，所以转角 θ 是挠曲线的法线与 y 轴的夹角。

挠度和转角是度量梁变形的两个基本量，求梁的变形就是求挠度和转角。

3. 挠度和转角之间的关系

由图 10.1 可看出，各截面的挠度 w 随截面的位置 x 变化，它是 x 的连续函数，即

$$w = f(x)$$

上式即为挠曲线方程，由微分学可知，过曲线上任一点 C' 的切线与 x 轴的夹角的正切，等于曲线在 C' 的斜率，即

$$\tan \theta = \frac{\mathrm{d}w}{\mathrm{d}x} = f'(x)$$

在实际问题中，由于转角 θ 是一个很微小的角度，因此

$$\theta \approx \tan \theta = \frac{\mathrm{d}w}{\mathrm{d}x} = f'(x) \tag{10.1}$$

上式表明，梁上任一截面的转角 θ 等于该截面的挠度 w 对截面位置坐标 x 的一阶导数。计算梁变形的方法很多，下面介绍积分法和叠加法。

10.2　挠曲线的近似微分方程及其积分

1. 梁的挠曲线近似微分方程

由上面所述可知建立挠曲线方程 $w = f(x)$ 是计算梁变形的关键。在建立纯弯曲正应力公式时曾得到中性层的曲率，也即挠曲线的曲率为

$$\frac{1}{\rho} = \frac{M}{EI_z}$$

对于横力弯曲，当梁的跨度大于截面高度 h 的 5 倍时，剪力 F_s 对弯曲变形的影响很小，可忽略不计。纯弯曲下的公式可推广使用。考虑到 M、ρ 均为 x 的函数，并将 I_z 写成 I，则横力弯曲对挠曲线上各点的曲率为

$$\frac{1}{\rho(x)} = \frac{M(x)}{EI} \tag{1}$$

由高等数学知，平面曲线 $w = f(x)$ 上任一点的曲率为

$$\frac{1}{\rho(x)} = \frac{\dfrac{\mathrm{d}^2 w}{\mathrm{d}x^2}}{\left[1 + \left(\dfrac{\mathrm{d}w}{\mathrm{d}x} \right)^2 \right]^{3/2}}$$

因为梁的变形很小，挠曲线是一条极其平坦的曲线。$\dfrac{\mathrm{d}w}{\mathrm{d}x}$ 是一很小量，上式分母中的 $\left(\dfrac{\mathrm{d}w}{\mathrm{d}x} \right)^2$ 与 1 相比可忽略不计，故上式可简化为

$$\frac{1}{\rho(x)} = \pm\frac{\mathrm{d}^2 w}{\mathrm{d}x^2} \qquad (2)$$

将式（2）代入式（1）得

$$\pm\frac{\mathrm{d}^2 w}{\mathrm{d}x^2} = \frac{M(x)}{EI} \qquad (10.2)$$

上式称为挠曲线的近似微分方程，虽然在公式简化时忽略了 $\left(\dfrac{\mathrm{d}w}{\mathrm{d}x}\right)^2$ 项，但实践证明该式的计算结果仍可满足工程的要求。在选定的坐标系中（y 轴向上为正），若弯矩为正，则挠曲线向下凸，反之，若弯矩为负，则挠曲线向上凸，如图 10.2 所示。所以挠曲线近似微分方程为

$$\frac{\mathrm{d}^2 w}{\mathrm{d}x^2} = \frac{M(x)}{EI} \qquad (10.3)$$

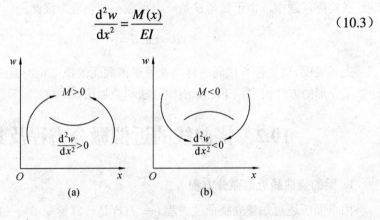

图 10.2

10.3　用积分法求梁的变形

将式（10.3）连续积分，分别得

$$\theta = \frac{\mathrm{d}w}{\mathrm{d}x} = \int\frac{M(x)}{EI}\mathrm{d}x + C, \quad w = \int\left[\int\frac{M(x)}{EI}\mathrm{d}x\right]\mathrm{d}x + Cx + D \qquad (10.4)$$

应用上式时应注意，弯矩方程需分段建立时，则应分段积分。

对于等截面直梁，上式可改写为

$$EI\theta = \int M(x)\mathrm{d}x + C, \quad EIw = \iint M(x)\mathrm{d}x\mathrm{d}x + Cx + D \qquad (10.5)$$

式中积分常数 C、D 可由边界条件和连续条件确定。边界条件是梁上约束处的已知变形；由于梁的挠曲线是一条连续光滑的平面曲线，因此，在挠曲线上任一点处（如弯矩方程的分界处，变截面处），左右两截面的转角和挠度应分别相等而且是唯一的，这就是连续条件。

例 10.1　图 10.3 为汽轮机叶片的受力简图，叶片受集度为 q 的均布蒸汽压力作用。试求叶片的最大转角和最大挠度。

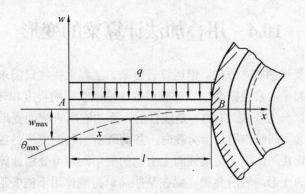

图 10.3

解：（1）列挠曲线近似微分方解程并积分

建立如图所示坐标系，其弯矩方程为

$$M(x) = -\frac{q}{2}x^2 \qquad (0 \leqslant x \leqslant l)$$

将 $M(x)$ 代入式(10.3)连续积分，分别得

$$EI\theta = \int -\frac{q}{2}x^2 \mathrm{d}x + C = -\frac{q}{6}x^3 + C \tag{1}$$

$$EIw = \int -\frac{q}{6}x^3 \mathrm{d}x + Cx + D = -\frac{q}{24}x^4 + Cx + D \tag{2}$$

（2）确定积分常数

由于 B 截面可看作固定端，故其边界条件为：$x = l$ 时，$\theta_B = 0$，$w_B = 0$

代入式（1）、（2）得

$$C = \frac{ql^3}{6}, D = -\frac{ql^4}{8}$$

（3）建立转角方程和挠度方程

将积分常数 C 和 D 代入式(a)、(b)，便得转角方程和挠度方程分别为

$$\theta = \frac{1}{EI}\left(-\frac{qx^3}{6} + \frac{ql^3}{6}\right) \tag{3}$$

$$w = \frac{1}{EI}\left(-\frac{qx^4}{24} + \frac{ql}{6}x^3 - \frac{ql^4}{8}\right) \tag{4}$$

（4）求 $\theta_{\max}$ 和 $w_{\max}$

根据叶片的受力情况可知，自由端 A 处梁的转角和挠度均为最大值，将 $x = 0$ 代入式（5）和式（4）得

$$\theta_{\max} = \theta_A = \frac{ql^3}{6EI}, \quad w_{\max} = w_A = -\frac{ql^4}{8EI}$$

10.4　用叠加法计算梁的变形

积分法是求梁变形的基本方法。但运算较复杂，工程上往往只需求某些特定截面的挠度和转角。为方便起见，常根据叠加原理应用叠加法来求梁的挠度和转角。

由于挠曲线的微分方程式（10.3）是线性的，而由它所求解的变形与各荷载也呈线性关系。所以说，当梁上同时作用几个荷载时，各荷载所引起的变形是各自独立的，互不影响。若计算几个荷载共同作用下在某截面上引起的变形，则可分别计算各个荷载单独作用下在该截面上引起的变形，然后叠加。梁在某些简单荷载作用下的变形，见表 10.1。

表 10.1 梁在简单荷载作用下的挠度和转角

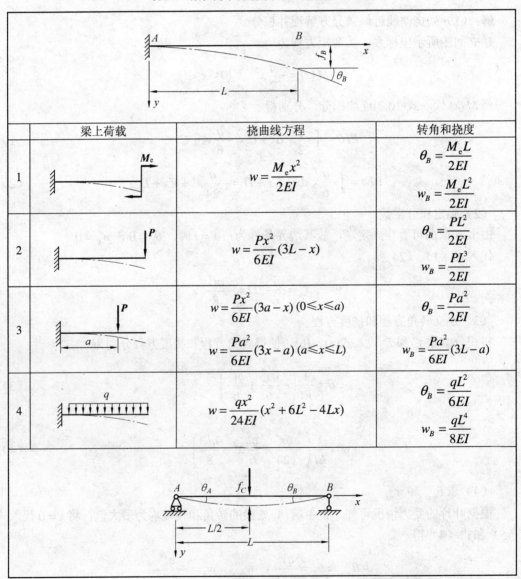

	梁上荷载	挠曲线方程	转角和挠度
1	M_e	$w = \dfrac{M_e x^2}{2EI}$	$\theta_B = \dfrac{M_e L}{2EI}$ $w_B = \dfrac{M_e L^2}{2EI}$
2	P	$w = \dfrac{Px^2}{6EI}(3L - x)$	$\theta_B = \dfrac{PL^2}{2EI}$ $w_B = \dfrac{PL^3}{2EI}$
3	P, a	$w = \dfrac{Px^2}{6EI}(3a - x)\ (0 \leqslant x \leqslant a)$ $w = \dfrac{Pa^2}{6EI}(3x - a)\ (a \leqslant x \leqslant L)$	$\theta_B = \dfrac{Pa^2}{2EI}$ $w_B = \dfrac{Pa^2}{6EI}(3L - a)$
4	q	$w = \dfrac{qx^2}{24EI}(x^2 + 6L^2 - 4Lx)$	$\theta_B = \dfrac{qL^2}{6EI}$ $w_B = \dfrac{qL^4}{8EI}$

续表 10.1

	梁上荷载	挠曲线方程	转角和挠度
5	M_{eA}	$w = \dfrac{M_{eA}l^2}{6EIL}(1 - \dfrac{x}{L}) \times (2\dfrac{x}{L} - \dfrac{x^2}{L^2})$	$\theta_A = \dfrac{M_{eA}L}{3EI}$ $\theta_B = \dfrac{M_{eA}L}{6EI}$ $w_C = \dfrac{M_{eA}L^2}{16EI}$
6	M_{eB}	$w = \dfrac{M_{eB}l^2}{6EIL}(\dfrac{x}{L} - \dfrac{x^3}{l^3})$	$\theta_A = \dfrac{M_{eB}L}{6EI}$ $\theta_B = -\dfrac{M_{eB}L}{3EI}$ $w_C = \dfrac{M_{eB}L^2}{16EI}$
7	q	$w = \dfrac{qx}{24EI}(L^3 - 2Lx^2 + x^3)$	$\theta_A = \dfrac{qL^3}{24EI}$ $\theta_B = -\dfrac{qL^3}{24EI}$ $w_C = \dfrac{5qL^4}{384EI}$
8	P $L/2 \quad L/2$	$w = \dfrac{Px}{48EI}(3L^3 - 4x^2) \quad (0 \le x \le \dfrac{L}{2})$	$\theta_A = \dfrac{qL^2}{16EI}$ $\theta_B = -\dfrac{qL^2}{16EI}$ $w_C = \dfrac{PL^3}{48EI}$
9	P $a \quad b$	$w = \dfrac{Pbx}{6EIL}(L^2 - x^2 - b^2)$ $(0 \le x \le a)$ $w = \dfrac{Pb}{6EIL}[\dfrac{L}{b}(x-a)^3 + (L^2 - b^2)x - x^3]$ $(a \le x \le L)$	$\theta_A = \dfrac{Pab(L+b)^2}{6EIL}$ $\theta_B = -\dfrac{Pab(L+a)}{6EIL}$ $w_C = \dfrac{Pb(3L^3 - 4b^2)}{48EI}$ (当 $a \ge b$ 时)
10	M_e $a \quad b$	$w = \dfrac{M_e}{6EIL}[x(L^2 - 3b^2) - x^3]$ (当 $0 \le x \le a$ 时) $w = \dfrac{M_e}{6EIL}[3(x-a)^2 L + x(L^2 - 3b^2) - x^3]$ (当 $a \le x \le L$ 时)	$\theta_B = \dfrac{M_e}{2EIL}(\dfrac{L^2}{3} - a^2)$ $\theta_A = \dfrac{M_e}{2EIL}(\dfrac{L^2}{3} - b^2)$

注：f —沿 y 方向挠度；w—沿 y 方向的挠度方程；$\theta_A = w'(0)$ —梁左端处的转角；

$\theta_B = w'(L)$ —梁右端处的转角；$w_B = w(L)$ —梁右端处的挠度；$w_C = w(\dfrac{L}{2})$ —梁的中点挠度

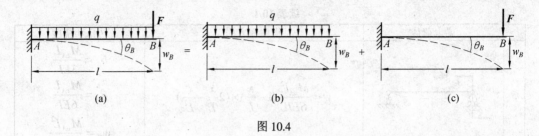

图 10.4

例 10.2   图 10.4（a）所示悬臂梁 *AB* 同时承受集中力 *F* 和均布荷载 *q* 的作用。试用叠加法求梁自由端 *B* 处的挠度 w_B、θ_B，设梁的截面抗弯刚度 *EI* 为常数。

解：（1）荷载分解

将悬臂梁上的荷载分解为图 10.4（b）、（c）所示单一荷载的情况。

（2）查变形表

对于图 10.4（b），由表 10.1 查得均布荷载引起 *B* 端的转角和挠度分别为

$$\theta_{Bq} = -\frac{ql^3}{6EI}, \quad w_{Bq} = -\frac{ql^4}{8EI}$$

对于图 10.4（c），由表 10.1 查得集中力引起 *B* 端的转角和挠度分别为

$$\theta_{BF} = -\frac{Fl^2}{2EI}, \quad w_{BF} = -\frac{Fl^3}{3EI}$$

（3）变形叠加

上述两种荷载同时作用时，在 *B* 端引起的总转角和挠度分别为

$$\theta_B = \theta_{BF} + \theta_{Bq} = -\frac{Fl^2}{2EI} - \frac{ql^3}{6EI}$$

$$w_B = w_{BF} + w_{Bq} = -\frac{Fl^3}{3EI} - \frac{ql^4}{8EI}$$

梁的刚度校核可参阅有关手册。

10.5 超静定梁

1. 超静定梁的概念

前面讨论的是静定梁，这种梁的约束反力仅凭静力平衡条件就能确定。在工程上，为了提高梁的强度和刚度，或因构造上的需要，除了维持平衡所必需的约束外，往往可能再增加一个或多个约束，这时梁的反力仅凭静力平衡方程无法全部确定。如图 10.5（a）所示的电机转轴，当考虑其弯曲变形时，可简化为图 10.5（b）所示的梁。此梁共有三个约束反力，但只能列出两个静力平衡方程。再如图 10.6（a）所示电杆上的木横担，可简化为图 10.6（b）所示的梁。

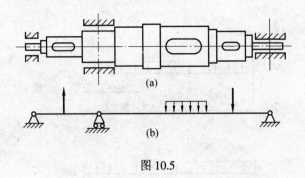

图 10.5

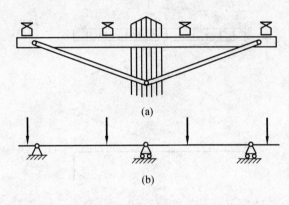

图 10.6

它的支反力个数也多于静力平衡方程的个数。由于约束反力的数目多于静力平衡方程的数目，因而仅由静力平衡方程无法求得全部支反力的梁，称为超静定梁（或静不定梁）。那些由于维持梁平衡所必需的约束，习惯上称为多余约束；与其相应的约束反力或反力偶，称为多余反力。而未知反力的数目与独立静力平衡方程数目的差数，称为超静定次数。解梁的超静定问题与解拉、压超静定问题一样，需要利用变形协调条件和力与变形间的物理关系，建立补充方程，然后与平衡方程联立求解。支座的约束反力求得后，其余的计算与静定梁并无区别。

2. 用变形比较法解超静定梁

图 10.7（a）所示的梁为一次静定梁，若将支座 B 作为多余约束，设想将它去掉，而以未知的约束反力 F_B 代替，这时，AB 梁在形式上相当于受均布荷载 q 和未知反力 F_B 作用的静定梁如图 10.7（b）所示，这种形式上的静定梁称为基本静定梁（简称基本梁）。

在均布荷载 q 和未知反力 F_B 作用下梁的变形如图 10.7（c）、（d）所示，该超静定梁的弯矩图如图 10.7（e）所示。

变形协调条件为

$$w_B = w_{BF} + w_{Bq} = 0 \tag{1}$$

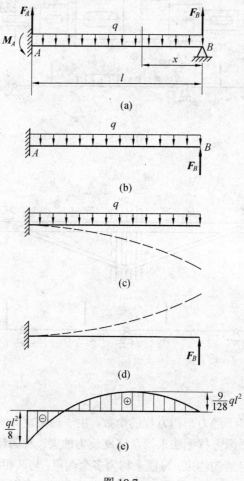

图 10.7

由表 10.1 查得

$$w_{BF} = \frac{F_B l^3}{3EI} , \quad w_{Bq} = -\frac{ql^4}{8EI}$$

代入式（1）得方程 $\frac{F_B l^3}{3EI} - \frac{ql^4}{8EI} = 0$，解得 $F_B = \frac{3}{8}ql$

对梁列平衡方程

$$\sum F_y = 0 , \quad F_A + F_B - ql = 0$$

$$\sum M_A(F) = 0 , \quad F_B l - \frac{1}{2}ql^2 + M_A = 0$$

$F_A = \frac{5}{8}ql$，$M_A = \frac{1}{8}ql^2$，绘制弯矩图，可知 $|M|_{\max} = \frac{ql^2}{8}$，如图 10.7（e）所示。

习　题

10.1　写出图示各梁的边界条件。在图（d）中支座 B 的弹簧刚度为 k。

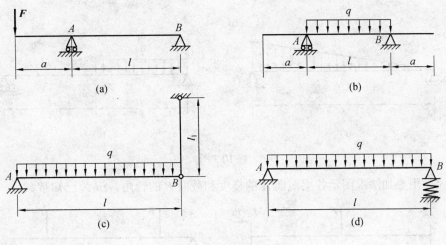

题 10.1 图

10.2　用积分法求图示各梁的挠曲线方程及自由端的挠度和转角。设 EI 为常量。

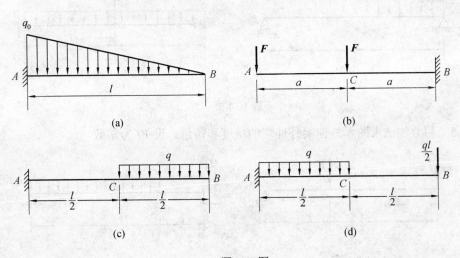

题 10.2 图

10.3　用积分法求图示各梁的挠曲线方程、端截面转角 θ_A 和 θ_B、跨度中点的挠度和最大挠度。设 EI 为常量。

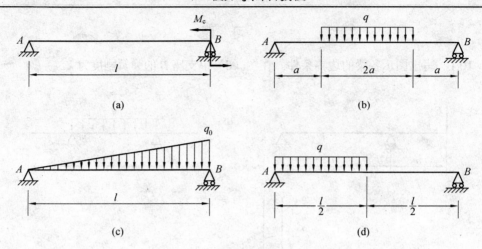

题 10.3 图

10.4　用叠加法求图示各梁截面 *A* 的挠度和截面 *B* 的转角。*EI* 为已知常数。

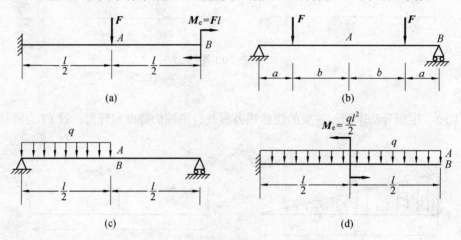

题 10.4 图

10.5　用叠加法求图示外伸梁外伸端的挠度和转角。设 *EI* 为常数。

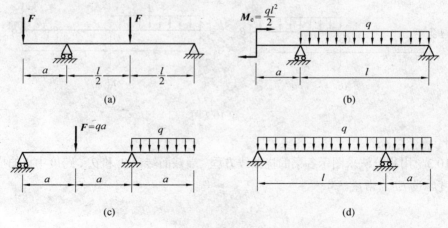

题 10.5 图

10.6 求图示变截面梁自由端的挠度和转角。

题 10.6 图

10.7 桥式起重机的最大荷载为 $W=20$ kN。起重机大梁为 32a 工字钢，$E=210$ GPa，$l=8.76$ m。规定 $[w]=\dfrac{l}{500}$ 校核大梁的刚度。

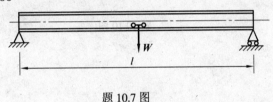

题 10.7 图

10.8 图示结构中，梁为 16 号工字钢；拉杆的截面为圆形，$d=10$ mm。两者均为 Q235 钢，$E=200$ GPa。试求梁及拉杆内的最大正应力。

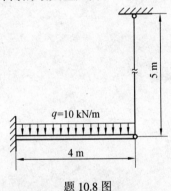

题 10.8 图

10.9 图示结构中 1、2 两杆的抗拉刚度同为 EA。

（1）若将横梁 AB 视为刚体，试求 1 和 2 两杆的内力。

（2）若考虑横梁的变形，且抗弯刚度为 EI，试求 1 和 2 两杆的拉力。

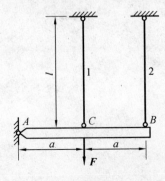

题 10.9 图

10.10　图示悬臂梁 AD 和 BE 的抗弯刚度同为 $EI=24\times10^6$ N·m²，由钢杆 CD 相连接。CD 杆的 $l=5$ m，$A=3\times10^{-4}$ m²，$E=200$ GPa。若 $F=50$ kN，试求悬臂梁 AD 在 D 点的挠度。

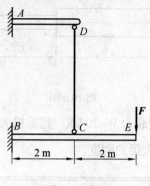

题 10.10 图

第 11 章　应力状态和强度理论

前面在研究构件基本变形下的强度问题时已经知道，这些构件横截面上的危险点处只有正应力或切应力。围绕杆内危险点处截取的微体的受力情况可用图 11.1 表示，所以相应的强度条件分别为

$$\sigma_{\max} \leqslant [\sigma] = \frac{\sigma_{u}}{n} \qquad \tau_{\max} \leqslant [\tau] = \frac{\tau_{u}}{n}$$

其中 σ_u 与 τ_u 代表材料在相应受力条件下的极限应力，是由实验测定的。

然而，在工程实际中，还会遇到一些更复杂的强度问题。例如，钻机的钻杆工作时既受压缩又受扭转，如图 11.2（a）所示，在杆表层内危险点处截取的微体上既有正应力又有切应力如图 11.2（b）所示；又如，汽轮机主轴既受扭转又受弯曲，其危险点受力情况与钻头相似；钢轨表面与车轮接触处微体处于三向受压状态如图 11.3 所示等。

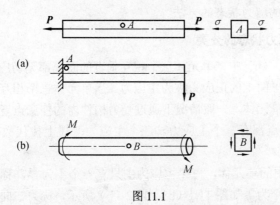

图 11.1

显然，要解决上述复杂情况下的强度问题，除应全面研究构件的危险点处各截面的应力求出最大应力外，还应研究材料在复杂应力作用下的破坏规律。这便是本章的任务。

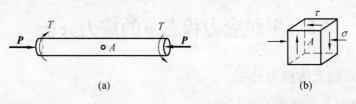

（a）　　　　　　　　　　（b）

图 11.2

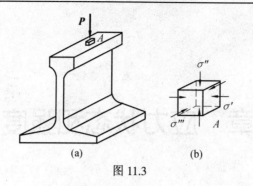

图 11.3

11.1　点的应力状态

1. 点的应力状态的概念及研究方法

一般受力构件内的应力分布是不均匀的。要解决构件的强度问题，必须知道构件上的哪一点以及通过该点哪个方位截面上的应力达到最大值。即先找危险点，然后全面研究该点处所有截面上的应力变化规律，求出其最大值。所谓点的应力状态，是指在受力构件内部，通过一点所作各微截面的应力状况。研究某点的应力状态，就围绕该点截取一个微小的正六面体，即前述微体，称为"单元体"。由于单元体棱边长度均为无限小，因此可认为其各面上应力均匀分布，而且在单元体内相互平行的截面上的应力也都是相同的。构件平衡时每个单元体也必然平衡，于是便可根据静力平衡条件求出通过单元体的任一截面上的应力，这就是研究点的应力状态的方法

2. 点的主应力和应力状态的分类

在图 11.1（a）、11.3（b）中，单元体三个相互垂直的面上都无切应力。这种切应力等于零的面称主平面。主平面上的正应力称为主应力。当单元体三个相互垂直的面均为主平面时，此单元体称为主单元体。一般情况下通过受力构件内的任意点皆可找到三个相互垂直的主平面，因而每一点都有三个主应力。三个主应力习惯上按代数值大小顺序排列为$\sigma_1 \geqslant \sigma_2 \geqslant \sigma_3$。

对于图 11.1（a）中的单元体，三个主应力中只有一个不为零，称为单向应力状态。若三个主应力中只有一个为零如图 11.1（b）、11.2（b）所示，称为二向应力状态或平面应力状态。若三个主应力皆不为零如图 11.3（b）所示，则称为三向应力状态或空间应力状态。单向应力状态也称简单应力状态，二向应力状态和三向应力状态统称为复杂应力状态。本章主要研究二向应力状态。

11.2　平面应力状态下的应力分析

11.2.1　斜截面上的应力分析

二向应力状态的一般形式如图 11.4 所示。σ_x 和 τ_{xy} 是法线平行于 x 轴的面（称 x 面）

上的应力，σ_y 和 τ_{yx} 是法线平行于 y 轴的面（称 y 面）上的应力。若 σ_x、τ_{xy}、σ_y、τ_{yx} 均为已知，现在研究任一斜截面 ae 上的应力。

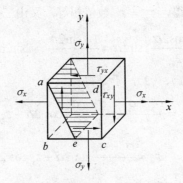

图 11.4

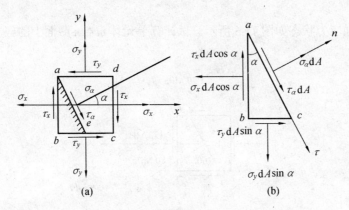

(a)　　　　　　　　　(b)

图 11.5

　　图 11.5（a）为单元体的正投影。斜截面的方位以其外法线 n 轴与 x 轴的夹角 α 表示，该截面上的应力用 σ_α、τ_α 表示。关于应力的符号规定为：正应力以拉应力为正；切应力以对单元内任意点的力矩为顺时针转向时为正。关于斜截面方位角 α 的符号规定为：α 由 x 轴转到 n 轴为逆时针方向时为正。

　　用斜截面 ae 将单元假想地截开，保留左下部分为研究对象。设截面面积为 $\mathrm{d}A$，则 ab 与 be 面积分别为 $\mathrm{d}A\cos\alpha$ 与 $\mathrm{d}A\sin\alpha$。abe 部分受力如图 11.5（b）所示。由平衡条件列出平衡方程

$$\sum F_t = 0, \qquad \tau_\alpha \mathrm{d}A - \sigma_x(\mathrm{d}A\cos\alpha)\sin\alpha - \tau_{xy}(\mathrm{d}A\cos\alpha)\cos\alpha +$$
$$\tau_{yx}(\mathrm{d}A\sin\alpha)\sin\alpha + \sigma_y(\mathrm{d}A\sin\alpha)\cos\alpha = 0$$

$$\sum F_n = 0, \qquad \sigma_\alpha \mathrm{d}A - \sigma_x(\mathrm{d}A\cos\alpha)\cos\alpha + \tau_{xy}(\mathrm{d}A\cos\alpha)\sin\alpha +$$
$$\tau_{yx}(\mathrm{d}A\sin\alpha)\cos\alpha - \sigma_y(\mathrm{d}A\sin\alpha)\sin\alpha = 0$$

由此可得　　　　　$\sigma_\alpha = \sigma_x\cos^2\alpha + \sigma_y\sin^2\alpha - (\tau_{xy} + \tau_{yx})\sin\alpha\cos\alpha$ 　　　　（1）

$$\tau_\alpha = (\sigma_x - \sigma_y)\sin\alpha\cos\alpha + \tau_{xy}\cos^2\alpha - \tau_{yx}\sin^2\alpha \qquad (2)$$

根据切应力互等定理可得，$\tau_{xy} = \tau_{yx}$ 数值相等，又由三角学可知

$$\cos^2\alpha = \frac{1+\cos 2\alpha}{2}, \sin^2\alpha = \frac{1-\sin 2\alpha}{2}, \quad 2\sin\alpha\cos\alpha = \sin 2\alpha$$

将上述关系式代入式（1）、（2），于是得

$$\sigma_\alpha = \frac{\sigma_x + \sigma_y}{2} + \frac{\sigma_x - \sigma_y}{2}\cos 2\alpha - \tau_{xy}\sin 2\alpha \qquad (11.1)$$

$$\tau_\alpha = \frac{\sigma_x - \sigma_y}{2}\sin 2\alpha + \tau_{xy}\cos 2\alpha \qquad (11.2)$$

以上二式即二向应力状态下斜截面上应力的一般公式。应用公式时要注意应力及斜截面方位角的正负。

例 11.1　已知应力状态如图 11.6 所示。试计算单元体 $m-m$ 截面上的应力。

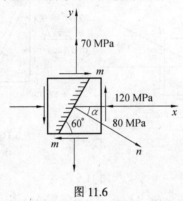

图 11.6

解：由图可知

$$\sigma_x = -120 \text{ MPa}, \sigma_y = 70 \text{ MPa } \tau_{xy} = -80 \text{ MPa}, \alpha = -30°$$

将上述数据代入式（11.1）与（11.2），得

$$\sigma_\alpha / \text{MPa} = \frac{-120+70}{2} + \frac{-120-70}{2}\cos(-60°) + 80\sin(-60°) = -141.8$$

$$\tau_\alpha / \text{MPa} = \frac{-120-70}{2}\sin(-60°) + 80\cos(-60°) = 122.3$$

11.2.2　极值应力及所在平面的方位

由式（11.1）、（11.2）表明，斜截面上的应力 σ_α 和 τ_α 随 α 角的改变而变化，它们都是 α 的函数。在分析构件强度时，最为关心的是在哪一个截面上的应力最大，以及最大应力值。由于 σ_α 和 τ_α 是 α 的连续函数，为此可利用高等数学中求极值的方法确定最大应力值及所在截面位置。

1. 正应力极值及所在平面的方位

由式（11.1），令 $\mathrm{d}\sigma_\alpha / \mathrm{d}\alpha = 0$，得

$$\frac{\mathrm{d}\sigma_\alpha}{\mathrm{d}\alpha} = \frac{\sigma_x - \sigma_y}{2}(-2\sin 2\alpha) - \tau_{xy}(2\cos 2\alpha) = -2\left[\frac{\sigma_x - \sigma_y}{2}\sin 2\alpha + \tau_{xy}\cos 2\alpha\right] = 0$$

$$\frac{\sigma_x - \sigma_y}{2}\sin 2\alpha + \tau_{xy}\cos 2\alpha = 0 \tag{3}$$

$$\frac{\sin 2\alpha}{\cos 2\alpha} = \frac{-2\tau_{xy}}{\sigma_x - \sigma_y}$$

令使 σ_α 达到极值的平面的方位角为 α_0，则

$$\tan 2\alpha_0 = \frac{-2\tau_{xy}}{\sigma_x - \sigma_y} \tag{11.3}$$

式(11.3)即求正应力极值平面方位角的公式。

由式（11.3）可以求出相差 $90°$ 的两个角度，它们确定相互垂直的两个平面，其中一个是最大正应力所在的平面，另一个是最小正应力所在的平面。比较式（11.2）与（3）两式知，满足式（3）的 α 角恰好使 $\tau = 0$，即：正应力极值所处平面上的切应力等于零。因切应力等于零的平面是主平面，主平面上的正应力是主应力，所以正应力极值所在平面即主平面，正应力的极值即主应力。

根据三角公式可以从式（11.3）中求出 $\cos 2\alpha_0$ 和 $\sin 2\alpha_0$，并将它们代入式（11.1），便可求得正应力的两个极值

$$\sigma_{\max} = \frac{\sigma_x + \sigma_y}{2} + \sqrt{\left(\frac{\sigma_x - \sigma_y}{2}\right)^2 + \tau_{xy}^2}$$

$$\sigma_{\min} = \frac{\sigma_x + \sigma_y}{2} - \sqrt{\left(\frac{\sigma_x - \sigma_y}{2}\right)^2 + \tau_{xy}^2} \tag{11.4}$$

由式（11.4）可得 $\qquad \sigma_{\max} + \sigma_{\min} = \sigma_x + \sigma_y = $ 常数

2. 切应力极值及所在平面方位

用完全相似的方法，可以讨论切应力极值和它们所在平面的方位，将式（11.2）对 α 求导，令 $\mathrm{d}\tau_\alpha / \mathrm{d}\alpha = 0$，得

$$\frac{\mathrm{d}\tau_\alpha}{\mathrm{d}\alpha} = \frac{(\sigma_x - \sigma_y)}{2}(2\cos 2\alpha) - \tau_{xy}(2\sin 2\alpha) = 0$$

$$\frac{\sin 2\alpha}{\cos 2\alpha} = \frac{\sigma_x - \sigma_y}{2\tau_{xy}}$$

令使 τ 达极值的平面方位角为 α_1，则

$$\tan 2\alpha_1 = \frac{\sigma_x - \sigma_y}{2\tau_{xy}} \qquad (11.5)$$

同理可得切应力的两个极值为

$$\left.\begin{array}{c}\tau_{\max} \\ \tau_{\min}\end{array}\right\} = \pm\sqrt{(\frac{\sigma_x - \sigma_y}{2})^2 + \tau_{xy}^2} \qquad (11.6)$$

比较（11.3）和（11.5）两式可见

$$\tan 2\alpha_0 = -\frac{1}{\tan 2\alpha_1} = -\cot 2\alpha_1, \quad 2\alpha_1 = 2\alpha_0 + \frac{\pi}{2}, \quad \alpha_1 = \alpha_0 + \frac{\pi}{4}$$

这表明切应力极值所处平面与主平面夹角为 45°。

11.2.3 主应力与最大切应力之间的关系

比较（11.4）与（11.6）两式，可知

$$\tau_{\max} = \frac{\sigma_{\max} - \sigma_{\min}}{2}, \tau_{\max} = \frac{\sigma_1 - \sigma_3}{2} \qquad (11.7)$$

此式即单元体的最大切应力公式。

例 11.2 已知应力状态如图示 11.7 所示。试求（1）单元体的主应力大小及主平面的方位；（2）单元体的最大切应力。

解： 由图知 $\sigma_x = -90\ \text{MPa}, \sigma_y = 0, \tau_{xy} = 70\ \text{MPa}$，代入式（11.4）得

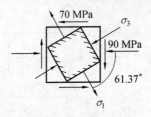

图 11.7

$$\sigma_{\max}/\text{MPa} = \frac{-90}{2} + \sqrt{\left(\frac{-90}{2}\right)^2 + 70^2} = 38.2$$

$$\sigma_{\min}/\text{MPa} = \frac{-90}{2} - \sqrt{\left(\frac{-90}{2}\right)^2 + 70^2} = -128.2$$

$$\sigma_1 = 38.2\ \text{MPa}, \quad \sigma_2 = 0, \quad \sigma_3 = -128.2\ \text{MPa}$$

$$\tan 2\alpha_0 = \frac{-2\tau_{xy}}{\sigma_x - \sigma_y} = -\frac{2 \times 70}{-90} = \frac{14}{9}, \quad \alpha_0 = 28.63^\circ, \quad \alpha_0 - 90^\circ = -61.37^\circ$$

由 α_0 和 $\alpha_0 - 90^\circ$ 之值确定两个主平面，并画出相应单元体，再将 $\sigma_{\max}$ 画在 τ_{xy} 和 τ_{yx} 的矢所指向的那一侧平面上。

由式（11.6）求得　$\tau_{\max} / \mathrm{MPa} = \sqrt{\left(\frac{-90}{2}\right)^2 + 70^2} = 83.2$

式（11.7）也可以求得同样的结果。

二向应力状态下的应力分析还可用另一方法——图解法，其特点是简便直观，省去了复杂的计算。由前述式（11.1）与式（11.2）可知，正应力 σ_α 与切应力 τ_α 均为 α 的函数，而上述二式则为关于 α 的参数方程，将二式联立消去 α 后可得 σ_α 与 τ_α 的关系式，首先将二式改写为

$$\sigma_\alpha = \frac{\sigma_x + \sigma_y}{2} + \frac{\sigma_x - \sigma_y}{2}\cos 2\alpha - \tau_{xy}\sin 2\alpha$$

$$\tau_\alpha = \frac{\sigma_x - \sigma_y}{2}\sin 2\alpha + \tau_{xy}\cos 2\alpha$$

然后将二式各自平方后相加，可得

$$\left(\sigma_\alpha - \frac{\sigma_x + \sigma_y}{2}\right)^2 + (\tau_\alpha - 0)^2 = \left(\frac{\sigma_x - \sigma_y}{2}\right)^2 + \tau_{xy}^2$$

可以看出，上式为一个圆方程，在以 σ 为横坐标，τ 为纵坐标的平面内，此圆圆心坐标为 $\left(\dfrac{\sigma_x + \sigma_y}{2}, 0\right)$，半径为 $R = \sqrt{\left(\dfrac{\sigma_x - \sigma_y}{2}\right)^2 + \tau_{xy}^2}$ 如图 11.8 所示。圆上任一点的纵、横坐标，分别代表了单元体相应截面上的切应力和正应力，此圆称为应力圆或莫尔圆，由应力圆可以直接看出正应力的两个极值各为

$$\sigma_{\max} = \frac{\sigma_x + \sigma_y}{2} + \sqrt{\left(\frac{\sigma_x - \sigma_y}{2}\right)^2 + \tau_{xy}^2}, \quad \sigma_{\min} = \frac{\sigma_x + \sigma_y}{2} - \sqrt{\left(\frac{\sigma_x - \sigma_y}{2}\right)^2 + \tau_{xy}^2}$$

切应力的两个极值各为

$$\tau_{\max} = +\sqrt{\left(\frac{\sigma_x - \sigma_y}{2}\right)^2 + \tau_{xy}^2}, \quad \tau_{\min} = -\sqrt{\left(\frac{\sigma_x - \sigma_y}{2}\right)^2 + \tau_{xy}^2}$$

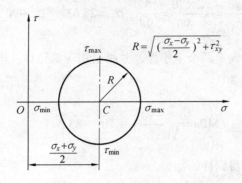

图 11.8

而且在 $\sigma_{\max}$ 和 $\sigma_{\min}$ 对应截面上的切应力 $\tau = 0$，在 $\tau_{\max}$ 和 $\tau_{\min}$ 对应截面上的正应力 $\sigma = \dfrac{\sigma_1 + \sigma_3}{2}$ 利用应力圆可直接求单元体任一斜截面上的应力及应力的数值。

如图 11.9 所示，已知单元体上应力 σ_x、σ_y 与 τ_{xy}、τ_{yx}，求斜截面 α 上的应力及应力的极值。

作法如下：在 $\sigma - \tau$ 平面内，先由 x 面上应力 σ_x，τ_{xy} 决定一点 D_x，再由 y 面上的应力 σ_y，τ_{yx} 决定一点 D_y，连接 D_x、D_y 两点的直线必通过 σ 轴，其交点为应力圆圆心 C，以 CD_x 或 CD_y 为半径作圆，即得所求应力圆。作出应力圆后，只需从 D_x 点出发将 CD_x 旋转 2α 角，得一点 H，量得 H 点的纵横坐标数，即求得了斜截面 α 上的切应力与正应力，从 D_x 点出发转至横坐标 σ 上，可得正应力的极值 $\sigma_{\max}$ 或 $\sigma_{\min}$，相应的方位角 $2\alpha_0$ 及 $2\alpha_0 + 180°$ 亦可知。

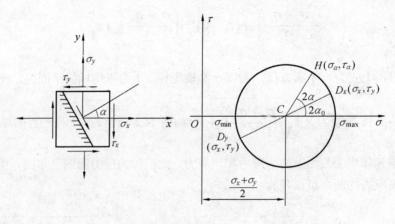

图 11.9

例 11.3 见上例中单元体，用图解法求单元体的主应力，求主平面及最大切应力。

解： 如图 11.10 所示，先按选定比例在 $\sigma - \tau$ 平面内找到 $D_x\,(-70,\ 50)$ 与 $D_y\,(0,\ -50)$ 两点。

以 CD_x 为半径可画出相应的应力圆，应力圆与 σ 轴的交点为 A，B 两点，量得

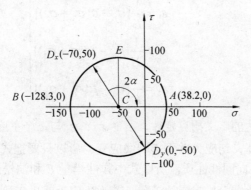

图 11.10

$$\sigma_A = \sigma_{\max} = 38.2\,\text{MPa}\ ,\quad \sigma_B = \sigma_{\min} = -128.3\,\text{MPa}$$

$$\angle D_x CA = 2\alpha_0 = -123^\circ,\ \alpha_0 = -61.15^\circ$$

$$\tau_E = \tau_{\max} = 83.2\,\text{MPa}$$

11.3　广义胡克定律

在杆件受轴向拉伸或压缩时，曾由试验验证，在线弹性范围内，正应力与线应变成正比，即：$\sigma = E\varepsilon$，或 $\varepsilon = \dfrac{\sigma}{E}$，此外还知，杆的横向线应变

$$\varepsilon' = -\mu\varepsilon = \frac{-\mu\sigma}{E}$$

复杂应力状态下的主单元体如图 11.11 所示，三个主应力 σ_1、σ_2、σ_3 同时作用，现在研究其正应力与线应变的关系。

对各向同性材料，在线弹性范围内，可以把它看作三个单向应力状态的组合，然后利用叠加原理求线应变。在只有 σ_1 单独作用下，沿 σ_1 方向的线应变为 $\varepsilon_1 = \dfrac{\sigma_1}{E}$，只有 σ_2 和 σ_3 单独作用时，沿 σ_1 方向的线应变分别为 $\dfrac{-\mu\sigma_2}{E}$ 和 $\dfrac{-\mu\sigma_3}{E}$。叠加以上结果可得沿 σ_1 方向总应变为

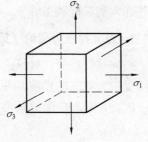

图 11.11

$$\varepsilon_1 = \frac{\sigma_1}{E} - \mu\frac{\sigma_2}{E} - \mu\frac{\sigma_3}{E}$$

同理可求沿 σ_2、σ_3 方向的总应变，写在一起如下式

$$\left.\begin{array}{l} \varepsilon_1 = \dfrac{1}{E}[\sigma_1 - \mu(\sigma_2 + \sigma_3)] \\[2mm] \varepsilon_2 = \dfrac{1}{E}[\sigma_2 - \mu(\sigma_1 + \sigma_3)] \\[2mm] \varepsilon_3 = \dfrac{1}{E}[\sigma_3 - \mu(\sigma_1 + \sigma_2)] \end{array}\right\} \tag{11.8}$$

这就是主应力表达的广义胡克定律，ε_1、ε_2、ε_3 与三个主应力对应，故称为主应变。对一般情况下的单元体，切应力并不影响线应变。所以只要把式中的 1、2、3 改为 x、y、z 即可。由于材料为各向同性性质，所以式中弹性模量 E 和泊松比 μ 为常数，而与方向无关。应用公式时要注意应力与应变的正负。若为压应力或压应变，则应以负值代入。对各向异性材料，应力与应变的关系则要复杂得多。

11.4 强度理论

当材料处于简单应力状态（如基本变形情况）时，其极限应力可直接由实验测出。然而，工程中许多构件的危险点往往处于复杂应力状态。由于主应力 σ_1、σ_2、σ_3 之间存在无数种数值组合或比例，要测出每种情况下的极限应力，难以实现。因此，研究材料在复杂应力状态下的破坏规律极为必要。

大量试验表明，材料破坏形式主要有两种：一为断裂，另一为屈服。断裂破坏时材料几乎没有塑性变形，如铸铁被拉断或扭断的情况。而屈服破坏时，则会出现显著的塑性变形。如低碳钢拉伸或扭转时，屈服阶段的情况。分析可知，断裂产生的原因是最大拉应力或最大拉应变，而屈服产生的原因为最大切应力。由此可见，材料的破坏是有规律的。强度理论就是关于材料破坏规律的假说或学说。它是在反复试验与实践的基础上得到发展并日趋完善的。

本节介绍工程中常用的四种强度理论。它们适用于均匀、连续、各向同性材料，而且工作在常温、静载条件下。

1. 最大拉应力理论（第一强度理论）

按照这一理论，材料的破坏是由于危险点的最大拉应力超过了一定的限度，这个极限值不受应力状态的影响，并等于单向拉伸断裂时的极限应力 σ_b

因此，材料的断裂条件为 $\sigma_1 = \sigma_b$

而相应的强度条件为 $\sigma_1 \leqslant \dfrac{\sigma_b}{n}$

或 $\sigma_1 \leqslant [\sigma]$ (11.9)

式中，σ_1 为构件危险点的最大拉应力；$[\sigma]$ 为材料单向拉伸时的许用应力。

试验表明，脆性材料在二向或三向受拉断裂时，最大拉应力理论与试验结果相当接近，但这一理论没有考虑其他两个主应力的影响，对没有拉应力的情况，也不能应用。

2. 最大拉应变理论（第二强度理论）

按照这一理论，材料的破坏是由于危险点的最大拉应变超过了一定的限度，而与应力状态无关，只要危险点的最大拉应变达到了单向拉伸断裂时的极限值 ε_b，则材料发生断裂。

因此材料的断裂条件为

$$\varepsilon_{max} = \varepsilon_b \tag{1}$$

复杂应力状态下，由三个主应力共同作用而引起的最大拉应变沿最大拉应力 σ_1 方向，用 ε_1 表示。由式（11.8）知，其值为

$$\sigma_1 - \mu(\sigma_2 + \sigma_3) \leqslant \frac{\sigma_b}{n} \tag{2}$$

对单向拉伸脆性断裂情况，材料从受力至破坏，其应力与应变关系基本符合胡克定律，此时 $\sigma_1 = \sigma_b$，$\sigma_2 = \sigma_3 = 0$。

$$\varepsilon_b = \frac{\sigma_b}{E} \tag{3}$$

将（2）、（3）代入（1），可得

$$\sigma_1 - \mu(\sigma_2 + \sigma_3) = \sigma_b \tag{4}$$

式（4）即主应力表示的材料的断裂条件，而相应的强度条件为

$$\sigma_1 - \mu(\sigma_2 + \sigma_3) \leqslant \frac{\sigma_b}{n}$$

或

$$\sigma_1 - \mu(\sigma_2 + \sigma_3) \leqslant [\sigma] \tag{11.10}$$

式中，σ_1、σ_2、σ_3 为构件危险点处的三个主应力；$[\sigma]$ 为材料单向拉伸时的许用应力。

最大拉应变理论适用于脆性材料当拉应力较小而压应力较大时的情况。此外，砖石等脆性材料压缩时之所以沿纵向截面断裂也可由此理论得到说明。

3. 最大切应力理论（第三强度理论）

按照这一理论，最大切应力是引起材料屈服的主要因素，不论材料处于何种应力状态，只要最大切应力达到单向拉伸屈服时的最大切应力，材料即发生屈服。

因此，材料的屈服条件为 $\tau_{max} = \tau_s$ （1）

由式（11.7）$\tau_{max} = \dfrac{\sigma_1 - \sigma_3}{2}$ （2）

而单向拉伸屈服时 $\tau_s = \dfrac{\sigma_s - 0}{2} = \dfrac{\sigma_s}{2}$ （3）

将式（2）、（3）代入（1）得 $\sigma_1 - \sigma_3 = \sigma_s$ （4）

式(d)为主应力表示的材料的屈服条件，而相应的强度条件为

$$\sigma_1 - \sigma_3 \leqslant [\sigma] = \frac{\sigma_s}{n_s} \tag{11.11}$$

最大切应力理论适用于塑性材料，与试验结果很接近，这一理论的缺陷是忽略了 σ_2 的影响。在二向应力状态下，此理论的结果偏于安全，对于无明显屈服极限的材料，可用名义屈服极限 $\sigma_{0.2}$ 代替式（11.11）中的 σ_s。

4. 形状改变比能理论（第四强度理论）

外力作用于弹性体使之变形，外力作用点必然产生位移。因此，在变形过程中，外力对弹性体作了功，由功能原理知，不计能量损失，静载荷下外力之功全部化为弹性体的变形能。

另外，弹性体变形包括体积改变与形状改变。因此，其变形能又可分解为体积改变能与形状改变能。单位体积内的形状改变能称为形状改变比能。

在复杂应力状态下，形状改变比能的计算式为（推导从略）

$$u_{\mathrm{d}} = \frac{(1+\mu)}{6E}\left[(\sigma_1 - \sigma_2)^2 + (\sigma_2 - \sigma_3)^2 + (\sigma_3 - \sigma_1)^2\right] \tag{1}$$

按照形状改变比能理论，形状改变比能是引起材料屈服的主要因素，不论材料处于何种应力状态，只要形状改变比能 u_{d} 达到单向拉伸屈服时的形状改变比能 u_{ε}，材料即发生屈服。

因此，材料的屈服条件为

$$u_{\mathrm{d}} = u_{\varepsilon} \tag{2}$$

材料单向拉伸屈服时 $\sigma_1 = \sigma_{\mathrm{s}}, \sigma_2 = \sigma_3 = 0$

$$u_{\mathrm{d}} = u_{\varepsilon} = \frac{1+\mu}{3E}\sigma_{\mathrm{s}}^2 \tag{3}$$

将式（1）、（3）代入式（2），得

$$\sqrt{\frac{1}{2}\left[(\sigma_1 - \sigma_2)^2 + (\sigma_2 - \sigma_3)^2 + (\sigma_3 - \sigma_1)^2\right]} = \sigma_{\mathrm{s}} \tag{4}$$

式（4）为主应力表示的材料的屈服条件，而相应的强度条件则为

$$\sqrt{\frac{1}{2}\left[(\sigma_1 - \sigma_2)^2 + (\sigma_2 - \sigma_3)^2 + (\sigma_3 - \sigma_1)^2\right]} \leqslant [\sigma] \tag{11.12}$$

第四强度理论与第三强度理论很相近，它在考虑 σ_2 的影响方面得到精密试验的证实，比第三强度理论更进了一步。这两个理论在工程中均得到广泛的应用。

综合以上四个强度理论，其一般强度条件可以概括为如下的统一形式

$$\sigma_{ri} \leqslant [\sigma]$$

式中 σ_{ri} 称为相当应力，按照第一到第四强度理论的次序，相当应力分别为

$$\sigma_{r1} = \sigma_1$$

$$\sigma_{r2} = \sigma_2 - \mu(\sigma_2 + \sigma_3)$$

$$\sigma_{r3} = \sigma_1 - \sigma_3$$

$$\sigma_{r4} = \sqrt{\frac{1}{2}\left[(\sigma_1 - \sigma_2)^2 + (\sigma_2 - \sigma_3)^2 + (\sigma_3 - \sigma_1)^2\right]}$$

一般说，脆性材料常以断裂方式失效，宜采用第一和第二强度理论，而塑性材料常以屈服方式失效，宜采用第三或第四强度理论。

例 11.4　由低碳钢制成的蒸汽锅炉厚 $\delta = 10$ mm，内径 $D = 1\,000$ mm 如图 11.12 所示，蒸汽压力 $p = 3$ MPa，许用应力 $[\sigma] = 160$ MPa。试校核锅炉的强度。

解： 对壁厚 δ 远小于内径 D 的薄壁情况，可近似认为筒壁上应力均匀分布。

现采用截面法求锅炉内应力，先用 n-n 截面将锅炉截开如图 11.12(a) 所示。

由轴向平衡条件知

$$\sum F_x = 0, \quad \sigma' \cdot \pi D \delta - p \cdot \frac{\pi D^2}{4} = 0, \quad \sigma' / \text{MPa} = \frac{pD}{4\delta} = \frac{3 \times 1\,000}{4 \times 10} = 75$$

再用相距单位长度的两个横截面与一个通过轴线的纵向截面，从锅炉中截出一部分，保留其中蒸汽一起研究如图 11.12（b）所示。

由周向平衡条件知

$$\sum F_y = 0, \quad 2\sigma'' \cdot 1 \cdot \delta - p \cdot 1 \cdot D = 0$$

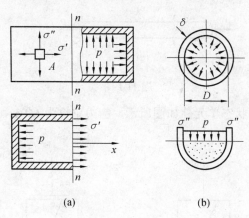

(a)　　　　　　　　　　(b)

图 11.12

$$\sigma'' / \text{MPa} = \frac{pD}{2\delta} = \frac{3 \times 1\,000}{2 \times 10} = 150$$

因此锅炉壁内任一点 A 的三个主应力为

$$\sigma_1 = \sigma'' = 150 \text{ MPa}, \quad \sigma_2 = \sigma' = 75 \text{ MPa}, \quad \sigma_3 = 0$$

低碳钢宜采用第三强度理论或第四强度理论

$$\sigma_{r3} = \sigma_1 - \sigma_3 = 150 \text{ MPa} < [\sigma]$$

$$\sigma_{r4} / \text{MPa} = \sqrt{\frac{1}{2}\left[(150 - 75)^2 + 75^2 + 150^2\right]} = 130 < [\sigma]$$

均可满足强度条件。

习　题

11.1　对图示受力构件，先确定危险点的位置，再用单元体表示危险点的应力状态。

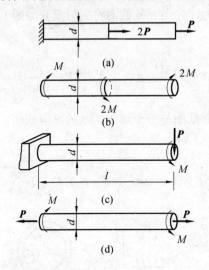

题 11.1 图

11.2　已知点的应力状态单元体如图所示，应力单位为 MPa。试求图中指定斜截面上的应力。

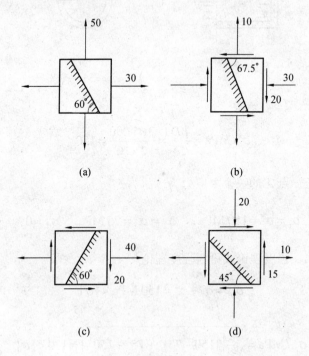

题 11.2 图

11.3　已知单元体如图所示，应力单位为 MPa。试求单元体主应力的大小及所在截面方位，并画出主单元体。

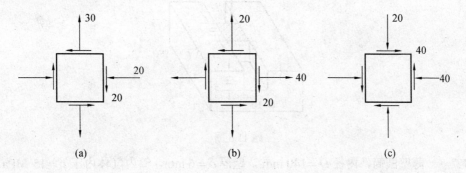

题 11.3 图

11.4　已知如图，单元体上应力 $\sigma_x = 100\,\text{MPa}$，$\tau_{xy} = 0$。在 $\alpha = 15°$ 斜截面上的正应力 $\sigma_\alpha = 80\,\text{MPa}$，求单元体上的 σ_y、τ_α，及单元体的主应力和最大切应力。

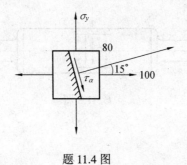

题 11.4 图

11.5　图示矩形截面梁 $b = 50\,\text{mm}$，$h = 100\,\text{mm}$。试绘 A-A 截面上的 1~4 点的应力状态单元体，并求其主应力。图中长度单位为 mm。

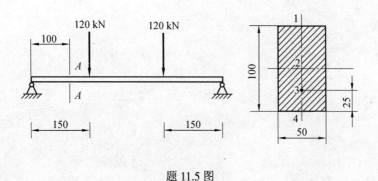

题 11.5 图

11.6　图示槽形刚体，其内放置一连长为 $a = 10\,\text{mm}$ 的正方形钢块，钢块顶面承受合力为 $P = 20\,\text{kN}$ 的均布压力作用。试求钢块的主应力。已知钢块的弹性模量 $E = 200\,\text{GPa}$，泊松比 $\mu = 0.3$。

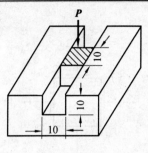

题 11.6 图

11.7   一薄壁圆筒，内径 $D = 140\,\text{mm}$，壁厚 $\delta = 6\,\text{mm}$，筒内气体内压 $p = 15\,\text{MPa}$。试求筒壁的轴向正应力、周向正应力、最大拉应力与最大切应力。

11.8   图示铸铁构件，中段为一内径 $D = 250\,\text{mm}$，壁厚 $\delta = 10\,\text{mm}$ 的圆筒，筒内压力 $P = 2\,\text{MPa}$，两端的轴向压力 $P = 250\,\text{kN}$，材料的许用应力 $[\sigma] = 30\,\text{MPa}$，泊松比 $\mu = 0.25$。试校核圆管部分的强度。

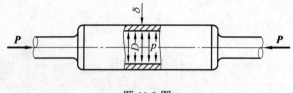

题 11.8 图

第12章 组合变形

上章讨论了点的应力状态和强度理论，这就为解决复杂受力构件的强度问题奠定了基础。实际工程中许多构件在外力作用下同时产生两种或两种以上基本变形，称组合变形。例如，输电线路的杆塔在自重、风压和导线拉力作用下，将同时产生轴向压缩和弯曲变形如图 12.1 所示；又如，齿轮轴在荷载作用下同时产生扭转和弯曲变形等，如图 12.2 所示。

解决组合变形问题的基本方法，是将组合变形分解为基本变形，先分别考虑每一种基本变形下发生的应力和变形，然后再叠加起来。理论研究和大量实践证明，在材料服从胡克定律和小变形假设情况下，任一荷载的作用不受其他荷载的影响，因此，由叠加法计算出来的结果与实际情况是符合的。

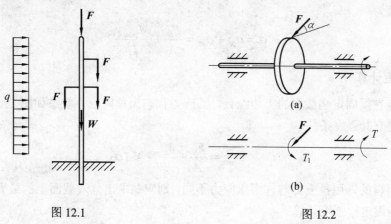

图 12.1   图 12.2

本章主要研究杆件在弯拉（压）组合与弯扭组合变形时的强度计算。其分析方法同样适用于其他组合变形形式。需要说明的是，由于剪力对构件强度的影响一般远小于其他内力，所以在组合变形下的强度计算中，由剪力引起的切应力可以忽略不计。也就是说，剪力图一般不必画出。

12.1 弯曲与拉伸（压缩）的组合

12.1.1 外力与梁轴线倾斜

如图 12.3（a）所示矩形截面悬臂梁为例，说明如何分析这类问题，分析步骤如下：

1. 外力分解

将外力 F 向 x 轴，y 轴分解得 $F_x = F\cos\alpha$，$F_y = F\sin\alpha$。

F_x 沿轴向，引起轴向拉伸，F_y 沿横向引起横向弯曲。因此梁的变形为拉伸与弯曲组合变形。

2. 内力分析

在 F_x 作用下，引起的轴力为 $F_N = F_x = F\cos\alpha$，作轴力图如图 12.3（b）所示，在 F_y 作用下，引起的弯矩为 $M = F_y x = Fx\sin\alpha$，作弯矩图如图 12.3（c）所示，由内力图知，梁的危险截面在固定端 $M_{max} = FL\sin\alpha$，$F_N = F\cos\alpha$。

3. 应力分析

在危险截面上，与轴向拉力相应的拉伸正应力均匀分布如图 12.3（d）所示，其值为

$$\sigma_N = \frac{F_N}{A}$$

与弯矩相应的弯曲正应力沿截面高度呈线性分布如图 12.3（e）所示，其值为

$$\sigma_M = \frac{M_{max} y}{I_z}$$

二者均为正应力，故可直接代数叠加，得到危险截面上任一点的总应力如图 12.3（f）所示，其值为

$$\sigma = \sigma_N + \sigma_M = \frac{F_N}{A} + \frac{M_{max} y}{I_z}$$

4. 强度计算

危险点在梁固定端截面的上边缘处，其应力状态为单向应力状态如图 12.3（g）所示，因此直接建立其强度条件

$$\sigma_{max} = \frac{F_N}{A} + \frac{M_{max}}{W} \leqslant [\sigma]$$

如果材料的许用拉应力与许用压应力不同，则应在求出危险截面上的最大应力后分别按拉伸与压缩进行强度计算。

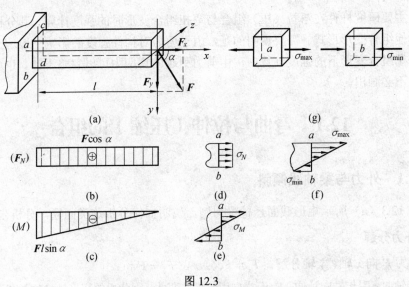

图 12.3

例 12.1　悬臂式起重机的横梁 AB 如图 12.4（a）所示，长为 $l = 4\ \text{m}$，由两根 18a 号槽钢组成。材料的 $[\sigma] = 140\ \text{MPa}$，$AB$ 左端铰接，右倾角为 $\alpha = 20°$ 的钢索拉住。梁上有移动荷载 P，最大值为 30 kN。试校核 AB 的强度。

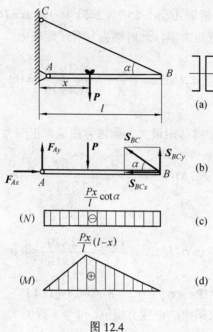

图 12.4

解：（1）外力分析

由于 P 为移动荷载，P 在梁 AB 上不同位置时梁内应力不同，作 AB 梁的受力图如图 12.4（b）所示，设 P 距 A 端为 x，则由 AB 梁的平衡知

$$\sum M_A(F) = 0 \quad S_{BC} \sin \alpha \cdot l - Px = 0 \quad S_{BC} = \frac{Px}{\sin \alpha \cdot l}$$

将外力分解为轴向力 $\boldsymbol{F}_{Ax}$、$\boldsymbol{S}_{BCx}$ 与横向力 $\boldsymbol{F}_{Ay}$、$\boldsymbol{S}_{BCy}$、P 两组，可知 AB 梁受弯曲与压缩组合变形。

（2）内力分析

作梁的轴力图如图 12.4（c）所示 $F_{Nx} = S_{BCx} = S_{BC} \cdot \cos \alpha = \dfrac{Px}{l} \cot \alpha$

当 $x = l$ 时，$F_{Nx}/\text{kN} = F_{N\max} = P \cdot \cot \alpha = 30 \times 2.747 = 82.4$

再作梁的弯矩图如图 12.4（d）所示，$M = S_{BCy}(l - x) = \dfrac{Px}{l}(l - x)$

当 $x = \dfrac{l}{2}$ 时，$M/(\text{kN} \cdot \text{m}) = M_{\max} = \dfrac{Pl}{4} = \dfrac{30 \times 4}{4} = 30$

此时梁内轴力为

$$F_{N\frac{l}{2}}/\mathrm{kN} = \frac{P}{2}\cot\alpha = \frac{30}{2}\cot 20° = 41.2$$

（3）应力分析

由型钢表查得，18a 号槽钢 $A/\mathrm{cm}^2=25.7\times2=51.4$，$W/\mathrm{cm}^3=141.4\times2=282.8$，当 P 移至 B 端时，梁内轴力最大，而弯矩为零，此时梁内只有压缩应力。

$$\sigma_N/\mathrm{MPa} = \frac{F_{N\max}}{A} = \frac{82.4\times10^3}{51.4\times10^2} = 16$$

当 P 移至梁中点时，梁内弯矩最大，梁内弯曲最大正应力

$$\sigma_M/\mathrm{MPa} = \frac{M_{\max}}{W} = \frac{30\times10^6}{282.8\times10^3} = 106.1$$

此时梁内的压缩应力为

$$\sigma_N/\mathrm{MPa} = \frac{F_N}{A} = \frac{41.2\times10^3}{51.4\times10^2} = 8$$

因此危险点的最大应力 $\sigma/\mathrm{MPa} = \sigma_N + \sigma_M = 8 + 106.1 = 114.1$

当 P 沿梁移动时，若求梁内的正应力极值，可令 x 截面上的最大正应力 $\sigma_{x\max}$ 的一阶导数为零，即

$$\sigma'_{x\max} = \left(\frac{F_{Nx}}{A} + \frac{M_x}{W}\right) = 0$$

将 x_0 代入后算出 σ_{x0}，σ_{x0} 即梁内正应力的极大值。但是已知

$$\sigma_{N\max} = 16\ \mathrm{MPa}, \quad \sigma_M = 106.1\ \mathrm{MPa}$$

由分析不难确定：$114.1\ \mathrm{MPa} < \sigma_{x0} < 122.1\ \mathrm{MPa}$

所以可用 P 在梁中点时梁内的最大应力近似作为梁内的最大应力

$$\sigma_{\max} = 114.1\ \mathrm{MPa} < [\sigma] = 140.1\ \mathrm{MPa}$$

所以 AB 梁的强度足够。

如果问题改为根据最大起重量设计梁的截面，由以上分析知一般梁内弯曲正应力为主要应力，所以可先不考虑压缩，只按弯曲强度选择梁的截面型号，然后再按压弯组合变形进行校核。

12.1.2 偏心荷载

如图 12.5（a）所示立柱为例，说明分析这类问题的方法。

1. 外力简化

先将外力 P 向立柱轴线平移，平移后得到一轴向力 P 及一附加力偶 M，$M = Pe$，轴向力 P 引起压缩，力偶 M 引起纯弯曲，所以立柱产生压弯组合变形。

2. 分析内力

分析立柱任意截面上的内力可知，轴力为 $F_N = -P$，弯矩为 $M = Pe$。

3. 求任一截面的应力

压缩应力 $\sigma_N = \dfrac{F_N}{A}$，均匀分布如图 12.5（b）所示。弯曲应力 $\sigma_M = \dfrac{My}{I_z} = \pm\dfrac{Pey}{I_z}$，线性分布如图 12.5（c）所示。

任一点 y 处的总应力为 $\sigma = \sigma_N + \sigma_M = \dfrac{-P}{A} \pm \dfrac{Pey}{I_z}$

4. 建立强度条件

最大拉应力 $\sigma_{\text{tmax}} = -\dfrac{P}{A} + \dfrac{Pe}{W} \leqslant [\sigma_\text{t}]$

最大压应力 $\sigma_{\text{cmax}} = -\dfrac{P}{A} - \dfrac{Pe}{W} \leqslant [\sigma_\text{c}]$

以上分析同样适用于偏心拉伸的情况。

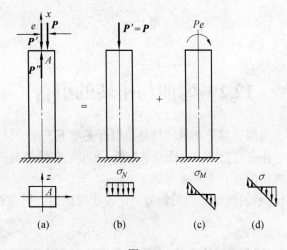

图 12.5

对于砖、石一类脆性材料，一般应避免在横截面上出现拉应力，因此弯曲引起的最大拉应力不得超过压缩应力，即 $\dfrac{Pe}{W} \leqslant \dfrac{P}{A}$。

由此可知，矩形截面偏心距 e 值范围 $e \leqslant \dfrac{W}{A} = \dfrac{h}{6}$，圆形截面 $e \leqslant \dfrac{W}{A} = \dfrac{\pi d^3}{32} \cdot \dfrac{4}{\pi d^2} = \dfrac{d}{8}$

例 12.2　开口链环如图 12.6 所示，链环直径 $d = 5\,\text{cm}$，拉力 $P = 10\,\text{kN}$，试求链环中段的最大拉应力，如链环缺口焊好后，其应力又是多少？可承担的拉力为原来的多少倍？

解： 在环内危险截面上，应力分为拉伸应力与弯曲应力

$$\sigma_N / \text{MPa} = \frac{P}{A} = \frac{4 \times 10 \times 10^3}{\pi \times 50^2} = 5.1$$

$$\sigma_M / \text{MPa} = \frac{Pe}{W} = \frac{10 \times 10^3 \times 60 \times 32}{\pi \times 50^3} = 48.9$$

$$\sigma_{\max} / \text{MPa} = \sigma_N + \sigma_M = 5.1 + 48.9 = 54$$

焊好后，环内截面上只有拉应力。

$$\sigma_N = \frac{P}{2A} = 2.55\ \text{MPa}$$

此时可承担的拉力为原来的 54/2.55＝21.2 倍

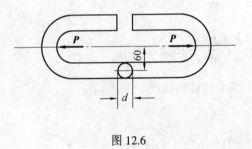

图 12.6

12.2　弯曲与扭转的组合

机械中的传动轴、曲柄等都是在扭转与弯曲组合变形下工作的。当这类构件中的弯曲作用很小时，可以将它看成只受扭转的杆件来分析。但是，多数情况下弯曲作用不能忽略，这时就要作为弯曲与扭转的组合变形来考虑。

现如图 12.7（a）所示的圆截面曲拐轴为例，说明弯扭组合问题的分析方法。

1. 外力简化

将外力 P 向 AB 杆右端截面形心平移，得到一个作用于 B 点的横向力 P 及一力偶 $M = Pa$。P 使 AB 发生弯曲，M 使 AB 产生扭转，所以在外力作用下 AB 产生弯扭组合变形。

2. 内力分析

分别作 AB 杆的弯矩图和扭矩图如图 12.7（b）、（c）所示，由此可知，AB 杆各截面上扭矩相等，弯矩 $M_{\max} = PL$，危险截面为 A 截面。

3. 应力分析

在危险截面 A 上，与扭矩 T 对应的最大切应力发生在周边各点，与弯矩 M_{max} 对应的最大正应力发生在上下两端点 D_1、D_2，如图 12.7（d）、（e）所示。

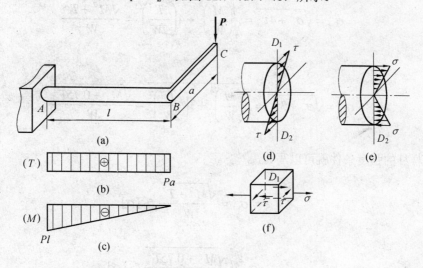

图 12.7

由此可知，危险点为 D_1、D_2 两点。对于塑性材料杆，抗拉与抗压性能相同，所以这两点同等危险。任取一点 D_1 研究如图 12.7（f）所示，该点处单元体为二向应力状态，其上应力为 $\tau = \dfrac{T}{W_t}, \sigma = \dfrac{M_{max}}{W}$。

4. 强度计算

由单元体上的应力来求其主应力，由式（12.4）得

$$\sigma_{max} = \frac{\sigma}{2} + \sqrt{\left(\frac{\sigma}{2}\right)^2 + \tau^2} = \sigma_1$$

$$\sigma_{min} = \frac{\sigma}{2} - \sqrt{\left(\frac{\sigma}{2}\right)^2 + \tau^2} = \sigma_3, \quad \sigma_2 = 0$$

由于杆件作为塑性材料，应采用第三或第四强度理论，其相当应力为

$$\sigma_{r3} = \sigma_1 - \sigma_3 = 2\sqrt{\left(\frac{\sigma}{2}\right)^2 + \tau^2} = \sqrt{\sigma^2 + 4\tau^2} \tag{12.1}$$

$$\sigma_{r4} = \sqrt{\frac{1}{2}\left[\sigma_1^2 + \sigma_3^2 + (\sigma_3 - \sigma_1)^2\right]} = \sqrt{\sigma^2 + 3\tau^2} \tag{12.2}$$

得到相当应力后，即可根据材料的许用应力 $[\sigma]$ 建立强度条件，进行强度计算

对圆截面轴 $W_t = \dfrac{\pi d^3}{16} = 2W$，代入式（12.1）和式（12.2）可得

$$\sigma_{r3} = \sqrt{\sigma^2 + 4\tau^2} = \sqrt{\left(\frac{M}{W}\right)^2 + 4\left(\frac{T}{2W}\right)^2} = \frac{\sqrt{M^2 + T^2}}{W}$$

$$\sigma_{r4} = \sqrt{\sigma^2 + 3\tau^2} = \sqrt{\left(\frac{M}{W}\right)^2 + 3\left(\frac{T}{2W}\right)^2} = \frac{\sqrt{M^2 + 0.75T^2}}{W}$$

这样杆的强度条件就可以写为

$$\sigma_{r3} = \frac{\sqrt{M^2 + T^2}}{W} \leqslant [\sigma] \tag{12.3}$$

$$\sigma_{r4} = \frac{\sqrt{M^2 + 0.75T^2}}{W} \leqslant [\sigma] \tag{12.4}$$

上式对空心圆截面轴也适用，但对非圆截面轴，由于 $W_t \neq 2W$，所以上式不适用。对于除弯、扭外，轴还受轴向拉（压）作用的情况，应先将拉（压）正应力叠加到弯曲正应力上，再根据式（12.1）或（12.2）计算强度。

例 12.3　电动机带动一传动轴 AB，如图 12.8（a）所示，AB 轴长 $L = 1.2$ m，重 $Q = 3$ kN 的皮带轮装于其中，皮带轮直径 $D = 0.6$ m，紧边拉力 $F_1 = 6$ kN，松边拉力 $F_2 = 3$ kN 均沿水平方向。若轴的许用应力 $[\sigma] = 56$ MPa。试按第三强度理论设计轴的直径。

解：（1）外力分析

将外力向 AB 轴线简化，结果可得横向力 Q 和 $F_1 + F_2$ 以及一个力偶 T 如图 12.8（b）所示横向力可合成为 P

$$P/\mathrm{kN} = \sqrt{Q^2 + (F_1 + F_2)^2} = \sqrt{3^2 + (6 + 3)^2} = 9.487$$

力偶 T 为

$$T/(\mathrm{kN \cdot m}) = (F_1 - F_2) \cdot \frac{D}{2} = (6 - 3) \times \frac{0.6}{2} = 0.9$$

横向力 P 与轴承反力使轴产生弯曲，力偶 T 与电动机输入力偶使轴产生扭转，所以 AB 轴为弯扭组合变形。

（2）内力分析

分别作轴的弯矩图和扭矩图如图 12.8（c）、（d）所示。

由弯矩图知，最大弯矩为

$$M_{max}/(kN \cdot m) = \frac{Pl}{4} = \frac{9.478 \times 1.2}{4} = 2.846$$

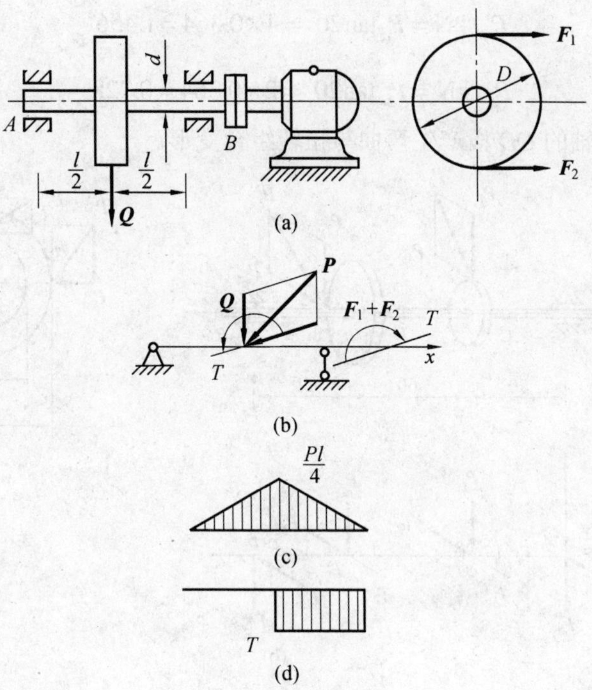

图 12.8

（3）设计轴直径

按第三强度理论

$$\sigma_{r3} = \frac{\sqrt{M_{max}^2 + T^2}}{W} \leqslant [\sigma] , \quad W = \frac{\pi d^3}{32} \geqslant \frac{\sqrt{M_{max}^2 + T^2}}{[\sigma]}$$

$$d / mm \geqslant \sqrt[3]{\frac{32\sqrt{M_{max}^2 + T^2}}{\pi[\sigma]}} = \sqrt[3]{\frac{32\sqrt{2.846^2 + 0.9^2} \times 10^6}{\pi \cdot 56}} = 81.6$$

所以可取 $d = 82$ mm。

例 12.4 齿轮减速箱中轴 AB 如图 12.9（a）所示，已知轴的转速 $n = 955$ r/min，由电动机输入功率 $P = 12$ kW，两齿轮节圆直径 $D_1 = 60$ mm，$D_2 = 120$ mm。齿轮啮合力与节圆切线的夹角（压力角）为 $\alpha = 20°$，轴的直径 $d = 25$ mm，材料为 45 号钢，许用应力 $[\sigma] = 160$ MPa。试校核此轴的强度。

解：（1）外力简化

将外力向 AB 轴线简化，结果如图 12.9（b）所示。

图中 $T_1 = T_2 = 9\,550\dfrac{P}{n} = 9\,550 \times \dfrac{12}{955} = 120$ N·m，而 $T_1 = P_{1z} \cdot \dfrac{D_1}{2}, T_2 = P_{2y} \cdot \dfrac{D_2}{2}$

所以 $P_{1z}/\mathrm{kN} = \dfrac{2T_1}{D_1} = \dfrac{2\times120}{60} = 4$，　$P_{1y}/\mathrm{kN} = \dfrac{2T_2}{D_2} = \dfrac{2\times120}{120} = 2$

由三角关系可求得

$$P_{1y}/\mathrm{kN} = P_{1z}\tan20° = 4\times0.364 = 1.456$$

$$P_{2z}/\mathrm{kN} = P_{2y}\tan20° = 2\times0.364 = 0.728$$

由图可知，AB 轴的 CD 段产生弯曲与扭转组合变形。

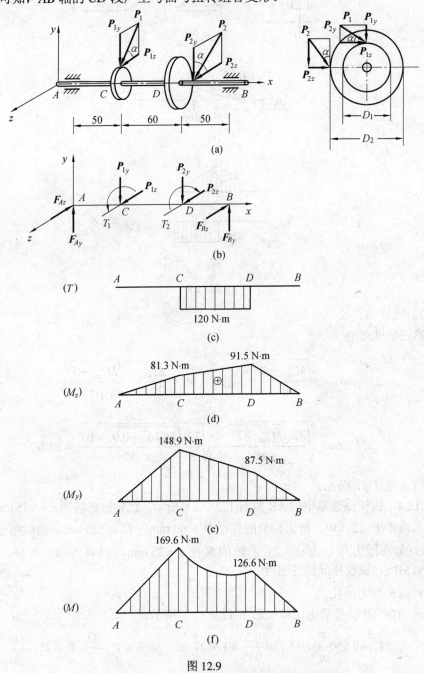

图 12.9

（2）内力分析

T_1、T_2 使轴 CD 段产生扭转，可作轴的扭矩图如图 12.9（c）所示；P_{1y}、P_{2y} 与轴承反力 F_{Ay}、F_{By} 使轴产生在 xy 平面内的弯曲，P_{1z}、P_{2z} 与轴承反力 F_{Az}、F_{Bz} 使轴产生 xz 平面内的弯曲，可分别作出两个平面内的弯矩图如图 12.9（d）、（e）所示。

对于圆截面轴，由于任一直径均为截面的对称轴，因此无论截面上的弯矩方向如何，都不会影响使用弯曲正应力公式。于是，再作轴的合成弯矩图，与力的合成原理相同，合成弯矩的数值，等于两互相垂直与此平面内弯矩平方和的开方，即 $M = \sqrt{M_z^2 + M_y^2}$

代入数值求得　　　　　　　$M_A = M_B = 0$

$$M_C/(\mathrm{N \cdot m}) = \sqrt{81.3^2 + 148.9^2} = 169.63$$

$$M_D/(\mathrm{N \cdot m}) = \sqrt{91.5^2 + 87.5^2} = 126.62$$

可作出合成弯矩图如图 12.9（f）所示。可以证明，在 CD 段的合成弯矩图必为凹曲线。由此可见，轴的危险截面为 C 截面。

（3）强度校核

AB 轴为 45 号钢，可按第三或第四强度理论计算，由第三强度理论的强度条件

$$\sigma_{r3} = \frac{\sqrt{M^2 + T^2}}{W} \leqslant [\sigma]$$

在 C 截面上，$M_C = 169.63\,\mathrm{N \cdot m}$，$T = 120\,\mathrm{N \cdot m}$，轴径为 $d = 25\,\mathrm{mm}$，代入上式

$$\sigma_{r3}/\mathrm{MPa} = \frac{32\sqrt{169.93^2 + 120^2}}{\pi \times 25^3} \times 10^3 = \frac{32 \times 207.78 \times 10^3}{\pi \times 25^3} = 135.5 \leqslant [\sigma]$$

所以此轴强度足够。

习　题

12.1　斜梁 AB 由 18 号工字钢制成，尺寸如图所示。在梁中点 C 处受力 P=20 kN 作用。试求梁内的最大应力及所在位置。

12.2　木梁截面为矩形，宽度 $b = 100\,\mathrm{mm}$，高度 $h = 200\,\mathrm{mm}$，其余尺寸如图示，材料的 $[\sigma] = 10\,\mathrm{MPa}$，$A$ 点作用力 P=10 kN，试校核此梁的强度。

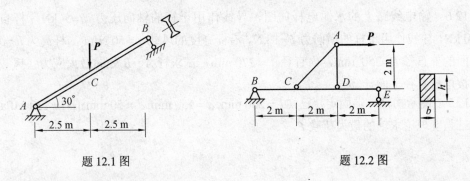

题 12.1 图　　　　　　　　　　　　　　　　　题 12.2 图

12.3　图示矩形截面杆，用电阻应变片测得上下表面处的轴向正应变分别为 $\varepsilon_a = 2.0\times10^{-3}, \varepsilon_b = 0.8\times10^{-3}$，材料的弹性模量 $E=210\,\text{GPa}$，试绘杆横截面的正应力分布图，并求杆所受拉力 P 及偏心距 δ 的数值。

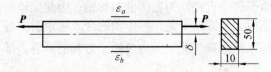

题 12.3 图

12.4　图示支承桁架与吊车梁的柱子，受由桁架传来的压力为 $P_1 =100\,\text{kN}$，由吊车梁传来的压力为 $P_2 = 30\,\text{kN}$，P 与柱轴线间的偏心距 $y_P = 0.2\,\text{m}$，已知柱截面宽度为 $b =180\,\text{mm}$，求截面高度 h 为多大时可使截面上下不出现拉应力？又在所选 h 下，求柱子横截面的最大压应力。

12.5　图示构架的立柱用 20a 号工字钢制成。已知：$F=10\,\text{kN}$，$[\sigma]=150\,\text{MPa}$，试校核立柱的强度。

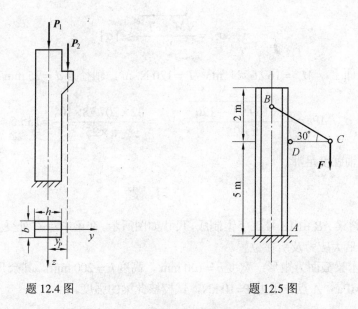

题 12.4 图　　　　　　　　　　題 12.5 图

12.6　输电线路上的水泥电杆如图，导线作用于杆的轴向压力 $P=5\,\text{kN}$，杆自重为 $W=20\,\text{kN}$，导线作用于杆的横向力 $F=1\,\text{kN}$，沿杆高度的风载 $q = 50\,\text{N/m}^2$，杆高为 $h = 12\,\text{m}$，横截面的外直径 $D=350\,\text{mm}$，内直径 $d = 270\,\text{mm}$，试求杆 A、B 处的最大应力（风载作用面可按电杆直径平面计算）。

12.7　图示拐轴一端固定，已知 $l = 200\,\text{mm}, a = 150\,\text{mm}, d = 50\,\text{mm}, [\sigma] = 130\,\text{MPa}$，试按第三强度理论求轴的最大荷载 F。

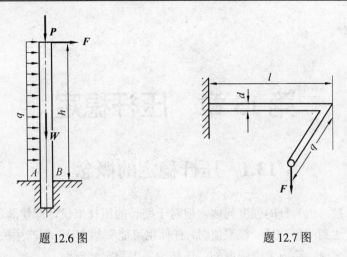

题 12.6 图   题 12.7 图

12.8 图示传动轴，C 轮皮带处于水平位置，D 轮皮带处于铅垂位置，皮带拉力 $F_1 = 3.9\ \text{kN}$，$F_2 = 1.5\ \text{kN}$，两轮的直径均为 600 mm，轴材料的许用应力 $[\sigma] = 80\ \text{MPa}$，试按第三强度理论选择轴的直径，轴及皮带的自重不计。

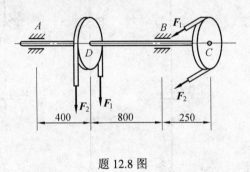

题 12.8 图

12.9 电动机的功率为 9 kW，转速 715 r/min，带轮直径 $D = 250$ mm，主轴外伸部分长度为 $l = 120$ mm，主轴直径 $d = 40$ mm。若 $[\sigma] = 60\ \text{MPa}$，试用第三强度理论校核轴的强度。

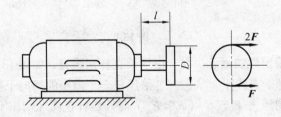

题 12.9 图

第 13 章　压杆稳定

13.1　压杆稳定的概念

前面研究了拉（压）杆的强度问题。但对于细长的压杆来说，即使满足了强度条件，如果轴向压力值达到或超过某一极限值时，杆件也可能突然变弯，即产生失稳现象。因此，对于细长的压杆来说，除应考虑强度外，还必须考虑稳定性问题。

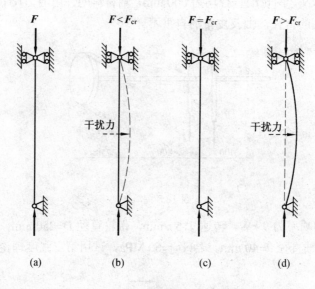

图 13.1

为了说明压杆稳定性的概念，取一根细长直杆来研究。如图 13.1(a)所示，在轴向压力 **F** 的作用下，压杆处于直线平衡状态。若给压杆一个微小的横向干扰力，会看到以下几种不同的情况：当轴向压力 **F** 较小（$F < F_{cr}$）时，压杆在图 13.1(b)位置处于平衡，当去掉干扰力后，受压杆最终将恢复到原来的直线平衡状态，这说明压杆原来的直线平衡状态是稳定的。当轴向压力 **F** 超过某值（$F > F_{cr}$）时，如图 13.1(d)所示，只要有一点轻微的干扰，压杆就会在微弯的基础上继续弯曲，甚至折断。这说明压杆原来的直线平衡状态是不稳定的。当轴向压力 **F** 正好等于某值（$F = F_{cr}$）时，如图 13.1(c)所示，去掉干扰力后，杆件将在微弯状态下保持平衡，既不恢复原状，也不继续变弯，这种状态称为临界平衡状态。临界平衡状态是压杆从稳定平衡状态向不稳定平衡状态转化的极限状态，临界平衡状态时的轴向压力值 F_{cr} 称为压杆的临界压力。对一个具体的压杆来说，临界压力是一个确定的值，只要压杆所受的压力小于临界压力，压杆就不会失稳。因此，研究稳定性问题的关键是确定临界压力。

13.2 细长压杆临界压力的欧拉公式

1. 两端铰支细长压杆的临界压力

现以两端球形铰支的压杆为例，如图 13.2（a）所示，说明临界压力的计算方法。

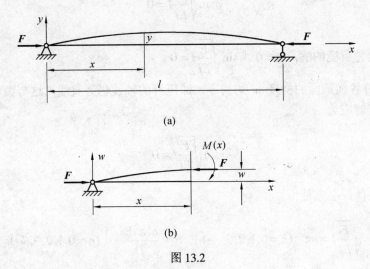

图 13.2

设压杆在轴向压力 F 作用下处于微弯的临界平衡状态，如图 13.2（b）所示，设 x 截面的挠度为 w，则该截面上的弯矩为

$$M(x) = -Fw$$

当杆件内应力不超过材料的比例极限时，压杆的挠曲线近似微分方程为

$$\frac{\mathrm{d}^2 w}{\mathrm{d}x^2} = \frac{M(x)}{EI}$$

即

$$\frac{\mathrm{d}^2 w}{\mathrm{d}x^2} + \frac{F}{EI} w = 0 \qquad (1)$$

此方程的通解为

$$w = a\sin\sqrt{\frac{F}{EI}}x + b\cos\sqrt{\frac{F}{EI}}x \qquad (2)$$

式中，a、b 为积分常数，其值由压杆的位移边界条件等确定。

两端铰支压杆的位移边界条件为

A 端 $x = 0, w = 0$

B 端 $x = l, w = 0$

将 A 端的边界条件代入式（2），得

$$w = a\sin\sqrt{\frac{F}{EI}}x \qquad\qquad (3)$$

将 B 端的边界条件代入式（3），得

$$a\sin\sqrt{\frac{F}{EI}}l = 0$$

上述方程有两种可能的解，$a = 0$ 或 $\sin\sqrt{\dfrac{F}{EI}}l = 0$。

若 $a = 0$，压杆各横截面的挠度 w 均为零，即压杆的轴线仍为直线，这与微弯状态的前提不符。因此其解应为

$$\sin\sqrt{\frac{F}{EI}}l = 0$$

为满足这一条件，必须使

$$\sqrt{\frac{F}{EI}}l = n\pi \quad (n = 0, 1, 2, 3, \cdots) ; \quad F = \frac{n^2\pi^2 EI}{l^2} \quad (n = 0, 1, 2, 3, \cdots)$$

如前所述，临界力是压杆在微弯状态下保持平衡的最小轴向压力。取 $n = 1$ 代入上式，得两端铰支细长压杆的临界力计算式为

$$F_{cr} = \frac{\pi^2 EI}{l^2} \qquad\qquad (13.1)$$

上述公式称为欧拉公式。由该公式可以看出，两端铰支细长压杆的临界压力与抗弯刚度成正比，与杆长的平方成反比。这就是说，杆越长越细，其临界压力越小，越容易失稳。

需要注意的是，由于压杆两端均为球形铰支座，式（13.1）中的惯性矩 I 应为压杆横截面的最小惯性矩，这是因为杆件总是在抗弯能力最小的纵向平面内弯曲。

如果压杆两端的支承情况改变，则其边界条件也有所改变，那么临界力也会不同，临界力可用下面统一公式表示

$$F_{cr} = \frac{\pi^2 EI}{(\mu l)^2} \qquad\qquad (13.2)$$

式中，I 为压杆横截面的惯性矩，若在各个方向上的支承条件相同，I 应取横截面的最小惯性矩，μ 为长度因数，它代表压杆两端不同支承情况对临界力的影响，几种支承情况的 μ 值均列于表 13.1；μl 称为相当长度，上式为欧拉公式的通式。

表 13.1　几种常见细长压杆的临界力与长度系数

支持方式	两端铰支	一端自由另一端固定	两端固定	一端铰支另一端固定
挠曲轴形状				
F_{cr}	$\dfrac{\pi^2 EI}{l^2}$	$\dfrac{\pi^2 EI}{(2l)^2}$	$\dfrac{\pi^2 EI}{(0.5l)^2}$	$\dfrac{\pi^2 EI}{(0.7l)^2}$
μ	1.0	2.0	0.5	0.7

例 13.1　有一矩形截面压杆如图 13.3 所示，一端固定，一端自由，已知 $b=2$ cm，$h=4$ cm，$l=1$ m，材料的弹性模量 $E=200$ GPa，试计算此压杆的临界力。

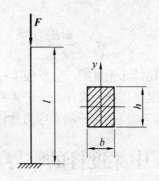

图 13.3

解：由表 13.1 查得 $\mu=2$，截面对 y 和 z 两轴的惯性矩分别为

$$I_y/\text{mm}^4 = \frac{hb^3}{12} = \frac{40 \times 20^3}{12} = 2.67 \times 10^4$$

$$I_z/\text{mm}^4 = \frac{bh^3}{12} = \frac{20 \times 40^3}{12} = 10.67 \times 10^4$$

因 $I_y < I_z$，压杆必绕 y 轴弯曲失稳，因此应用 I_y 代入公式计算临界力。

$$P_{\mathrm{cr}} = \frac{\pi^2 EI}{(\mu l)^2} = \frac{\pi^2 \times 200 \times 10^3 \times 2.67 \times 10^4}{(2 \times 1\,000)^2} = 13\,176\,\mathrm{N} \approx 13.2\,\mathrm{kN}$$

2. 临界应力

用压杆的临界力除以横截面面积所得的平均应力，称为压杆的临界应力，用 σ_{cr} 表示。

$$\sigma_{\mathrm{cr}} = \frac{F_{\mathrm{cr}}}{A} = \frac{\pi^2 EI}{(\mu l)^2 A} \tag{13.3}$$

对于压杆来说，σ_{cr} 就是危险应力，式中 $\dfrac{I}{A}$ 仅与截面的形状及尺寸有关，用 i^2 表示，即

$$i^2 = \frac{I}{A} \quad , \quad i = \sqrt{\frac{I}{A}} \tag{13.4}$$

i 称为截面的惯性半径，其量纲为长度单位，常用 mm。

将 $i = \sqrt{\dfrac{I}{A}}$ 代入式（13.3），得

$$\sigma_{\mathrm{cr}} = \frac{\pi^2 E}{\left(\dfrac{\mu l}{i}\right)^2} \tag{13.5}$$

令 $\lambda = \dfrac{\mu l}{i}$，细长杆的临界应力为

$$\sigma_{\mathrm{cr}} = \frac{\pi^2 E}{\lambda^2} \tag{13.6}$$

式中，λ 称为压杆的柔度或长细比，λ 无量纲，它反应了杆的长度、截面形状与尺寸及支承情况对临界力的综合影响。柔度是压杆计算中的一个重要物理量，可以看出，细长压杆的临界应力与柔度的平方成反比，柔度越大，临界应力愈低。

13.3　中柔度杆的临界应力

1. 欧拉公式的适用范围

由于临界力的欧拉公式是由仅适用于比例极限以内的挠曲线近似微分方程导出的，因此由欧拉公式求得的临界应力也不得超过材料的比例极限，即

$$\sigma_{\mathrm{cr}} = \frac{\pi^2 E}{\lambda^2} \leqslant \sigma_{\mathrm{P}}$$

用柔度表示以上条件：

$$\lambda \geqslant \sqrt{\frac{\pi^2 E}{\sigma_{\mathrm{P}}}} \quad , \quad \lambda_{\mathrm{P}} = \sqrt{\frac{\pi^2 E}{\sigma_{\mathrm{P}}}} \tag{13.7}$$

式中，λ_p 称为压杆的极限柔度，也就是适用欧拉公式的最小柔度值。λ_p 值取决于材料的力学性能，以低碳钢 Q235 为例，$E=200$ GPa，$\sigma_p = 196$ MPa，代入式（13.6）有

$$\lambda_P = \sqrt{\frac{\pi^2 \times 200 \times 10^3}{196}} \approx 100$$

$\lambda \geq \lambda_p$ 的压杆，称为大柔度杆或称细长杆，因此欧拉公式仅适用于大柔度杆。

2. 中柔度杆的临界应力

工程实际中许多压杆的柔度比 λ_p 小一些，它们在应力超过比例极限 σ_p 的情况下失稳，把相应于屈服极限 σ_s 的柔度 λ_s 作为下限，即 $\lambda_s \leq \lambda < \lambda_p$ 的压杆称为中柔度杆或称中长杆。对于中长杆，其临界应力通常按经验公式计算，常见的直线公式和抛物线公式，其中直线公式为

$$\sigma_{cr} = a - b\lambda \tag{13.8}$$

式中，a、b 为与材料有关的常数。

λ_s 是当压杆中的临界应力满足 $\sigma_{cr} = \sigma_s$ 时的柔度值，于是

$$\lambda_s = \frac{a - \sigma_s}{b} \tag{13.9}$$

例如 Q235 钢，$\sigma_s = 235$ MPa，$a = 304$ MPa，$b = 1.12$ MPa，代入上式求得

$$\lambda_s = 61.6$$

可近似取 $\lambda_s = 60$。

表 13.2 列出了常用材料的 a、b，λ_p、λ_s 的值。

表 13.2　几种常用材料的 λ_p 值和 λ_s 值

材料	a/MPa	b/MPa	λ_p	λ_s
Q235 钢	304	1.12	100	
35 钢	460	2.57	100	
45 钢，55 钢	577	3.74	100	60
铬钼钢	980	5.29	55	60
硬铝	392	3.26	50	60
铸铁	31.9	1.453		
松木	39.2	0.199	59	

3. 三种压杆

根据柔度的大小，可将压杆分为三类，并按不同方式确定其极限应力。

大柔度杆（$\lambda \geq \lambda_\text{P}$），用欧拉公式计算临界应力

中柔度杆（$\lambda_\text{s} \leq \lambda < \lambda_\text{P}$），用经验公式计算临界应力

小柔度杆（$\lambda < \lambda_\text{s}$），这类压杆一般不会失稳，而可能发生屈服（塑性材料）或断裂（脆性材料），须进行强度计算。

在上述三种情况下，临界应力（或极限应力）随柔度变化的曲线如图 13.4 所示，称为临界应力总图。

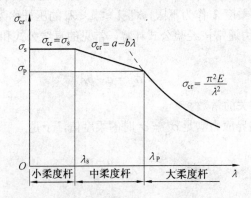

图 13.4　临界应力总图

例 13.2　图 13.5 所示为两端铰支圆截面杆，杆用 Q235 钢制成，弹性模量 $E = 200\,\text{GPa}$，屈服极限 $\sigma_\text{s} = 235\,\text{MPa}$，比例极限 $\sigma_\text{P} = 196\,\text{MPa}$，直径 $d = 40\,\text{mm}$。试分别计算：杆长 $l = 1.2\,\text{m}$ 时、杆长 $l = 800\,\text{mm}$ 时、杆长 $l = 500\,\text{mm}$ 时，这种压杆的临界压力。

解：（1）杆长 $l = 1.2\,\text{m}$ 时，因两端铰支，故 $\mu = 1$

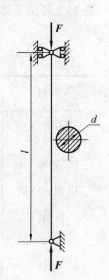

$$惯性半径\ i/\text{mm} = \sqrt{\frac{I}{A}} = \sqrt{\frac{\pi d^4 / 64}{\pi d^4 / 4}} = \frac{d}{4} = \frac{40}{4} = 10$$

$$\lambda_\text{P} = \pi \sqrt{\frac{E}{\sigma_\text{P}}} = 3.14 \times \sqrt{\frac{200 \times 10^9}{196 \times 10^6}} = 100.3$$

$$柔度\quad \lambda = \frac{\mu l}{i} = \frac{1 \times 1.2}{10 \times 10^{-3}} = 120 > \lambda_\text{P} = 100.3$$

故采用欧拉公式计算临界应力

$$F/\text{kN} = \sigma_\text{cr} A = \frac{\pi^2 E}{\lambda^2} A = \frac{3.14^2 \times 200 \times 10^9}{120^2} \times \frac{\pi}{4} \times 40^2 \times 10^{-6} =$$
$$171.996$$

（2）杆长 $l = 800\,\text{mm}$ 时，$\mu = 1$

图 13.5

$$\lambda_s = \frac{a - \sigma_s}{b} = \frac{304 - 235}{1.12} = 61.6$$

柔度　$\lambda_s = 61.6 < \lambda = \dfrac{\mu l}{i} = \dfrac{1 \times 0.8}{10 \times 10^{-3}} = 80 < \lambda_P = 100.3$

故采用经验公式计算临界应力

$$\sigma_{cr}/\text{MPa} = a - b\lambda = 304 - 1.12\lambda = 304 - 1.12 \times 200 = 80$$

$$F_{cr} = A\sigma_{cr} = 100.48 \text{ kN}$$

（3）杆长 $l = 500$ mm 时，$\mu = 1$

柔度 $\lambda = \dfrac{\mu l}{i} = \dfrac{1 \times 0.5}{10 \times 10^{-3}} = 50 < \lambda_s = 61.6$

压杆是小柔度杆，已不是稳定性问题，是轴向压缩问题。故

$$F/\text{kN} = \sigma_s A = 235 \times 10^6 \times \frac{3.14 \times 40^2 \times 10^{-6}}{4} = 259.16$$

13.4　压杆的稳定计算

1. 稳定安全准则

为了保证压杆的稳定性，必须保证它的工作荷载小于临界力，或它的工作应力小于临界应力，考虑一定的安全范围，压杆的稳定安全准则为

$$F \leqslant \frac{F_{cr}}{n_{st}} \tag{13.10}$$

或　　　　　　　　　　　　　　　　$\sigma \leqslant \dfrac{\sigma_{cr}}{n_{st}}$　　　　　　　　　　　　　（13.11）

式中，n_{st} 为稳定安全因素。压杆的失稳大都具有突发性，可能导致整个结构的破坏，危害比较大，因此稳定安全因素要比强度安全因素取得大一些。对于钢材：$n_{st} = 1.8 \sim 3.0$；对于铸铁：$n_{st} = 5.0 \sim 5.5$；对于木材：$n_{st} = 2.8 \sim 3.2$。柔度较大的压杆，n_{st} 相应取得大些。

2. 安全因素法

基于上述稳定安全准则，工程上常用安全因数校核法对压杆进行校核。

令　　　　　　　　　　　　　　　　$n_w = \dfrac{F_{cr}}{F} = \dfrac{\sigma_{cr}}{\sigma}$

式中，F 为压杆的工作荷载；σ 为工作应力；n_w 为工作安全因素。F_{cr} 和 σ_{cr} 分别为临界力和临界应力，对于不同类型的压杆须用不同的公式计算。

压杆安全工作的条件为工作安全因素大于稳定安全因素，即

$$n_{\mathrm{w}} \geq n_{\mathrm{st}} \tag{13.12}$$

例 13.3 螺旋千斤顶如图 13.6（a）所示，丝杠的长度 $l = 375\ \mathrm{mm}$，直径 $d = 40\ \mathrm{mm}$，材料为 45 号钢，最大起重量 $P = 80\ \mathrm{kN}$，稳定安全因素 $n_{\mathrm{st}} = 4$。试校核丝杠的稳定性。

解：（1）计算柔度

丝杠可简化为下端固定上端自由的压杆如图 13.6（b）所示，其长度因素 $\mu = 2$。

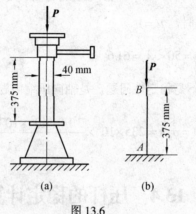

图 13.6

$$i/\mathrm{mm} = \sqrt{\frac{I}{A}} = \sqrt{\frac{\pi d^4 / 64}{\pi d^2 / 4}} = \frac{d}{4} = \frac{40}{4} = 10,\quad \lambda = \frac{\mu l}{i} = \frac{2 \times 375}{10} = 75$$

（2）计算临界力

因 $\lambda < \lambda_{\mathrm{p}} = 100$，且 $\lambda > \lambda_{\mathrm{s}} = 60$ 此丝杠属中长杆，故采用经验公式计算临界应力，由表 13.2 查得 $a = 577\ \mathrm{MPa}$，$b = 3.74\ \mathrm{MPa}$，故

$$F_{\mathrm{cr}}/\mathrm{kN} = \sigma_{\mathrm{cr}} A = 296.5 \times \frac{3.14 \times 40^3}{4} = 372 \times 10^3 = 372$$

（3）校核压杆的稳定性

$$n_{\mathrm{w}} = \frac{F_{\mathrm{cr}}}{P} = \frac{372}{80} = 4.65,\quad n_{\mathrm{w}} > n_{\mathrm{st}}$$

所以丝杆的稳定的。

13.5　提高压杆稳定性的措施

提高压杆的稳定性，关键在于提高临界力或临界应力，必须综合考虑杆长、支撑、截面的合理性以及材料性能等因素的影响。

1. 尽量减少杆长

对于细长杆，其临界力与杆长的平方成正比，因此减少杆长可以显著提高杆的临界力。工程中常利用增加中间支承的办法减小杆长 l，如图 13.7 所示。

2. 增强支承的刚性

支承的刚性越大，压杆的长度因素 μ 越小，临界力也就愈大，故宜采用 μ 值小的支座形式（如两端固定），或加固端部的支承，如图 13.8 所示。

3. 合理选择截面形状

压杆两端在各个方向的挠曲平面内具有相同的约束条件时，压杆会在刚度最小的主轴平面内失稳，如果只增加截面某个方向的惯性矩，不能提高压杆的承载能力。若把截面设计成中空的，如图 13.9 所示，且 $I_z=I_y$，可提高压杆各个方向的稳定性。

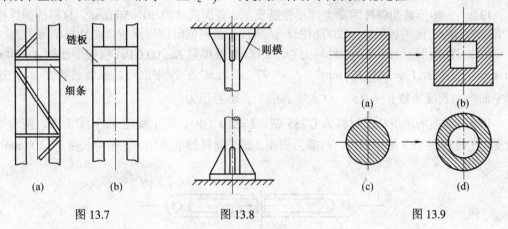

图 13.7　　　　　图 13.8　　　　　图 13.9

若压杆两端在不同平面内约束条件不同时，杆件的各方向的惯性矩也应不同（如矩形截面），使约束刚性较好的平面惯性矩小，而约束刚性较差的平面惯性矩较大，尽量使各平面内压杆的柔度 λ 相接近。

4. 合理选用材料

对大柔度杆计算临界力用欧拉公式，临界力与弹性模量成正比，选用弹性模量大的材料可以提高压杆的承载能力，例如钢杆的 E 值大于铜、铝、铸铁等材料，但是，合金钢、高强钢与普通碳钢的弹性模量大致相等，因此选用合金钢、高强钢对提高临界力意义不大，反而造成浪费。对于中柔度杆，经验公式中的系数 a、b 与材料的强度指标 σ_p、σ_s 有关，选择高强度钢会有助于临界力的提高。

习　题

13.1　如图所示压杆材料为 Q235 钢，截面有四种形状，但其面积为 3 200 mm^2，已知 $E=200\,\text{GPa}$，$\sigma=240\,\text{MPa}$，$\lambda_p=100$，$\lambda_s=60$，试计算它们的临界力。

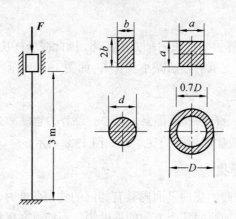

题 13. 1 图

13.2 一矩形截面钢杆两端为球形铰链支承，截面尺寸为 $30 \times 50\ \text{mm}^2$，材料的弹性模量 $E=200\ \text{GPa}$，比例极限 $\sigma_\text{p} = 200\ \text{MPa}$。试问杆长为何值时可用欧拉公式计算临界力？

13.3 如图所示为一连杆，材料为 Q235 钢，弹性模量 $E=200\ \text{GPa}$，横截面面积 $A = 44 \times 10^2\ \text{mm}^2$，惯性矩 $I_y = 120 \times 10^4\ \text{mm}^4$，$I_z = 797 \times 10^4\ \text{mm}^4$ 在 xy 平面内，长度系数 $\mu_z = 1$；在 xz 平面内，长度系数 $\mu_y = 0.5$。试求临界应力、临界压力。

13.4 如图所示压杆的材料为 Q235 钢，$E=210\ \text{GPa}$。在主视图（a）平面内，两端为铰支；在俯视图（b）的平面内，两端为固定。试求此杆的临界压力。图中长度单位为 mm。

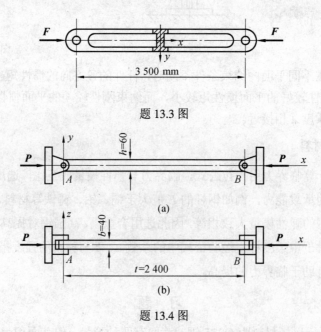

题 13.3 图

(a)

(b)

题 13.4 图

13.5 如图所示的立柱由两根 10 号槽钢组成，立柱上端为球铰，下端固定，柱长 $l = 6\ \text{m}$。试求两槽钢距离值取多少时立柱的临界压力最大？其值是多少？已知材料的弹性模量 $E=200\ \text{GPa}$，比例极限 $\sigma_\text{p} = 200\ \text{MPa}$。

13.6　如图所示横梁 *AB* 的截面为矩形，尺寸如图。竖杆 *CD* 的截面为圆形，其直径 *d*=20 mm，在 *C* 处用铰链连接。材料为 Q235，规定的稳定安全系数 n_{st}=3。若测得 *AB* 梁最大弯曲应力 σ=140 MPa，试校核 *CD* 杆的稳定性。

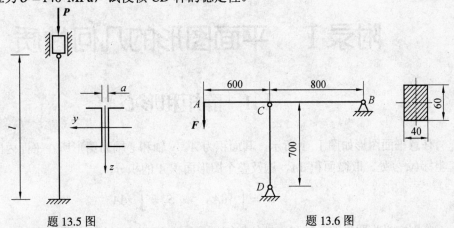

题 13.5 图　　　　　　　　　　　题 13.6 图

13.7　蒸汽机车的连杆如图所示。截面为工字形，材料为 Q235 钢，连杆在摆动平面（*xy* 平面）内发生弯曲时，两端可视为铰支；而在与摆动平面垂直的 *xz* 平面内发生弯曲时，两端可认为是固定支座。试确定其安全系数。图中长度单位为 mm。

13.8　简易起重机如图所示。压杆 *BD* 为 No.20 槽钢，材料为 Q235 钢，起重机最大起吊重量 *F*=40 kN。若规定的稳定安全系数 n_{st}=5，试校核 *BD* 杆的稳定性。

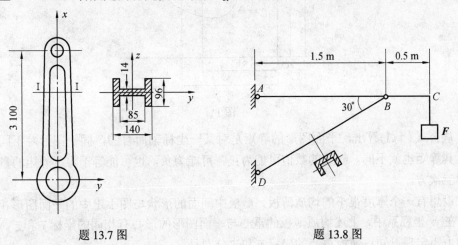

题 13.7 图　　　　　　　　　　　题 13.8 图

附录 I 平面图形的几何性质

I.1 静矩和形心

任意平面图形如图 I.1 所示，其面积为 A。y 轴和 z 轴为图形所在平面内的坐标轴。在坐标 (y, z) 处，取微面积 dA，遍及整个图形面积 A 的积分

$$S_z = \int_A y\,dA , \qquad S_y = \int_A z\,dA \tag{I.1}$$

分别定义为图形对 z 轴和 y 轴的静矩，也称为图形对 z 轴和 y 轴的一次矩。

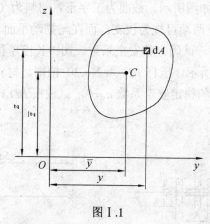

图 I.1

从公式（I.1）看出，平面图形的静矩是对某一坐标轴而言的，同一图形对不同的坐标轴，其静矩也就不同。静矩的数值可能为正，可能为负，也可能等于零。静矩的量纲是长度的三次方。

设想有一个厚度很小的均质薄板，薄板中间面的形状与图 I.1 中的平面图形相同。显然，在 yz 坐标系中，上述均质薄板的重心与平面图形的形心有相同的坐标 $\bar{y}$ 和 $\bar{z}$。由静力学的力矩定理可知，薄板重心的坐标 $\bar{y}$ 和 $\bar{z}$ 分别是

$$\bar{y} = \frac{\int_A y\,dA}{A} , \qquad \bar{z} = \frac{\int_A z\,dA}{A} \tag{I.2}$$

这也就是确定平面图形的形心坐标的公式。

利用公式（I.1）可以把公式（I.2）改写成

$$\bar{y} = \frac{S_z}{A} , \qquad \bar{z} = \frac{S_y}{A} \tag{I.3}$$

所以,把平面图形对 z 轴和 y 轴的静矩,除以图形的面积 A,就得到图形形心的坐标 $\bar{y}$ 和 $\bar{z}$。把上式改写为

$$S_z = A \cdot \bar{y}, \quad S_y = A \cdot \bar{z} \tag{I.4}$$

这表明,平面图形对 y 轴和 z 轴的静矩,分别等于图形面积 A 乘形心的坐标 $\bar{z}$ 和 $\bar{y}$。

由以上两式看出,若 $S_z = 0$ 和 $S_y = 0$,则 $\bar{y} = 0$ 和 $\bar{z} = 0$。可见,若图形对某一轴的静矩等于零,则该轴必然通过图形的形心;反之,若某一轴通过形心,则图形对该轴的静矩等于零。

例 I.1 在图 I.2 中抛物线的方程为 $z = h\left(1 - \dfrac{y^2}{b^2}\right)$。计算由抛物线、$y$ 轴和 z 轴所围成的平面图形对 y 轴和 z 轴的静矩 S_y 和 S_z,并确定图形的形心 C 的坐标。

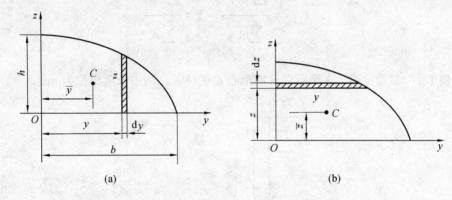

图 I.2

解: 取平行于 z 轴的狭长条作为微面积 dA 如图 I.2(a)所示,则

$$dA = z\,dy = h\left(1 - \frac{y^2}{b^2}\right)dy$$

图形的面积和对 z 轴的静矩分别为

$$A = \int_A dA = \int_0^h h\left(1 - \frac{y^2}{b^2}\right)dy = \frac{2bh}{3}$$

$$S_z = \int_A y\,dA = \int_0^h yh\left(1 - \frac{y^2}{b^2}\right)dy = \frac{b^2 h}{4} \quad \text{代入式(I.3),得}$$

$$\bar{y} = \frac{S_z}{A} = \frac{3}{8}b$$

取平行于 y 轴的狭长条作为微面积如图 I.2(b)所示,仿照上述方法,即可求出

$$S_y = \frac{4bh^2}{15}, \quad \bar{z} = \frac{2h}{5}$$

当一个平面图形是由若干个简单图形(例如矩形、圆形、三角形等)组成时,由静矩的定义可知,图形各组成部分对某一轴的静矩的代数和,等于整个图形对同一轴的静矩,即

$$S_z = \sum_{i=1}^{n} A_i \cdot \bar{y}_i , \quad S_y = \sum_{i=1}^{n} A_i \cdot \bar{z}_i \qquad (\mathrm{I}.5)$$

式中,A_i,$\bar{y}_i$ 和 $\bar{z}_i$ 分别表示任一组成部分的面积及其形心的坐标。n 表示图形由 n 个部分组成。由于图形的任一组成部分都是简单图形,其面积及形心坐标都不难确定,所以公式(I.5)中的任一项都可由公式(I.4)算出,其代数和即为整个组合图形的静矩。

若将公式(I.5)中的 S_z 和 S_y 代入公式(I.3),便得组合图形形心坐标的计算公式为

$$\bar{y} = \frac{\sum_{i=0}^{n} A_i \bar{y}_i}{\sum_{i=0}^{n} A_i} , \quad \bar{z} = \frac{\sum_{i=0}^{n} A_i \bar{z}_i}{\sum_{i=0}^{n} A_i} \qquad (\mathrm{I}.6)$$

例 I.2　试确定图 I.3 所示图形的形心 C 的位置。图中长度单位为 mm。

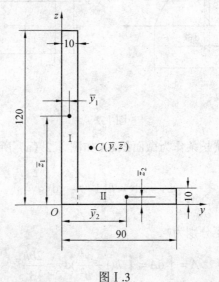

图 I.3

解: 把图形看作是由两个矩形 I 和 II 组成的,选取坐标系如图 I.3 所示。每一矩形的面积及形心位置分别为:

矩形 I

$$A_1/\mathrm{mm}^2 = 120 \times 10 = 1\,200 , \quad \bar{y}_1 = \frac{10}{2} = 5 , \quad \bar{z}_1/\mathrm{mm} = \frac{120}{2} = 60$$

$$A_2/\mathrm{mm}^2 = 80 \times 10 = 800$$

矩形 II

$$\bar{y}_2 = 10 + \frac{80}{2} = 50 , \quad \bar{z}_2/\mathrm{mm} = \frac{10}{2} = 5$$

应用公式（I.6）求出整个图形形心 C 的坐标为

$$\bar{y} = \frac{A_1 \bar{y}_1 + A_2 \bar{y}_2}{A_1 + A_2} = 23 \text{ mm}$$

$$\bar{z} = \frac{A_1 \bar{z}_1 + A_2 \bar{z}_2}{A_1 + A_2} = 38 \text{ mm}$$

例 I.6 某单臂液压机机架的横截面尺寸如图 I.4 所示。试确定截面形心的位置。图中长度单位为 mm。

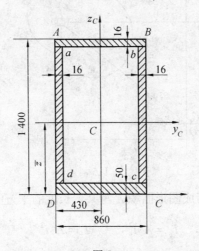

图 I.4

解： 截面有一垂直对称轴，其形心必然在这一对称轴上，因而只需确定形心在对称轴上的位置。把截面看成是由矩形 *ABCD* 减去矩形 *abcd*，并以 *ABCD* 的面积为 A_1，*abcd* 的面积为 A_2 以底边 *DC* 作为参考坐标轴 y。

$$A_1/\text{m}^2 = 1.4 \times 0.86 = 1.204 \ , \quad \bar{z}_1/\text{m} = \frac{1.4}{2} = 0.7$$

$$A_2/\text{m}^2 = (0.86 - 2 \times 0.016) \times (1.4 - 0.05 - 0.016) = 1.105$$

$$\bar{z}_2/\text{m} = \frac{1}{2}(1.4 - 0.05 - 0.016) + 0.05 = 0.717$$

由公式（I.6），整个截面的形心 C 的坐标 $\bar{z}$ 为

$$\bar{z} = \frac{A_1 \bar{z}_1 + A_2 \bar{z}_2}{A_1 + A_2} = 0.51 \text{ m}$$

I.2 惯性矩和惯性半径

任意平面图形如图 I.5 所示，其面积为 A。y 轴和 z 轴为图形所在平面内的坐标轴。在坐标(y, z)处取微面积 $\text{d}A$，遍及整个图形面积 A 的积分

$$I_y = \int_A z^2 \mathrm{d}A , \qquad I_z = \int_A y^2 \mathrm{d}A \qquad (\text{I}.7)$$

分别定义为图形对 y 轴和 z 轴的惯性矩，也称为图形对 y 轴和 z 轴的二次轴矩。

在公式（I.7）中，由于 z^2 和 y^2 总是正的，所以 I_y 和 I_z 也恒为正值。惯性矩的量纲是长度的四次方。

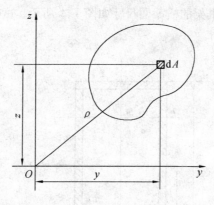

图 I.5

力学计算中，有时把惯性矩写成图形面积 A 与某一长度的平方的乘积，即

$$I_y = A \cdot i_y^2 , \qquad I_z = A \cdot i_z^2 \qquad (\text{I}.8)$$

或者改写为

$$i_y = \sqrt{\frac{I_y}{A}} , \qquad i_z = \sqrt{\frac{I_z}{A}} \qquad (\text{I}.9)$$

式中，i_y 和 i_z 分别称为图形对 y 轴和对 z 轴的惯性半径。惯性半径的量纲就是长度。

以 ρ 表示微面积 $\mathrm{d}A$ 到坐标原点 O 的距离，下列积分

$$I_\mathrm{P} = \int_A \rho^2 \mathrm{d}A \qquad (\text{I}.10)$$

定义为图形对坐标原点 O 的极惯性矩。由图 I.5 可以看出，$P2=Y2+22$，于是有

$$I_\mathrm{P} = \int_A \rho^2 \mathrm{d}A = \int_A (y^2 + z^2)\mathrm{d}A = \int_A y^2 \mathrm{d}A + \int_A z^2 \mathrm{d}A \qquad (\text{I}.11)$$

所以，图形对任意一对互相垂直的轴的惯性矩之和，等于它对该两轴交点的极惯性矩。

例 I.4 试计算矩形对其对称轴 y 和 z（图 I.6）的惯性矩。矩形的高为 h，宽为 b。

解： 先求对 y 轴的惯性矩。取平行于 y 轴的狭长条作为微面积 $\mathrm{d}A$。则

$$\mathrm{d}A = b\mathrm{d}z , \qquad I_y = \int_A z^2 \mathrm{d}A = \int_{-\frac{h}{2}}^{\frac{h}{2}} bz^2 \mathrm{d}z = \frac{bh^3}{12}$$

用完全相同的方法可以求得

$$I_z = \frac{hb^3}{12}$$

若图形为高为 h、宽为 b 的平行四边形如图 I.7 所示，则由于算式完全相同，它对形心轴 y 的惯性矩仍然是

$$I_y = \frac{bh^3}{12}$$

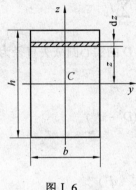

图 I.6

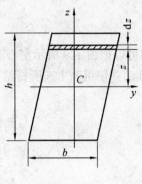

图 I.7

例 I.5 计算图 I.8 中圆形对其形心轴的惯性矩。

解： 取图 I.8 中的阴影线面积为 dA，则

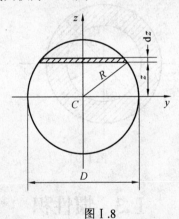

图 I.8

$$dA = 2y\,dz = 2\sqrt{R^2 - z^2}\,dz$$

$$I_y = \int_A z^2\,dA = 2\int_{-R}^{R} z^2\sqrt{R^2 - z^2}\,dz = \frac{\pi R^4}{4} = \frac{\pi D^4}{64}$$

z 轴和 y 轴都与圆的直径重合，由于对称的原因，必然有

$$I_z = I_y = \frac{\pi D^4}{64}$$

由公式（I.11），显然可以求得

$$I_\mathrm{P} = I_z + I_y = \frac{\pi D^4}{32}$$

式中，I_P 为圆形对圆心的极惯性矩。这里又得出与公式(3.13)相同的结果。

当一个平面图形是由若干个简单的图形组成时，根据惯性矩的定义，可先算出每一个简单图形对同一轴的惯性矩，然后求其总和，即等于整个图形对于这一轴的惯性矩。这可用下式表达为

$$I_y = \sum_{i=1}^{n} I_{yi}, \quad I_z = \sum_{i=1}^{n} I_{zi} \qquad (\mathrm{I}.12)$$

例如可以把图 I.9 所示空心圆。看作是由直径为 D 的实心圆减去直径为 d 的圆，由公式(I.12)，并使用例 I.5 所得结果，即可求得

$$I_z = I_y = \frac{\pi D^4}{64} - \frac{\pi d^4}{64} = \frac{\pi}{64}(D^4 - d^4)$$

$$I_\mathrm{P} = \frac{\pi D^4}{32} - \frac{\pi d^4}{32} = \frac{\pi}{32}(D^4 - d^4)$$

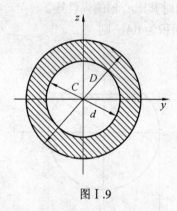

图 I.9

I.3　惯性积

在平面图形的坐标(y, z)处，取微面积 $\mathrm{d}A$（图 I.5），遍及整个图形面积 A 的积分

$$I_{yz} = \int_A yz\,\mathrm{d}A$$

定义为图形对 y、z 轴的惯性积。

由于坐标乘积 yz 可能为正或负，因此 I_{yz} 的数值可能为正，可能为负，也可能等于零。例如当整个图形都在第一象限内时。如图 I.5 所示，由于所有微面积 $\mathrm{d}A$ 的 y、z 坐标均为正值，所以图形对这两个坐标轴的惯性积也必为正值。又如当整个图形都在第二象限内时，由于所有微面积 $\mathrm{d}A$ 的 z 坐标为正，而 y 坐标为负，因而图形对这两个坐标轴的惯性积必

为负值。惯性积的量纲是长度的四次方。

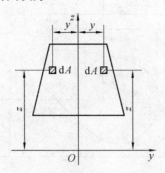

图 I.10

若坐标轴 y 或 z 中有一个是图形的对称轴，例如图 I.10 中的 z 轴。这时，如在轴两侧的对称位置处，各取一微面积 $\mathrm{d}A$，显然，两者的 z 坐标相同，y 坐标则数值相等但符号相反。因而两个微面积与坐标 y、z 的乘积，数值相等而符号相反，它们在积分中相互抵消。所有微面积与坐标的乘积都两两相消，最后导致

$$I_{yz} = \int_A yz\mathrm{d}A = 0$$

所以，坐标系的两个坐标轴中只要有一个为图形的对称轴，则图形对这一坐标系的惯性积等于零。

I.4 平行移轴公式

同一平面图形对于平行的两对坐标轴的惯性矩或惯性积，并不相同。当其中一对轴是图形的形心轴时，它们之间有比较简单的关系。现在介绍这种关系的表达式。

在图 I.11 中，C 为图形的形心，y_C 和 z_C 是通过形心的坐标轴。图形对形心轴 y_C 和 z_C 的惯性矩和惯性积分别记为

$$I_{yC} = \int_A z_C^2\mathrm{d}A, \quad I_{zC} = \int_A y_C^2\mathrm{d}A, \quad I_{yCzC} = \int_A y_C z_C\mathrm{d}A \qquad (\text{I}.13\mathrm{a})$$

若 y 轴平行于 y_C，且两者的距离为 a；z 轴平行于 z_C，且两者的距离为 b，图形对 y 轴和 z 轴的惯性矩和惯性积应为

$$I_y = \int_A z^2\mathrm{d}A, \quad I_z = \int_A y^2\mathrm{d}A, \quad I_{yz} = \int_A yz\mathrm{d}A \qquad (\text{I}.13\mathrm{b})$$

由图 I.11 显然可以看出

$$y = y_C + b, \quad z = z_C + a \qquad (\text{I}.13\mathrm{c})$$

以式（I.13c）代入式（I.13b），得

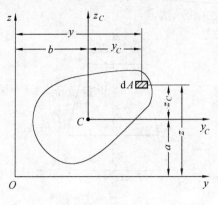

图 I.11

$$I_y = \int_A z^2 \mathrm{d}A = \int_A (z_C + a)^2 \mathrm{d}A = \int_A z_C^2 \mathrm{d}A + 2a \int_A z_C \mathrm{d}A + a^2 \int_A \mathrm{d}A$$

$$I_z = \int_A y^2 \mathrm{d}A = \int_A (y_C + b)^2 \mathrm{d}A = \int_A y_C^2 \mathrm{d}A + 2b \int_A y_C \mathrm{d}A + b^2 \int_A \mathrm{d}A$$

$$I_{yz} = \int_A yz \mathrm{d}A = \int_A (y_C + b)(z_C + a) \mathrm{d}A =$$

$$\int_A y_C z_C \mathrm{d}A + a \int_A y_C \mathrm{d}A + b \int_A z_C \mathrm{d}A + ab \int_A \mathrm{d}A$$

在以上三式中，$\int_A z_C \mathrm{d}A$ 和 $\int_A y_C \mathrm{d}A$ 分别为图形对形心轴 y_C 和 z_C 的静矩，其值应等于零（I.1）。$\int_A \mathrm{d}A = A$。如再应用式（I.13a），则上列三式简化为

$$\left.\begin{array}{l} I_y = I_{yC} + a^2 A \\ I_z = I_{zC} + b^2 A \\ I_{yz} = I_{yCzC} + abA \end{array}\right\} \qquad (\,\mathrm{I}.14)$$

公式（I.14）即为惯性矩和惯性积的平行移轴公式。使用时要注意 a 和 b 是图形的形心在 Oyz 坐标系中的坐标，所以它们是有正负的。

例 I.6 试计算图 I.12 所示图形对其形心轴 y_C 的惯性矩 I_{yC}。图中长度单位为 mm。

解： 把图形看作是由两个矩形 I 和 II 所组成。图形的形心必然在对称轴上。为了确定 $\bar{z}$，取通过矩形 II 的形心且平行于底边的参考轴 y

$$\bar{z}/\mathrm{m} = \frac{A_1 \bar{z}_1 + A_2 \bar{z}_2}{A_1 + A_2} = \frac{0.14 \times 0.02 \times 0.08 + 0.1 \times 0.02 \times 0}{0.14 \times 0.02 + 0.1 \times 0.02} = 0.046\,7$$

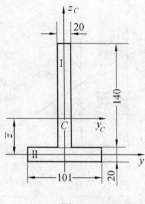

图 I.12

形心位置确定后，使用平行移轴公式，分别算出矩形 I 和 II 对 y_C 轴的惯性矩，它们是

$$I_{yC}^{\mathrm{I}}/\mathrm{m}^4 = \frac{1}{12}\times 0.02\times 0.14^3 + (0.08 - 0.046\,7)^2\times 0.02\times 0.14 = 7.69\times 10^{-6}$$

$$I_{yC}^{\mathrm{II}}/\mathrm{m}^4 = \frac{1}{12}\times 0.1\times 0.02^3 + 0.046\,7^2\times 0.1\times 0.02 = 4.43\times 10^{-6}$$

整个图形对 y_C 轴的惯性矩应为

$$I_{yC}/\mathrm{m}^4 = I_{yC}^{\mathrm{I}} + I_{yC}^{\mathrm{II}} = 7.69\times 10^{-6} + 4.43\times 10^{-6} = 12.12\times 10^{-6}$$

例 I.7 试计算例 I.3(图 I.4)中液压机机架横截面对形心轴 y_C 的惯性矩，对形心轴 y_C、z_C 的惯性积。

解： 在例 I.3 中已经求出 y_C 轴到截面底边的距离为 $\bar{z} = 0.51$ m。现在把截面看作是从矩形 $ABCD$ 中减去矩形 $abcd$。由平行移轴公式求出矩形 $ABCD$ 对 y_C 轴的惯性矩为

$$I_{yC}^{\mathrm{I}}/\mathrm{m}^4 = \frac{1}{12}\times 0.86\times 1.4^3 + (0.7 - 0.51)^2\times 0.86\times 1.4 = 0.24$$

矩形 $abcd$ 对 y_C 轴为的惯性矩

$$I_{yC}^{\mathrm{II}}/\mathrm{m}^4 = \frac{1}{12}\times 0.082\times 1.334^3 + \left(\frac{1.334}{2} + 0.05 - 0.51\right)^2\times 0.082\times 1.334 = 0.211$$

整个截面对 y_C 轴的惯性矩是

$$I_{yC}/\mathrm{m}^4 = I_{yC}^{\mathrm{I}} + I_{yC}^{\mathrm{II}} = 0.24 - 0.211 = 0.029$$

由于 z_C 轴是对称轴，故 $I_{yCzC} = 0$。

例 I.8 计算图 I.13 所示三角形 OBD 对 y, z 轴和形心轴 y_C、z_C 的惯性积 I_{yz} 和 I_{yCzC}。

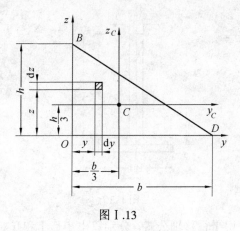

图 I.13

解：三角形斜边 BD 的方程式为

$$z = \frac{h(b-y)}{b}$$

取微面积 $dA = dydz$，三角形对 y, z 轴的惯性积 I_{yz} 为

$$I_{yz} = \int_A yz \, dA = \int_0^b \left[\int_0^y z \, dz \right] y \, dy = \int_0^b \frac{h^2}{2b^2}(b-y)^2 y \, dy = \frac{b^2 h^2}{24}$$

三角形的形心 C 在 Oyz 坐标系中的坐标为 $\left(\dfrac{b}{3}, \dfrac{h}{3} \right)$，由惯性积的平行移轴公式得

$$I_{y_C z_C} = I_{yz} - \frac{b}{3}\frac{h}{3}A = \frac{b^2 h^2}{24} - \frac{b}{3} \cdot \frac{h}{3} \cdot \frac{bh}{12} = -\frac{b^2 h^2}{72}$$

I.5   转轴公式、主惯性轴

任意平面图形如图 I.14 所示，对 y 轴和 z 轴的惯性矩和惯性积为

$$I_y = \int_A z^2 \, dA , \qquad I_z = \int_A y^2 \, dA , \qquad I_{yz} = \int_A yz \, dA \qquad (1)$$

若将坐标轴绕 O 点旋转 α 角，且以逆时针转向为正，旋转后得新的坐标轴 y_1, z_1，而图形对 y_1, z_1 轴的惯性矩和惯性积则应分别为

$$I_{y1} = \int_A z_1^2 \, dA , \qquad I_{z1} = \int_A y_1^2 \, dA , \qquad I_{y1z1} = \int_A y_1 z_1 \, dA \qquad (2)$$

现在研究图形对 y, z 轴和对 y_1, z_1 轴的惯性矩及惯性积之间的关系。

由图 I.14，微面积 dA 在新旧两个坐标系中的坐标 (y_1, z_1) 和 (y, z) 之间的关系为

$$y_1 = y\cos\alpha + z\sin\alpha \atop z_1 = z\cos\alpha - y\sin\alpha \Bigg\} \tag{3}$$

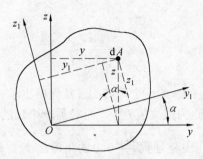

图 I.14

把 z_1 代入式（2）中的第一式有

$$I_{y1} = \int_A z_1^2 \mathrm{d}A = \int_A (z\cos\alpha - y\sin\alpha)^2 \mathrm{d}A =$$

$$\cos^2\alpha \int_A z^2 \mathrm{d}A + \sin^2\alpha \int_A y^2 \mathrm{d}A - 2\sin\alpha\cos\alpha \int_A yz\mathrm{d}A =$$

$$I_y \cos^2\alpha + I_z \sin^2\alpha - I_{yz}\sin 2\alpha$$

以 $\cos^2\alpha = \dfrac{1}{2}(1+\cos 2\alpha)$ 和 $\sin^2\alpha = \dfrac{1}{2}(1-\cos 2\alpha)$ 代入上式，得出

$$I_{y1} = \frac{I_y + I_z}{2} + \frac{I_y - I_z}{2}\cos 2\alpha - I_{yz}\sin 2\alpha \tag{I.15}$$

同理，由式（2）的第二式和第三式可以求得

$$I_{z1} = \frac{I_y + I_z}{2} + \frac{I_y - I_z}{2}\cos 2\alpha + I_{yz}\sin 2\alpha \tag{I.16}$$

$$I_{y1z1} = \frac{I_y - I_z}{2}\sin 2\alpha + I_{yz}\cos 2\alpha \tag{I.17}$$

I_{y1}、I_{z1}、I_{y1z1} 随角 α 的改变而变化，它们都是 α 的函数。

将公式（I.15）对 α 取导数

$$\frac{\mathrm{d}I_{y1}}{\mathrm{d}\alpha} = -2\left(\frac{I_y - I_z}{2}\sin 2\alpha + I_{yz}\cos 2\alpha\right) \tag{4}$$

若 $\alpha = \alpha_0$ 时，能使导数 $\dfrac{\mathrm{d}I_{y1}}{\mathrm{d}\alpha} = 0$，则对 α_0 所确定的坐标轴，图形的惯性矩为最大值或最小

值。以 α_0 代入式（4），并令其等于零，得到

$$\frac{I_y - I_z}{2}\sin 2\alpha_0 + I_{yz}\cos 2\alpha_0 = 0 \qquad (5)$$

由此求出

$$\tan 2\alpha_0 = -\frac{2I_{yz}}{I_y - I_z} \qquad (\text{I}.18)$$

由公式（Ⅰ.18）可以求出相差 90° 的两个角度 α_0，从而确定了一对坐标轴 y_0 和 z_0。图形对这一对轴中的一个轴的惯性矩为最大值 I_{max}，而对另一个轴的惯性矩则为最小值 I_{min}。比较式（5）和公式（Ⅰ.17），可见使导数 $\dfrac{\mathrm{d}I_{y1}}{\mathrm{d}\alpha} = 0$ 的角度 α_0 恰好使惯性积等于零。所以，当坐标轴绕 O 点旋转到某一位置 y_0 和 z_0 时，图形对这一对坐标轴的惯性积等于零，这一对坐标轴称为主惯性轴，简称为主轴。对主惯性轴的惯性矩称为主惯性矩。如上所述，对通过 O 点的所有轴来说，对主轴的两个主惯性矩，一个是最大值另一个是最小值。

通过图形形心 C 的主惯性轴称为形心主惯性轴，图形对该轴的惯性矩就称为形心主惯性矩。如果这里所说的平面图形是杆件的横截面，则截面的形心主惯性轴与杆件轴线所确定的平面，称为形心主惯性平面。杆件横截面的形心主惯性轴、形心主惯性矩和杆件的形心主惯性平面，在杆件的弯曲理论中有重要意义。截面对于对称轴的惯性积等于零，截面形心又必然在对称轴上，所以截面的对称轴就是形心主惯性轴，它与杆件轴线确定的纵向对称面就是形心主惯性平面。

由公式（Ⅰ.18）求出角度 α_0 的数值，代入公式（Ⅰ.15）和（Ⅰ.16）就可求得图形的主惯性矩。为了计算方便，下面导出直接计算主惯性矩的公式。由式（Ⅰ.18）可以求得

$$\cos(2\alpha_0) = \frac{1}{\sqrt{1 + \tan^2(2\alpha_0)}} = \frac{I_y - I_z}{\sqrt{(I_y - I_z)^2 + 4I_{yz}^2}}$$

$$\sin(2\alpha_0) = \tan(2\alpha_0)\cdot\cos(2\alpha_0) = \frac{-2I_{yz}}{\sqrt{(I_y - I_z)^2 + 4I_{yz}^2}}$$

将以上两式代入公式（Ⅰ.15）和（Ⅰ.16），经简化后得出主惯性矩的计算公式是

$$\left.\begin{array}{l} I_{y0} = \dfrac{I_y + I_z}{2} + \dfrac{1}{2}\sqrt{(I_y - I_z)^2 + 4I_{yz}^2} \\[3mm] I_{z0} = \dfrac{I_y + I_z}{2} - \dfrac{1}{2}\sqrt{(I_y - I_z)^2 + 4I_{yz}^2} \end{array}\right\} \qquad (\text{I}.19)$$

例Ⅰ.9 试确定图Ⅰ.15所示图形的形心主惯性轴的位置，并计算形心主惯性矩。图中长度单位为 mm。

解： 首先确定图形的形心。由于图形有一对称中心 C，C 即为图形的形心。

选取通过形心的水平轴及垂直轴作为 y 和 z 轴。把图形看作是由Ⅰ、Ⅱ、Ⅲ三个矩形所组成。矩形Ⅰ的形心坐标为(-35 mm，74.5 mm)，矩形Ⅲ的形心坐标为(35 mm，-74.5 mm)，

矩形 II 的形心与 C 点重合。利用平行移轴公式分别求出各矩形对 y 轴和 z 轴的惯性矩和惯性积

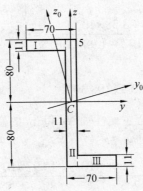

图 I .15

矩形 I $\quad I_y^{\mathrm{I}}/\mathrm{m}^4 = \dfrac{1}{12}\times0.059\times0.011^3 + 0.074\,5^2\times0.011\times0.059 = 3.607\times10^{-6}$

$\qquad\quad I_z^{\mathrm{I}}/\mathrm{m}^4 = \dfrac{1}{12}\times0.011\times0.059^3 + (-0.035)^2\times0.011\times0.059 = 0.982\times10^{-6}$

$\qquad\quad I_{yz}^{\mathrm{I}}/\mathrm{m}^4 = 0 + (-0.035)\times0.074\,5\times0.011\times0.059 = -1.69\times10^{-6}$

矩形 II $\quad I_y^{\mathrm{II}}/\mathrm{m}^4 = \dfrac{1}{12}\times0.011\times0.16^3 = 3.76\times10^{-6}$

$\qquad\quad I_z^{\mathrm{II}}/\mathrm{m}^4 = \dfrac{1}{12}\times0.16\times0.011^3 = 0.017\,8\times10^{-6}$

$\qquad\quad I_{yz}^{\mathrm{II}} = 0$

矩形 III $\quad I_y^{\mathrm{III}}/\mathrm{m}^4 = \dfrac{1}{12}\times0.059\times0.011^3 + (-0.074\,5)^2\times0.011\times0.059 = 3.607\times10^{-6}$

$\qquad\quad I_z^{\mathrm{III}}/\mathrm{m}^4 = \dfrac{1}{12}\times0.011\times0.059^3 + 0.035^2\times0.011\times0.059 = 0.982\times10^{-6}$

$\qquad\quad I_{yz}^{\mathrm{III}}/\mathrm{m}^4 = 0 + 0.035\times(-0.074\,5)\times0.011\times0.059 = -1.69\times10^{-6}$

整个图形对 y 轴和 z 轴的惯性矩和惯性积为

$$I_y/\mathrm{m}^4 = I_y^{\mathrm{I}} + I_y^{\mathrm{II}} + I_y^{\mathrm{III}} = (3.607 + 3.76 + 3.607)\times10^{-6} = 10.97\times10^{-6}$$

$$I_z/\mathrm{m}^4 = I_z^{\mathrm{I}} + I_z^{\mathrm{II}} + I_z^{\mathrm{III}} = (0.982 + 0.0178 + 0.098\,2)\times10^{-6} = 1.98\times10^{-6}$$

$$I_{yz}/\mathrm{m}^4 = I_{yz}^{\mathrm{I}} + I_{yz}^{\mathrm{II}} + I_{yz}^{\mathrm{III}} = (-1.69 + 0 - 1.69)\times10^{-6} = -3.38\times10^{-6}$$

把求得的 I_y、I_z、I_{yz} 代入式（I.18），得

$$\tan 2\alpha_0 = -\frac{2I_{yz}}{I_y - I_z} = \frac{-2(-3.38 \times 10^{-6})}{10.97 \times 10^{-6} - 1.98 \times 10^{-6}} = 0.752$$

$$2\alpha_0 \approx 37° \text{ 或 } 217°，\quad \alpha_0 \approx 18°30' \text{ 或 } 108°30'。$$

α_0 的两个值分别确定了形心主惯性轴 y_0 和 z_0 的位置。以 α_0 的两个值分别代入公式（I.15），求出图形的形心主惯性矩为

$$I_{y0}/\text{m}^4 = \frac{10.97 \times 10^{-6} + 1.98 \times 10^{-6}}{2} + \frac{10.97 \times 10^{-6} - 1.98 \times 10^{-6}}{2} \cos 37° -$$

$$(-3.38 \times 10^{-6}) \sin 37° = 12.1 \times 10^{-6}$$

也可以把 $2\alpha_0 = 37°$ 代入公式（I.16）求出 I_{z0}。

在求出 I_y、I_z、I_{yz} 后，还可另外一种方法计算形心主惯性矩，确定形心主惯性轴。这时，由公式（I.19）求得形心主惯性矩为

$$\left.\begin{array}{c} I_{y0}/\text{m}^4 \\ I_{z0}/\text{m}^4 \end{array}\right\} = \frac{I_y + I_z}{2} \pm \frac{1}{2}\sqrt{(I_y - I_z)^2 + 4I_{yz}^2} = \frac{10.97 \times 10^{-6} + 1.98 \times 10^{-6}}{2} \pm$$

$$\frac{1}{2}\sqrt{(10.97 \times 10^{-6} - 1.98 \times 10^{-6})^2 + 4(-3.38 \times 10^{-6})^2} = \begin{cases} 12.1 \times 10^{-6} \\ 0.85 \times 10^{-6} \end{cases}$$

当确定主惯性轴的位置时，如约定 I_y 代表较大的惯性矩（即 $I_y > I_z$），则由公式（I.18）算出的两个角度 α_0 中，由绝对值较小的 α_0 确定的主惯性轴对应的主惯性矩为最大值。例如在现在讨论的例题中，由 $\alpha_0 = 18°30'$ 所确定的形心主惯性轴，对应着最大的形心主惯性矩 $I_{y0}/\text{m}^4 = 12.1 \times 10^{-6}$。

仿照二向应力的图解法，图形对不同坐标轴的惯性矩和惯性积的变化情况，也可用图解法进行分析。

附录 II 型钢表

表 II.1 热轧等边角钢（GB 9787－88）

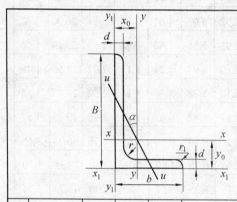

符号意义：b—边宽度；　　　　I—惯性矩；

d—边厚度；　　　　i—惯性半径；

r—内圆弧半径；　　W—抗弯截面系数；

r_1—边端内圆弧半径；z_0—重心距离。

角钢号数	尺寸/mm			截面面积/cm²	理论重量/(kg·m⁻¹)	外表面积/(m²·m⁻¹)	参 考 数 值										
							$x-x$			x_0-x_0			y_0-y_0			x_1-x_1	z_0/cm
	b	d	r				I_x/cm⁴	i_x/cm	W_x/cm³	I_{x0}/cm⁴	i_{x0}/cm	W_{x0}/cm³	I_{y0}/cm⁴	i_{y0}/cm	W_{y0}/cm³	I_{x1}/cm⁴	
2	20	3	3.5	1.132	0.889	0.078	0.40	0.59	0.29	0.63	0.75	0.45	0.17	0.39	0.20	0.81	0.60
		4		1.459	1.145	0.077	0.50	0.58	0.36	0.78	0.73	0.55	0.22	0.38	0.24	1.09	0.73
2.5	25	3		1.432	1.124	0.098	0.82	0.76	0.46	1.29	0.95	0.73	0.34	0.49	0.33	1.57	0.76
		4		1.859	1.459	0.097	1.03	0.74	0.59	1.62	0.93	0.92	0.43	0.48	0.40	2.11	0.85
3.0	30	3		1.749	1.373	0.117	1.46	0.91	0.68	2.31	1.15	1.09	0.61	0.59	0.51	2.71	0.89
		4		2.276	1.786	0.117	1.84	0.90	0.87	2.92	1.13	1.37	0.77	0.58	0.62	3.63	1.00
3.6	36	3	4.5	2.109	1.656	0.141	2.58	1.11	0.99	4.09	1.39	1.61	1.07	0.71	0.76	4.68	1.04
		4		2.756	2.163	0.141	3.29	1.09	1.28	5.22	1.38	2.05	1.37	0.70	0.93	6.25	1.07
		5		3.382	2.654	0.141	3.95	1.08	1.56	6.24	1.36	2.45	1.65	0.70	1.09	7.84	1.09
4.0	40	3		2.359	1.852	0.157	3.58	1.23	1.23	5.69	1.55	2.01	1.49	0.79	0.96	6.41	1.13
		4		3.086	2.422	0.157	4.60	1.22	1.60	7.29	1.54	2.58	1.91	0.79	1.19	8.56	1.17
		5		3.791	2.976	0.156	5.53	1.21	1.96	8.76	1.52	3.10	2.30	0.78	1.39	10.74	1.22
4.5	45	3	5	2.659	2.088	0.177	5.17	1.40	1.58	8.20	1.76	2.58	2.14	0.89	1.24	9.12	1.26
		4		3.486	2.736	0.177	6.65	1.38	2.05	10.56	1.74	3.32	2.75	0.89	1.54	12.18	1.30
		5		4.292	3.369	0.176	8.04	1.37	2.51	12.74	1.72	4.00	3.33	0.88	1.81	15.25	0.73
		6		5.076	3.985	0.176	9.33	1.36	2.95	14.76	1.70	4.64	3.89	0.88	2.06	18.36	0.76

续表 II. 1

角钢号数	尺寸/mm			截面面积/cm²	理论重量/(kg·m⁻¹)	外表面积/(m²·m⁻¹)	x-x			x₀-x₀			y₀-y₀			x₁-x₁	z₀/cm
	b	d	r				I_x/cm⁴	i_x/cm	W_x/cm³	I_{x0}/cm⁴	i_{x0}/cm	W_{x0}/cm³	I_{y0}/cm⁴	i_{y0}/cm	W_{y0}/cm³	I_{x1}/cm⁴	
5	50	3	5.5	2.971	2.332	0.197	7.18	1.55	1.96	11.37	1.96	3.22	2.98	1.00	1.57	12.50	1.34
		4		3.897	3.059	0.197	9.26	1.54	2.56	14.70	1.94	4.16	3.82	0.99	1.96	16.69	1.38
		5		4.803	3.770	0.196	11.21	1.53	3.13	17.79	1.92	5.03	4.64	0.98	2.31	20.90	1.42
		6		5.688	4.465	0.196	13.05	1.52	3.68	20.68	1.91	5.85	5.42	0.98	2.63	25.14	1.46
5.6	56	3	6	3.343	2.624	0.221	10.19	1.75	2.48	16.14	2.20	4.08	4.24	1.13	2.02	17.56	1.48
		4		4.390	3.446	0.220	13.18	1.73	3.24	20.92	2.18	5.28	5.46	1.11	2.52	23.43	1.53
		5		5.415	4.251	0.220	16.02	1.72	3.97	25.42	2.17	6.42	6.61	1.10	2.98	29.33	1.57
		6		8.367	6.568	0.219	23.63	1.68	6.03	37.37	2.11	9.44	9.89	1.09	4.16	46.24	1.68
6.3	63	4	7	4.978	3.907	0.248	19.03	1.96	4.13	30.17	2.46	6.78	7.89	1.26	3.29	33.35	1.70
		5		6.143	4.822	0.248	23.17	1.94	5.08	36.77	2.45	8.25	9.57	1.25	3.90	41.73	1.74
		6		7.288	5.721	0.247	27.12	1.93	6..00	43.03	2.43	9.66	11.20	1.24	4.46	50.14	1.78
		8		9.515	7.469	0.247	34.46	1.90	7.75	54.56	2.40	12.25	14.33	1.23	5.47	67.11	1.85
		10		11.657	9.151	0.246	41.09	1.88	9.39	64.85	2.36	14.56	17.33	1.22	6.36	84.31	1.93
7	70	4	8	5.570	4.372	0.275	26.39	2.18	5.14	41.80	2.74	8.44	10.99	1.40	4.17	45.74	1.86
		5		6.875	5.397	0.275	32.21	2.16	6.32	51.08	2.73	10.32	13.34	1.39	4.95	57.21	1.91
		6		8.160	6.406	0.275	37.77	2.15	7.48	59.93	2.71	12.11	15.61	1.38	5.67	68.73	1.95
		7		9.424	7.398	0.275	43.09	2.14	8.59	68.35	2.69	13.81	17.82	1.38	6.34	80.29	1.99
		8		10.667	8.373	0.274	48.17	2.12	9.68	76.37	2.68	15.43	19.98	1.37	6.98	91.92	2.03
7.5	75	5	9	7.412	5.818	0.295	39.97	2.33	7.32	63.30	2.92	11.94	16.63	1.50	5.77	70.56	2.04
		6		8.797	6.905	0.294	46.95	2.31	8.64	74.38	2.90	14.02	19.51	1.49	6.67	84.55	2.07
		7		10.160	7.976	0.294	53.57	2.30	9.93	84.96	2.89	16.02	22.18	1.48	7.44	98.71	2.11
		8		11.503	9.030	0.294	59.96	2.28	11.20	95.07	2.88	17.93	24.86	1.47	8.19	112.97	2.15
		10		14.126	11.089	0.293	71.98	2.26	13.64	113.92	2.84	21.48	30.0	51.46	9.56	141.71	2.22
8	80	5	9	7.912	6.211	0.315	48.79	2.48	8.34	77.33	3.13	13.67	20.25	1.60	6.66	85.36	2.15
		6		9.397	7.376	0.314	65.58	2.47	9.87	90.98	3.11	16.08	23.72	1.59	7.65	102.50	2.19
		7		10.860	8.525	0.314	73.49	2.46	11.37	104.07	3.10	18.40	27.09	1.58	8.58	119.70	2.23
		8		12.303	9.658	0.314	88.43	2.44	12.83	116.60	3.08	20.61	30.39	1.57	9.46	136.97	2.27
		10		15.126	11.874	0.313	7.18	2.42	15.64	140.09	3.04	24.76	36.77	1.56	11.08	171.74	2.35

续表 II.1

角钢号数	尺寸/mm			截面面积/cm²	理论重量/(kg·m⁻¹)	外表面积/(m²·m⁻¹)	参 考 数 值										
							$x-x$			x_0-x_0			y_0-y_0			x_1-x_1	z_0/cm
	b	d	r				I_x/cm⁴	i_x/cm	W_x/cm³	I_{x0}/cm⁴	i_{x0}/cm	W_{x0}/cm³	I_{y0}/cm⁴	i_{y0}/cm	W_{y0}/cm³	I_{x1}/cm⁴	
9	90	6	10	10.637	8.350	0.354	82.77	2.79	12.61	131.26	3.51	20.63	34.28	1.80	9.95	145.87	2.44
		7		12.301	9.656	0.354	94.83	2.78	14.54	150.47	3.50	23.64	39.18	1.78	11.19	170.30	2.48
		8		13.944	10.946	0.353	106.47	2.76	16.42	168.97	3.48	26.55	43.97	1.78	12.35	194.80	2.52
		10		17.167	13.476	0.353	128.58	2.74	20.07	203.90	3.45	32.04	53.26	1.76	14.52	244.07	2.59
		12		20.306	15.940	0.352	149.22	2.71	23.57	236.21	3.41	37.12	62.22	1.75	16.49	293.76	2.67
10	100	6	12	11.932	9.366	0.393	114.95	3.10	15.68	181.98	3.90	25.74	47.92	2.00	12.69	200.07	2.67
		7		13.796	10.830	0.393	131.86	3.09	18.10	208.97	3.89	29.55	54.74	1.99	14.26	233.54	2.71
		8		15.638	12.276	0.393	148.24	3.08	20.47	235.07	3.88	33.24	61.41	1.98	15.75	267.09	2.76
		10		19.261	15.120	0.392	179.51	3.05	25.06	284.68	3.84	40.26	74.35	1.96	18.54	334.48	2.84
		12		22.800	17.898	0.391	208.90	3.03	29.48	330.95	3.81	46.80	86.84	1.95	21.08	402.34	2.91
		14		26.256	20.611	0.391	236.53	3.00	33.73	374.06	3.77	52.90	99.00	1.94	23.44	470.75	2.99
		16		29.267	23.257	0.390	262.53	2.98	37.82	414.16	3.74	58.57	110.89	1.94	25.63	539.80	3.06
11	110	7	12	15.196	11.928	0.433	177.16	3.41	22.05	280.94	4.30	36.12	73.38	2.20	17.51	310.64	2.96
		8		17.238	13.532	0.433	199.46	3.40	24.95	316.49	4.28	40.69	82.42	2.19	19.39	355.20	3.01
		10		21.261	16.690	0.432	242.19	3.39	30.60	384.39	4.25	49.42	99.98	2.17	22.91	444.65	3.09
		12		25.200	19.782	0.431	282.55	3.35	36.05	448.17	4.22	57.62	116.93	2.15	26.15	534.60	3.16
		14		29.056	22.809	0.431	320.71	3.32	41.31	508.01	4.18	65.31	133.40	2.14	29.14	625.16	3.24
12.5	125	8	14	19.750	15.504	0.492	297.03	3.88	32.52	470.89	4.88	53.28	123.16	2.50	25.86	521.01	3.37
		10		24.373	19.133	0.491	361.67	3.85	39.97	573.89	4.85	64.93	149.46	2.48	30.62	651.93	3.45
		12		28.912	22.696	0.491	423.16	3.83	41.17	671.44	4.82	75.96	174.88	2.46	35.03	783.42	3.53
		14		33.367	26.193	0.490	481.65	3.80	54.16	763.73	4.78	86.41	199.57	2.45	39.13	915.61	3.61
14	140	10	14	27.373	21.488	0.551	514.65	4.34	50.58	817.27	5.46	82.56	212.01	2.78	39.20	915.11	3.82
		12		32.512	25.522	0.551	600.68	4.31	59.80	958.79	5.43	96.85	Z48.57	2.76	45.02	1099.28	3.90
		14		37.567	29.490	0.550	688.81	4.28	68.75	1093.56	5.40	110.47	284.06	2.75	50.45	1284.22	3.98
		16		42.539	33.393	0.549	770.24	4.26	77.46	1221.81	5.36	123.42	318.67	2.74	55.55	1470.07	4.06
16	160	10	16	31.502	24.729	0.630	719.53	4.98	66.70	1237.30	6.27	109.36	321.76	3.20	52.76	1365.33	4.31
		12		37.441	29.391	0.630	916.58	4.95	78.98	1455.68	6.24	128.67	377.49	3.18	60.74	1639.57	4.39
		14		43.296	33.987	0.629	1018.36	4.92	90.95	1665.02	6.20	147.17	431.70	3.16	68.24	191468	4.47
		16		49.067	38.518	0.629	1175.	4.89	102.63	1865.57	6.17	164.89	484.59	3.14	75.31	2190.82	4.55

续表 II. 1

角钢号数	尺寸/mm			截面面积/cm²	理论重量/kg·m⁻¹	外表面积/m²·m⁻¹	参　考　数　值											z_0/cm
							$x-x$			x_0-x_0			y_0-y_0			x_1-x_1	
	b	d	r				I_x/cm⁴	i_x/cm	W_x/cm³	I_{x0}/cm⁴	i_{x0}/cm	W_{x0}/cm³	I_{y0}/cm⁴	i_{y0}/cm	W_{y0}/cm³	I_{x1}/cm⁴	
18	180	12	16	42.741	33.159	0.710	1321.35	5.59	100.82	2100.10	7.05	165.00	542.61	3.58	178.41	2332.80	4.89
		14		48.896	38.383	0.709	1514.48	5.56	116.25	2407.4	7.02	189.14	621.53	3.56	88.38	2723.48	4.97
		16		55.467	43.542	0.709	1700.	5.54	131.13	2703.37	6.98	212.40	698.60	3.55	97.83	3115.29	5.05
		18		61.955	48.634	0.708	1875.1	5.50	145.64	2988.24	6.94	234.78	762.01	3.51	105.14	3734.10	5.13
20	200	14	18	54.642	42.894	0.788	2103.55	6.20	144.70	3343.26	7.82	236.40	863.83	3.98	111.82	3734.10	5.46
		16		62.013	48.680	0.788	2366.15	6.18	163.65	3760.89	7.79	265.93	971.41	3.96	123.96	4270.39	5.54
		18		69.301	54.401	0.787	2620.	6.15	182.22	4164.	7.75	294.48	1076.7	3.94	135.52	4808.13	5.62
		20		76.505	60.056	0.787	2867.	6.12	200.42	554.55	7.72	322.06	1180.04	3.93	146.55	5347.51	5.69
		24		90.661	71.168	0.785	3338.25	6.07	236.17	5294.97	7.64	374.41	1381.53	3.90	166.65	6457.16	5.87

注：截面图中的 $r_1 = d/3$ 及表中 r 值，用于孔型设计，不作为交货条件。

表 II. 2　热轧不等边角钢(GB 9788－88)

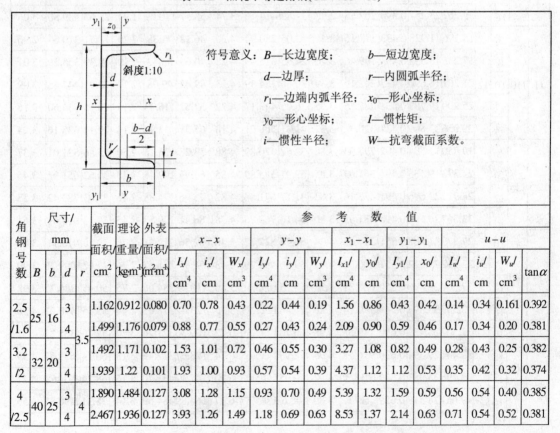

符号意义：B—长边宽度；　　b—短边宽度；
d—边厚；　　r—内圆弧半径；
r_1—边端内弧半径；　x_0—形心坐标；
y_0—形心坐标；　I—惯性矩；
i—惯性半径；　W—抗弯截面系数。

角钢号数	尺寸/mm				截面面积/cm²	理论重量/kg·m⁻¹	外表面积/m²·m⁻¹	参　考　数　值													
								$x-x$			$y-y$			x_1-x_1		y_1-y_1		$u-u$			
	B	b	d	r				I_x/cm⁴	i_x/cm	W_x/cm³	I_y/cm⁴	i_y/cm	W_y/cm³	I_{x1}/cm⁴	y_0/cm	I_{y1}/cm⁴	x_0/cm	I_u/cm⁴	i_u/cm	W_u/cm³	$\tan\alpha$
2.5/1.6	25	16	3	3.5	1.162	0.912	0.080	0.70	0.78	0.43	0.22	0.44	0.19	1.56	0.86	0.43	0.42	0.14	0.34	0.161	0.392
			4		1.499	1.176	0.079	0.88	0.77	0.55	0.27	0.43	0.24	2.09	0.90	0.59	0.46	0.17	0.34	0.20	0.381
3.2/2	32	20	3	3.5	1.492	1.171	0.102	1.53	1.01	0.72	0.46	0.55	0.30	3.27	1.08	0.82	0.49	0.28	0.43	0.25	0.382
			4		1.939	1.22	0.101	1.93	1.00	0.93	0.57	0.54	0.39	4.37	1.12	1.12	0.53	0.35	0.42	0.32	0.374
4/2.5	40	25	3	4	1.890	1.484	0.127	3.08	1.28	1.15	0.93	0.70	0.49	5.39	1.32	1.59	0.59	0.56	0.54	0.40	0.385
			4		2.467	1.936	0.127	3.93	1.26	1.49	1.18	0.69	0.63	8.53	1.37	2.14	0.63	0.71	0.54	0.52	0.381

续表 II.2

角钢号数	B	b	d	r	截面面积/cm²	理论重量/(kg·m⁻¹)	外表面积/(m²·m⁻¹)	I_x/cm⁴	i_x/cm	W_x/cm³	I_y/cm⁴	i_y/cm	W_y/cm³	I_{x1}/cm⁴	y_0/cm	I_{y1}/cm⁴	x_0/cm	I_u/cm⁴	i_u/cm	W_u/cm³	$\tan\alpha$
4.5/2.8	45	28	3	5	2.149	1.687	0.143	4.45	1.44	1.47	1.34	0.79	0.62	9.10	1.47	2.23	0.64	0.80	0.61	0.51	0.383
			4		2.806	2.203	0.143	5.69	1.42	1.91	1.70	0.78	0.80	12.13	1.51	3.00	0.68	1.02	0.60	0.66	0.380
5/3.2	50	32	3	5.5	2.431	1.908	0.161	6.24	1.60	1.84	2.02	0.91	0.82	12.49	1.60	3.31	0.73	1.20	0.70	0.68	0.404
			4		3.177	2.494	0.160	8.02	1.59	2.39	2.58	0.90	1.06	16.65	1.65	4.45	0.77	1.53	0.69	0.87	0.402
5.6/3.6	56	36	3	6	2.743	2.153	0.181	8.88	1.80	2.32	2.92	1.03	1.05	17.54	1.78	4.70	0.80	1.73	0.79	0.87	0.408
			4		3.590	2.818	0.180	11.45	1.78	3.03	3.76	1.02	1.37	23.39	1.82	6.33	0.85	2.23	0.79	1.13	0.408
			5		4.415	3.466	0.180	13.86	1.77	3.71	4.49	1.01	1.65	29.25	1.87	7.94	0.88	2.67	0.79	1.36	0.404
6.3/4	63	40	3	7	4.058	3.185	0.202	16.49	2.02	3.87	5.23	1.14	1.70	33.30	2.04	8.63	0.92	3.12	0.88	1.40	0.398
			4		4.993	3.920	0.202	20.02	2.00	4.74	6.31	1.12	2.71	41.63	2.08	10.86	0.95	3.76	0.87	1.71	0.396
			5		5.908	4.638	0.201	23.36	1.96	5.59	7.29	1.11	2.43	49.98	2.12	13.12	0.99	4.34	0.86	1.99	0.393
			6		6.802	5.339	0.201	26.53	1.98	6.40	8.24	1.10	2.78	58.07	2.15	15.47	1.03	4.97	0.86	2.29	0.389
7/4.5	70	45	4	7.5	4.547	3.570	0.226	23.17	2.26	4.86	7.55	1.29	2.17	45.92	2.24	12.26	1.02	4.40	0.98	1.77	0.410
			5		5.609	4.403	0.225	27.95	2.23	5.92	9.13	1.28	2.65	57.10	2.28	15.39	1.06	5.40	0.98	2.19	0.407
			6		6.647	5.218	0.225	32.54	2.21	6.95	10.62	1.26	3.12	68.35	2.32	18.58	1.09	6.35	0.93	2.59	0.404
			7		7.657	6.011	0.225	37.22	2.20	8.03	12.01	1.25	3.57	79.99	2.36	21.84	1.13	7.16	0.97	2.94	0.402
7.5/5	75	50	5	8	6.125	4.808	0.245	34.86	2.39	6.83	12.61	1.44	3.30	70.00	2.40	21.04	1.17	7.41	1.10	2.74	0.435
			6		7.260	5.699	0.245	41.12	2.38	8.12	14.70	1.42	3.88	84.30	2.44	25.37	1.21	8.54	1.08	3.19	0.435
			8		9.467	7.431	0.244	52.39	2.35	10.52	18.53	1.40	4.99	112.5	2.52	34.23	1.29	10.87	1.07	4.10	0.429
			10		11.590	9.098	0.244	62.71	2.33	12.79	21.96	1.38	6.04	140.8	2.60	43.43	1.36	13.10	1.06	4.99	0.423
8/5	80	50	5	8	6.375	5.005	0.255	41.96	2.56	7.78	12.82	1.42	3.32	85.21	2.60	21.06	1.14	7.66	1.10	2.74	0.388
			6		7.560	5.935	0.255	49.49	2.56	9.25	14.95	1.41	3.91	102.5	2.65	25.41	1.18	8.85	1.08	3.20	0.387
			7		8.724	6.848	0.255	56.16	2.54	10.58	16.96	1.39	4.48	119.3	2.69	29.82	1.21	10.18	1.08	3.70	0.384
			8		9.867	7.745	0.254	62.83	2.52	11.92	18.85	1.38	5.03	136.41	2.73	34.32	1.25	11.38	1.07	4.16	0.381
9/5.6	90	56	5	9	7.212	5.661	0.287	60.45	2.90	9.92	18.32	1.59	4.21	121.3	2.91	29.53	1.25	10.98	1.23	3.49	0.385
			6		8.557	6.717	0.286	71.03	2.88	11.74	21.42	1.58	4.96	145.5	2.95	35.58	1.29	12.90	1.23	4.18	0.384
			7		9.880	7.756	0.286	81.01	2.86	13.49	24.36	1.57	5.70	169.66	3.00	41.71	1.33	14.67	1.22	4.72	0.382
			8		11.183	8.779	0.286	91.03	2.85	15.27	27.15	1.56	6.41	194.1	3.04	47.93	1.36	16.34	1.21	5.29	0.380
10/6.3	100	63	6	10	9.617	7.550	0.320	99.06	3.21	14.64	30.94	1.79	6.35	199.71	3.24	50.50	1.43	18.42	1.38	5.25	0.394
			7		11.111	8.722	0.320	13.4	3.20	16.88	35.26	1.78	7.29	233.00	3.28	59.14	1.47	21.00	1.38	6.02	0.394
			8		12.584	9.878	0.319	27.3	3.18	19.08	39.39	1.77	8.21	266.32	3.32	67.88	1.50	23.50	1.37	6.78	0.391
			10		15.461	2.14	0.319	153.81	3.15	23.32	47.12	1.74	9.98	333.06	3.40	85.73	1.58	28.33	1.35	8.24	0.387

续表 II. 2

角钢号数	尺寸/mm				截面面积/	理论重量/	外表面积/	参 考 数 值													
								x-x			y-y			x1-x1		y1-y1		u-u			
	B	b	d	r	cm²	(kg·m⁻¹)	(m²·m⁻¹)	I_x/cm⁴	i_x/cm	W_x/cm³	I_y/cm⁴	i_y/cm	W_y/cm³	I_{x1}/cm⁴	y_0/cm	I_{y1}/cm⁴	x_0/cm	I_u/cm⁴	i_u/cm	W_u/cm³	$\tan\alpha$
10/8	100	80	6	10	10.637	8.350	0.354	107.04	3.17	15.19	61.24	2.40	10.16	199.83	2.95	102.68	1.97	31.65	1.72	8.37	0.627
			7		12.301	9.656	0.354	122.73	3.16	17.52	70.08	2.39	11.71	233.20	3.00	119.98	2.01	36.17	1.72	9.60	0.626
			8		13.944	10.946	0.353	137.92	3.14	19.81	78.58	2.37	13.21	266.61	3.04	137.37	2.05	40.58	1.71	10.80	0.625
			10		17.167	13.476	0.353	166.87	3.12	14.24	94.65	2.35	16.12	333.63	3.12	172.48	2.13	49.10	1.69	13.12	0.622
11/7	110	70	6	10	10.637	8.350	0.354	133.37	3.54	17.85	42.92	2.01	7.90	265.78	3.53	69.08	1.57	25.36	1.54	6.53	0.403
			7		12.301	9.656	0.354	153.00	3.53	20.60	49.01	2.00	9.09	310.07	3.57	80.82	1.61	28.95	1.53	7.50	0.402
			8		13.944	10.946	0.353	172.04	3.51	23.30	54.87	1.98	10.25	354.39	3.62	92.70	1.65	32.45	1.53	8.45	0.401
			10		17.167	13.467	0.353	208.39	3.48	28.54	65.88	1.96	12.48	443.13	3.70	116.83	1.72	39.20	1.51	10.29	0.397
12.5/8	125	80	7	11	14.096	11.066	0.403	227.98	4.02	26.86	74.42	2.30	12.01	454.99	4.01	120.32	1.80	43.81	1.76	9.92	0.408
			8		15.989	12.551	0.403	256.77	4.01	30.41	83.49	2.28	13.56	519.99	4.06	137.85	1.84	49.15	1.75	11.18	0.407
			10		19.712	15.474	0.402	312.04	3.98	37.33	100.67	2.26	16.56	650.09	4.14	173.40	1.92	59.45	1.74	13.64	0.404
			12		23.351	18.330	0.402	364.41	3.95	44.01	116.67	2.24	19.43	780.39	4.22	209.67	2.00	69.35	1.72	16.01	0.400
14/9	140	90	8	12	18.038	14.160	0.453	365.64	4.50	38.48	120.69	2.59	17.34	730.53	4.50	195.79	2.04	70.83	1.98	14.31	0.411
			10		22.261	17.475	0.452	445.50	4.47	47.31	146.03	2.56	21.22	913.20	4.58	245.92	2.21	85.82	1.96	17.48	0.409
			12		26.400	20.724	0.451	521.59	4.44	55.87	169.79	2.54	24.95	1096.	4.66	296.89	2.19	100.21	1.95	20.54	0.406
			14		30.456	23.908	0.451	594.10	4.42	64.18	192.10	2.51	28.54	1279.	4.74	348.82	2.27	114.13	1.94	23.52	0.403
16/10	160	100	10	13	25.315	19.872	0.512	668.69	5.14	62.13	205.03	2.85	26.56	1362.8	5.24	336.59	2.28	121.74	2.19	21.92	0.390
			12		30.054	23.592	0.511	784.91	5.11	73.49	239.09	2.82	31.28	1635.5	5.32	405.94	2.36	142.33	2.17	25.79	0.388
			14		34.709	27.247	0.510	896.30	5.08	84.56	271.20	2.80	35.83	1908.	5.40	476.42	2.43	162.23	2.16	29.56	0.385
			16		39.281	30.835	0.510	1003.04	5.05	95.33	301.60	2.77	40.24	181.7	5.48	548.51	2.51	182.57	2.16	33.44	0.382
18/11	180	110	10	14	28.373	22.273	0.571	956.25	5.80	78.96	278.11	3.13	32.49	1940.40	5.89	447.22	2.44	166.50	2.42	26.88	0.376
			12		33.712	26.464	0.571	1124.7	5.78	93.53	325.03	3.10	38.32	2328.3	5.98	538.94	2.52	194.87	2.40	31.66	0.374
			14		38.967	30.589	0.570	1286.91	5.75	107.76	369.55	3.08	43.97	2716.6	6.06	631.95	2.59	222.30	2.39	36.32	0.372
			16		44.139	34.649	0.569	1443.06	5.72	121.64	411.85	3.06	49.44	3105.1	6.14	726.46	2.67	248.84	2.38	40.87	0.369
20/12.5	200	125	12	16	37.912	29.761	0.641	1570.90	6.44	116.73	483.16	3.57	49.99	3193.85	6.54	787.74	2.83	285.79	2.74	41.23	0.392
			14		43.867	34.436	0.640	1800.97	6.41	134.65	550.83	3.54	57.44	3726.17	6.62	922.47	2.91	326.58	2.73	47.34	0.390
			16		49.739	39.045	0.639	2023.35	6.38	152.18	615.44	3.52	64.69	4258.68	6.70	1058.86	2.99	366.21	2.71	53.32	0.388
			18		55.526	43.588	0.639	2238.30	6.35	169.33	677.19	3.49	71.74	4792.00	6.78	1197.13	3.06	404.83	2.70	59.18	0.385

注：① 括号内型号不推荐使用。

② 截面图中的 $r_1=d/3$ 及表中 r 值，用于孔型设计，不作为交货条件。

表 II.3 热轧槽钢（GB 707－88）

符号意义：h—高度；　　　　　　r_1—腿端圆弧半径；

b—腿宽度；　　　　　　I—惯性矩；

d—腰厚度；　　　　　　W—抗弯截面系数；

t—平均腿厚度；　　　　i—惯性半径；

r—内圆弧半径；　　　　z_0—y–y 轴与 y_1–y_1 轴间距。

型号	尺寸/mm						截面面积/cm^2	理论重量/$(kg \cdot m^{-1})$	参 考 数 值							z_0/cm
									x–x			y–y			y_1–y_1	
	h	b	d	t	r	r_1			W_x/cm^3	I_x/cm^4	i_x/cm	W_y/cm^3	I_y/cm^4	i_y/cm	I_{y1}/cm^4	
5	50	37	4.5	7	7.0	3.5	6.928	5.438	10.4	26.0	1.94	3.55	8.30	1.10	20.9	1.35
6.3	63	40	4.8	7.5	7.5	3.8	8,451	6.634	16.1	50.8	2.45	4.50	11.9	1.19	28.4	1.36
8	80	43	5.0	8	8.0	4.0	10.248	8.045	25.3	101	3.15	5.79	16.6	1.27	37.4	1.43
10	100	48	5.3	8.5	8.5	4.2	12.748	10.007	39.7	198	3.95	7.8	25.6	1.41	54.9	1.52
14a	140	58	6.0	9.5	9.5	4.8	18.516	14.535	80.5	564	5.52	13.0	53.2	1.70	107	1.71
b	140	60	8.0	9.5	9.5	4.8	21.316	16.733	87.1	609	5.35	14.1	61.1	1.69	121	1.67
16a	160	63	6.5	10	10.0	5.0	21.962	17.240	108	866	6.28	16.3	73.3	1.83	144	1.80
16	160	65	8.5	10	10.0	5.0	25.162	19.752	117	935	6.10	17.6	83.4	1.82	161	1.75
18a	180	68	7.0	10.5	10.5	5.2	25.699	20.174	141	1270	7.04	20.0	98.6	1.96	190	1.88
18	180	70	9.0	10.5	10.5	5.2	29.299	23.000	152	1370	6.84	21.5	111	1.95	210	1.84
20a	200	73	7.0	11	11.0	5.5	28.837	22.637	178	1780	7.86	24.2	128	2.11	244	2.01
20	200	75	9.0	11	11.0	5.5	32.837	25.777	191	1910	7.64	25.9	144	2.09	268	1.95
22a	220	77	7.0	11.5	11.5	5.8	31.846	24.999	218	2390	8.67	28.2	158	2.23	298	2.10
22	220	79	9.0	11.5	11.5	5.8	36.246	28.453	234	12570	8.42	130.1	176	12.21	326	2.03
a	250	78	7.0	12	12.0	6.0	34.917	27.410	270	3370	9.82	30.6	176	2.24	322	2.07
25b	250	80	9.0	12	12.0	6.0	39.917	31.335	282	3530	9.41	32.7	196	2.22	353	1.98
c	250	82	11.0	12	12.0	6.0	44.917	35.260	295	3690	9.07	35.9	218	2.21	384	1.92
a	280	82	7.5	12.5	12.5	6.2	40.034	31.427	340	4760	10.9	35.7	218	2.33	388	2.10
28b	280	84	9.5	12.5	12.5	6.2	45.634	35.823	366	5130	10.6	37.9	242	2.30	428	2.02
c	280	86	11.5	12.5	12.5	6.2	51.234	40.219	393	5500	10.4	40.3	268	2.29	463	1.95

续表 II.3

型号	尺寸/mm						截面面积/cm²	理论重量/(kg·m⁻¹)	参考数值							z₀/cm
									x−x			y−y			y₁−y₁	
	h	b	d	t	r	r_1			W_x/cm³	I_x/cm⁴	i_x/cm	W_y/cm³	I_y/cm⁴	i_y/cm	I_{y1}/cm⁴	
a	320	88	8.0	14	14.0	7.0	48.513	38.083	475	7600	12.5	46.5	305	2.50	552	2.24
32b	320	90	10.0	14	14.0	7.0	54.913	43.107	509	8140	12.2	59.2	336	2.47	593	2.16
c	320	92	12.0	14	14.0	7.0	61.313	48.131	543	8690	11.9	52.6	374	2.47	643	2.09
a	360	96	9.0	16	16.0	8.0	60.910	47.814	660	11900	14.0	63.5	455	2.73	818	2.44
36b	360	98	11.0	16	16.0	8.0	68.110	53.466	703	12700	13.6	66.9	497	2.70	880	2.37
c	360	100	13.0	16	16.0	8.0	75.310	59.118	746	13400	13.4	70.0	536	2.67	948	2.34
a	400	100	10.5	18	18.0	9.0	75.068	58.928	879	17600	15.3	78.8	592	2.81	1070	2.49
40b	400	102	12.5	18	18.0	9.0	83.068	65.208	932	18600	15.0	82.5	640	2.78	1140	2.44
c	400	104	14.5	18	18.0	9.0	91.068	71.488	986	19700	14.7	86.2	688	2.75	1220	2.42

表 II.4 热轧工字钢（GB 706−88）

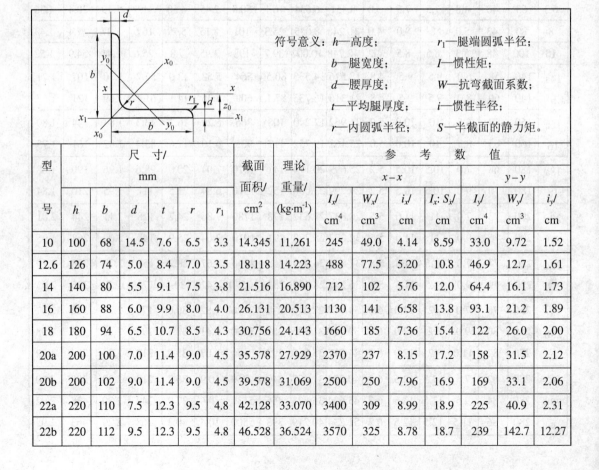

符号意义：h—高度；　　　　r_1—腿端圆弧半径；
b—腿宽度；　　　　I—惯性矩；
d—腰厚度；　　　　W—抗弯截面系数；
t—平均腿厚度；　　i—惯性半径；
r—内圆弧半径；　　S—半截面的静力矩。

型号	尺寸/mm						截面面积/cm²	理论重量/(kg·m⁻¹)	参考数值						
									x−x				y−y		
	h	b	d	t	r	r_1			I_x/cm⁴	W_x/cm³	i_x/cm	$I_x:S_x$/cm	I_y/cm⁴	W_y/cm³	i_y/cm
10	100	68	14.5	7.6	6.5	3.3	14.345	11.261	245	49.0	4.14	8.59	33.0	9.72	1.52
12.6	126	74	5.0	8.4	7.0	3.5	18.118	14.223	488	77.5	5.20	10.8	46.9	12.7	1.61
14	140	80	5.5	9.1	7.5	3.8	21.516	16.890	712	102	5.76	12.0	64.4	16.1	1.73
16	160	88	6.0	9.9	8.0	4.0	26.131	20.513	1130	141	6.58	13.8	93.1	21.2	1.89
18	180	94	6.5	10.7	8.5	4.3	30.756	24.143	1660	185	7.36	15.4	122	26.0	2.00
20a	200	100	7.0	11.4	9.0	4.5	35.578	27.929	2370	237	8.15	17.2	158	31.5	2.12
20b	200	102	9.0	11.4	9.0	4.5	39.578	31.069	2500	250	7.96	16.9	169	33.1	2.06
22a	220	110	7.5	12.3	9.5	4.8	42.128	33.070	3400	309	8.99	18.9	225	40.9	2.31
22b	220	112	9.5	12.3	9.5	4.8	46.528	36.524	3570	325	8.78	18.7	239	142.7	12.27

续表 II. 4

型号	尺寸/mm						截面面积/cm²	理论重量/(kg·m⁻¹)	参 考 数 值						
									x−x				y−y		
	h	b	d	t	r	r_1			I_x/cm⁴	W_x/cm³	i_x/cm	$I_x : S_x$/cm	I_y/cm⁴	W_y/cm³	i_y/cm
25a	250	116	18.0	113.0	10.0	5.0	48.541	38.105	5020	402	10.2	21.6	280	48.3	2.40
25b	250	118	10.0	13.0	10.0	5.0	53.541	42.030	5280	423	9.94	21.3	309	52.4	2.40
28a	280	122	8.5	13.7	10.5	5.3	55.404	43.492	7110	508	11.3	24.6	345	56.6	2.50
28b	280	124	10.5	13.7	10.5	5.3	61.004	47.888	7480	534	11.1	24.2	379	61.2	2.49
32a	320	130	9.5	15.0	11.5	5.8	67.156	52.717	11100	692	12.8	27.5	460	70.8	2.62
32b	320	132	11.5	15.0	11.5	5.8	73.556	57.741	11600	726	12.6	27.1	502	76.0	2.61
32c	320	134	13.5	15.0	11.5	5.8	79.956	62.765	12200	760	12.3	26.3	544	81.2	2.61
36a	360	136	10.0	15.8	12.0	6.0	76.480	60.037	15800	875	14.4	30.7	552	81.2	2.69
36b	360	138	12.0	15.8	12.0	6.0	83.680	65.689	16500	919	14.1	30.3	582	84.3	2.64
36c	360	140	14.0	15.8	12.0	6.0	90.880	71.341	17300	962	13.8	29.9	612	87.4	2.60
40a	400	142	10.5	16.5	12.5	6.3	86.112	67.598	21700	1090	15.9	34.1	660	93.2	2.77
40b	400	144	12.5	16.5	12.5	6.3	94.112	73.878	22800	1140	16.5	33.6	692	96.2	2.71
40c	400	146	14.5	16.5	12.5	6.3	102.112	80.158	23900	1190	15.2	33.2	727	99.6	2.65
45a	450	150	11.5	18.0	13.5	6.8	102.446	80.420	32200	1430	17.7	38.6	855	114	2.89
45b	450	152	13.5	18.0	13.5	6.8	111.446	87.485	33800	1500	17.4	38.0	894	118	2.84
45c	450	154	15.5	18.0	13.5	6.8	120.446	94.550	35300	1570	17.1	37.6	938	122	2.79
50a	500	158	12.0	20.0	14.0	7.0	119.304	93.654	46500	1860	19.7	42.8	1120	142	3.07
50b	500	160	14.0	20.0	14.0	7.0	129.304	101.504	48600	1940	19.4	42.4	1170	146	3.01
50c	500	162	16.0	20.0	14.0	7.0	139.304	109.354	50600	2080	19.0	41.8	1220	151	2.96
56a	560	166	12.5	21.0	14.5	7.3	135.435	106.316	65600	2340	22.0	47.7	1370	165	3.18
56b	560	168	14.5	21.0	14.5	7.3	146.635	115.108	68500	2450	21.6	47.2	1490	174	3.16
56c	560	170	16.5	21.0	14.5	7.3	157.835	123.900	71400	2550	21.3	46.7	1560	183	3.16
63a	630	176	13.0	22.0	15.0	7.5	154.658	121.407	93900	2980	24.5	54.2	1700	193	3.31
63b	630	178	15.0	22.0	15.0	7.5	167.258	131.298	98100	3160	24.2	53.5	1810	204	3.29
63c	630	180	17.0	22.0	15.0	7.5	179.858	141.189	102000	3300	23.8	52.9	1920	214	3.27

注：截面图和表中标注的圆弧半径 r 和 r_1 值，用于孔型设计，不作为交货条件。

习 题 答 案

第1章 习 题

（略）

第2章 习 题

2.1　合力 F_R=166 N；合力 F_R 与 x 轴的夹角 $\alpha=55°44'$

2.2　290.4 N＜ F_1＜667.5 N

2.3　F_A=22 .4 kN，F_B =10 kN

2.4　F_{BD}= F_A=5 kN

2.5　F_A =38 .9 N，F_B=25 .4 N，α =24 .1$°$

2.6　F_{AB} =F_{BC}=11.4 kN，F_E=1.13 kN

2.7　143 kN

2.8　F_2= 1.63 F_1

2.9　φ=0，F_D =100 N，F_E=173.2 N

2.10　（a）、（b） $F_A = F_B =M/l$　　（c） $F_A = F_B =M/l\cos\theta$

2.11　$F_A = F_C$ =0.353 6M/a

2.12　F_1 =F_2=750 N，方向相反

2.13　$F_A = F_B$ =200 N

2.14　（a）$F_A = F_B$ =$L/2a$　　（b） $F_A = F_B$ =L/a

2.15　F_A =250 N，方向向右；F_B =750 N，方向向左

2.16　M_1=3 N·m，逆时针；F_{AB} =5 N

2.17　$F_A = \sqrt{2}M / l$

第 3 章 习 题

3.1　（b）、（c）、（e）是静定问题；（a）、（d）、（f）、（g）、（h）、（i）是超静定问题。

3.2　$M_A = M_B = M_C = \dfrac{5\sqrt{3}}{2}Fa$

3.3　合力 $F = 4\sqrt{2}$ kN，与 $\overline{OB}$ 同向，作用线过 A 点。

3.4　合力 $F_A=(341.0i+587.13j)$ N，作用线过点（0.107, 0）。

3.5　合力 F=104 N，方向沿 AB 偏下，F 与 BA 夹角为 28.8°，作用线交 AB 于 E，且 AE=134 mm

3.6　合力 F=8.87 N，方向与 Ox 的夹角为 235°40′；作用线过点（3.4, 0）

3.7　(a) F_{Ax}=0.96 kN，F_{Ay}=0.30 kN，F_B=1.10 kN

　　 (b) F_{Ax}=−0.40 kN，F_{Ay}=1.24 kN，F_B=0.26 kN

　　 (c) F_{Ax}=−2.12 kN，F_{Ay}=0.33 kN，F_B=4.23 kN

　　 (d) F_{Ax}=0 kN，F_{Ay}=1.50 kN，M_A=1.50 kN·m

　　 (e) F_{Ax}=0 kN，F_{Ay}=15 kN，F_B=21 kN

3.8　$F_y = F + ql$；$M = Fl + \dfrac{1}{2}ql^2$

3.9　F_{Ax}=4 kN，F_{Ay}=54.6 kN，F_B=52.3 kN

3.10　F_{Ax}=20 kN，F_{Ay}=100 kN，F_B=130 kN

3.11　F_{Ax}=−$G\sin\alpha$，F_{Ay}=−$(1+G\cos\alpha)$，M_A=$Gb(1+G\cos\alpha)$

3.12　F=48.1 kN，F_{Ox}=−44.3 kN，F_{Ox}=68.5 kN

3.13　$P > 4W$=60 kN

3.14　F_{Ax}=−4.467 kN，F_{Ox}=−47.6 kN，F_B=22.4 kN(BC 赶受拉)

3.15　F_T=1.30P，F_T=1.16P，F_B=0.27P

3.16　$\alpha = 19.1°$

3.17　$\phi = 2\arccos\left[\dfrac{1}{2W_1}(W_2 + \sqrt{W_2^2 + W_1^2})\right]$，$W_1 > W_2$

　　　$\phi = 53°27′$；$\phi = 248°05′$

3.18　$F_{Ax} = F_{Bx}$=120 kN，$F_{Ay} = F_{By}$=300 kN

3.19 $F_B = W + \dfrac{a}{2l}P$; $F_B = W + \dfrac{2l-a}{2l}P$; $F_T = W + \dfrac{l\cos\alpha}{2h}(W + \dfrac{a}{l}P)$

3.20 $x=1$ m

3.21 $F=60$ Kn, $F_{Ax}=-2\,600$ kN, $F_{Ay}=-1\,410$ kN

3.22 $F=194$ kN

3.23 $F_{Bx}=3\,610$ kN, $F_{AE}=50$ kN, $F_{AD}=32\,887$ kN

3.24 (a) $F_A=-15$ kN, $F_B=40$ kN, $F_C=-5$ kN, $F_D=15$ kN

(b) $F_A=2.5$ kN, $F_B=1.5$ kN, $M_A=10$ kN

3.25 $F_A=-48.3$ kN, $F_B=100$ kN, $F_D=8.33$ kN

3.26 $F_{Bx}=825$ kN, $F_{By}=800$ kN

3.27 $F_{Ax}=0.67$ kN, $F_{Ay}=3.67$ kN, $F_{Bx}=-4.67$ kN, $F_{By}=15.3$ kN,

$F_E=5$ kN

3.28 $F_{Ax}=50$ kN, $F_{Ay}=25$ kN, $F_B=-10$ kN, $F_D=15$ kN

3.29 $F_{Ax}=-7.2$ kN, $F_{Ay}=11.2$kN, $F_{Bx}=-2.8$ kN, $F_{By}=-1.16$ kN,

$F_C=18$ kN

3.30 $F_{Ax}=1\,425$ kN, $F_{Ay}=-425$ kN, $F_{Bx}=2\,900$ kN, $F_{By}=-750$ kN,

$F_{Dx}=F_{Ex}=2\,900$ kN, $F_{Dy}=1\,750$ kN

3.31 $F_{Ax}=0$ kN, $F_{Ay}=8$ kN, $F_{Cx}=18.19$ kN, $F_{Cy}=2.5$ kN,

$F_{DE}=21$ kN, $F_{BD}=8$ kN

第 4 章 习 题

4.1 $F_{1x}=80$ N, $F_{1y}=0$, $F_{1z}=-60$ N, $F_{2x}=-28.3$ N, $F_{2y}=35.3$ N, $F_{2z}=-21.2$ N

4.2 $M_O=427.6$ N·m $\quad \alpha=52°33'$ $\quad \beta=39°54'$ $\quad \gamma=78°10'$

4.3 $F_{AB}=-1\,732$ N, $F_{BC}=F_{BD}=708$ N

4.4 $F_A=F_B=-26.39$ kN, $F_C=33.46$ kN

4.5 $F_1=F_2=-2.5$ kN, $F_3=-3.54$ kN, $F_4=F_5=2.5$ kN, $F_6=-5$ kN

4.6 F_{CD}=839.83 N，F_{BD}=8.9.86 N，F_{AD}=991.76 N

4.7 F_3=500 N $\alpha = 143°$

4.8 M=8.51 kN·m 合力偶矩矢在 yz 面内，与 z 轴夹角为25°01′

4.9 $F_B= F_2=F_D$（压），$F_L= F_4=2F_D$（拉），

$F_H = F_5 - \sqrt{2}F_D - F_C$（压），$F_1 = F_6 = 0$，

$F_3 = -F_D$（压）

4.10 M=5 000 N·m

4.11 (1) $F_R' = Fk$，$M_O=Faj-Fak$

(2) 左力螺旋，作用于 $O'(a,0,0)$ 点，$F_R = Fk$，$M_O=-Fak$

4.12 F_A= 360 N，F_B=420 N，F_C=1 020 N

4.13 F_1=0.38G，F_2=0.13G，F_3=0.49G

4.14 F_{Ax}=365.2 N，F_{Ay}=683.8 N，F_{Az}=−914 N，

M_x=1 367.6 N·m，M_y=2 193.4 N·m，M_z=1 094 N·m

4.15 F_{DE}=667 N，F_{Mx}=133 N，F_{Mz}=500 N，

F_{Kx}=−667 N，F_{Kz}=−100 N

4.16 $F_1=-F_2=-167$ N，F_3=167 N，$F_4= F_5=0$，F_6=−67 N

4.17 G=433 N，F_{Ax}=70.7 N，F_{Ay}=−37.7 N

F_{Az}=92.4 N，F_{Bx}=−33 N，F_{Bz}=513 N

4.18 F=70.9 N，F_A=83.3 N，F_B=208 N

第5章 习 题

5.1 (a)F_{AE}=−2.6 kN，F_{AC}=1.3 kN，F_{EC}=1.732 kN，F_{ED}=−2.5 kN，F_{DC}=−1.73 kN，

F_{DB}=−3.5 kN，F_{CB}=3.03 kN

(b) F_{CE}=2F，F_{DE}=−2.24F，F_{CD}=F，F_{BD}=−2F，F_{BC}=0，F_{AC}=2 .24F

5.2 F_{GH} =0，F_{DF} = 0.333F，F_{CF} =−0.333F，F_{CD}=0.471F

5.3 $F_1 = -1.5F$, $F_2 = F$, $F_3 = 2.24F$, $F_4 = -2.24F$

5.4 $F_{DE} = -125$ kN, $F_{EG} = 53$ kN, $F_{EH} = -87.5$ kN

5.5   (a)$F_1 = -0.866F$

      (b)$F_1 = -\dfrac{4}{9}F$, $F_2 = 0$

5.6 $F_{AB} = 0.43F$

5.7 $G_{min} = 5\ 270$ kN

5.8 $F = 334.5$ N

5.9 $F \geqslant 8$ kN

5.10 (1) $F_1 = \dfrac{\sin\alpha - f\cos\alpha}{\cos\alpha + f\sin\alpha} \cdot F_2$

      (2) $F_1 = \dfrac{\sin\alpha + f\cos\alpha}{\cos\alpha - f\sin\alpha} \cdot F_2$

5.11 $b \leqslant 11$ cm

5.12 $f \geqslant 0.12$

5.13 $F \geqslant 800$ N

5.14 $F_{min} = 100$ N, $F_{Ox} = 600$ N, $F_{Oy} = 900$ N

5.15 (1)否   (2)否

5.16 $f_{smin} = \dfrac{F\cos\alpha}{G + F\sin\alpha}$

5.17 $F_{min} = 57.8$ N

5.18 $W = G\dfrac{\delta}{r}$

第6章 习 题

6.1   (a) 1-1: $F_N = -15$ kN, 2-2: $F_N = 0$, 3-3: $F_N = -10$ kN

      (b) 1-1: $F_N = 40$ kN, 2-2: $F_N = -50$ kN, 3-3: $F_N = -50$ kN

6.2 $\sigma_{AB} = 55$ MPa, $\sigma_{CB} = 113$ MPa

6.3 $\Delta L_1 = -5 \times 10^{-3}$ m, $\Delta L_2 = 5 \times 10^{-3}$ m, $\Delta L = \Delta L_1 + \Delta L_2 = 0$

6.4 $\sigma_{-45°} = 5\,\text{MPa}, \tau_{45°} = 5\,\text{MPa}$

6.5 $a \geqslant 14\,\text{mm}$, $b \geqslant 28\,\text{mm}$

6.6 $P \leqslant 40\,\text{kN}$

6.7 $d \geqslant 20\,\text{mm}$, $a \geqslant 84\,\text{mm}$

6.8 $d_{\min} = 32.6\,\text{mm}$

6.9 距 B 点 1.7 m

6.10 $P = 50\,\text{kN}$

6.11 (a)$\sigma = 125\,\text{MPa}$, (b)$\sigma = 75\,\text{MPa}$

6.12 $P \leqslant 350\,\text{N}$

6.13 $d \geqslant 26\,\text{mm}$

6.14 $\tau = 99.5\,\text{MPa}, \sigma_{\text{bs}} = 125\,\text{MPa}, \sigma = 125\,\text{MPa}$ 强度足够

第7章 习 题

7.2 (1)$\tau_{\max} = 61.6\,\text{MPa}$ (2)$\tau = 49\,\text{MPa}$

7.3 (1)$\phi = 0.045\,\text{rad}$ (2)$\phi = -0.016\,\text{rad}$

7.4 $\tau = 56.6\,\text{MPa}$ 强度足够

7.5 $d \geqslant 45.6\,\text{mm}$ $D \geqslant 50\,\text{mm}$

7.6 $P \leqslant 33.7\,\text{kW}$

7.7 $d \geqslant 68\,\text{mm}$

7.8 $D \geqslant 78\,\text{mm}$ 节约材料 53%

第8章 习 题

8.1 (a) $F_{s1-1} = qa, M_{1-1} = -\dfrac{3}{2}qa^2$; $F_{s2-2} = qa, M_{2-2} = -\dfrac{1}{2}qa^2$;

$F_{s3-3} = qa, M_{3-3} = -\dfrac{1}{2}qa^2$; $F_{s4-4} = \dfrac{1}{2}qa, M_{4-4} = -\dfrac{1}{8}qa^2$

(b) $F_{s1-1} = -qa, M_{1-1} = 0$; $F_{s2-2} = -qa, M_{2-2} = -qa^2$;

$F_{s3-3} = -qa, M_{3-3} = 0$; $F_{s4-4} = qa, M_{4-4} = 0$

(c) $F_{s1-1} = qa, M_{1-1} = -qa^2$; $\qquad F_{s2-2} = qa, M_{2-2} = 0$

$F_{s3-3} = 0, M_{3-3} = 0$; $\qquad F_{s4-4} = 0, M_{4-4} = 0$

(d) $F_{s1-1} = -2qa, M_{1-1} = 0$; $\qquad F_{s2-2} = -2qa, M_{2-2} = -2qa^2$

$F_{s3-3} = 2qa, M_{3-3} = -2qa^2$; $\qquad F_{s4-4} = 0, M_{4-4} = 0$

8.2　(a) $\left| F_s \right|_{max} = 0, \left| M \right|_{max} = M_e$ $\qquad$ (b) $\left| F_s \right|_{max} = qa, \left| M \right|_{max} = \dfrac{3qa^2}{2}$

(c) $\left| F_s \right|_{max} = \dfrac{F}{2}, \left| M \right|_{max} = \dfrac{Fa}{2}$ $\qquad$ (d) $\left| F_s \right|_{max} = \dfrac{5}{3}qa, \left| M \right|_{max} = \dfrac{25qa^2}{18}$

(e) $\left| F_s \right|_{max} = qa, \left| M \right|_{max} = qa^2$ $\qquad$ (f) $\left| F_s \right|_{max} = qa, \left| M \right|_{max} = \dfrac{qa^2}{2}$

8.3　(a) $\left| F_s \right|_{max} = P, \left| M \right|_{max} = aP$ $\qquad$ (b) $\left| F_s \right|_{max} = \dfrac{3}{2}qa, \left| M \right|_{max} = qa^2$

(c) $\left| F_s \right|_{max} = 0, \left| M \right|_{max} = M$ $\qquad$ (d) $\left| F_s \right|_{max} = 2qa, \left| M \right|_{max} = qa^2$

第9章 习 题

9.1　实心轴 $\sigma_{max} = 159\,\text{MPa}$ ，空心轴 $\sigma_{max} = 93.6\,\text{MPa}$ ，空心截面比实心截面的最大正应力减少了 41%。

9.2　$\sigma_{max} = 63\,\text{MPa}$

9.3　$b \geqslant 277\,\text{mm}$ ， $h \geqslant 416\,\text{mm}$

9.4　$F = 56.8\,\text{kN}$

9.5　$b = 510\,\text{mm}$

9.6　$F = 44.3\,\text{kN}$

9.8　$F = 3.75\,\text{kN}$

第10章 习 题

10.2　(a) $w = -\dfrac{q_0 l^4}{30EI}, \theta = -\dfrac{q_0 l^3}{24EI}$ $\qquad$ (b) $w = -\dfrac{7Fa^3}{2EI}, \theta = -\dfrac{5Fa^2}{2EI}$

(c) $w = -\dfrac{41ql^4}{384EI}, \theta = -\dfrac{7ql^3}{48EI}$ $\qquad$ (d) $w = -\dfrac{71ql^4}{384EI}, \theta = -\dfrac{13ql^3}{48EI}$

10.3　(a)　$\theta_A = -\dfrac{M_e l}{6EI}$,　$\theta_B = -\dfrac{M_e l}{3EI}$,　$w_{\frac{1}{2}} = -\dfrac{M_e l^2}{16EI}$,　$w_{\max} = -\dfrac{M_e l^2}{9\sqrt{3}EI}$

　　　(b)　$\theta_A = -\theta_B = -\dfrac{11qa^3}{6EI}$,　$w_{\frac{1}{2}} = w_{\max} = -\dfrac{19qa^4}{8EI}$

　　　(c)　$\theta_A = -\dfrac{7q_0 l^3}{360EI}$,　$\theta_B = -\dfrac{q_0 l^3}{45EI}$,　$w_{\frac{1}{2}} = -\dfrac{5q_0 l^4}{768EI}$,　$w_{\max} = -\dfrac{5.01q_0 l^4}{768EI}$

　　　(d)　$\theta_A = -\dfrac{3q l^3}{128EI}$,　$\theta_B = -\dfrac{7q l^3}{384EI}$　$w = -\dfrac{5q l^4}{768EI}$,　$w_{\max} = -\dfrac{5.04q l^4}{768EI}$

10.4　(a)　$w_A = -\dfrac{F l^3}{6EI}$,　$\theta_B = -\dfrac{9F l^2}{8EI}$

　　　(b)　$w_A = -\dfrac{Fa}{6EI}(3b^2 + 6ab + 2a^2)$,　$\theta_B = \dfrac{Fa(2b+a)}{2EI}$

　　　(c)　$w_A = -\dfrac{5q l^4}{768EI}$,　$\theta_B = \dfrac{q l^3}{384EI}$

　　　(d)　$w_A = \dfrac{q l^4}{16EI}$,　$\theta_B = \dfrac{q l^3}{12EI}$

10.5　(a)　$w = \dfrac{Fa}{48EI}(3l^2 - 16al - 16a^2)$,　$\theta = \dfrac{F}{48EI}(24a^2 + 16al - 3l^2)$

　　　(b)　$w = \dfrac{qal^2}{24EI}(5l + 6a)$,　$\theta = -\dfrac{q l^2}{24EI}(5l + 12a)$

　　　(c)　$w = -\dfrac{5qa^4}{24EI}$,　$\theta = -\dfrac{qa^3}{4EI}$

　　　(d)　$w = -\dfrac{qa}{24EI}(3a^3 + 4a^2 l - l^3)$,　$\theta = -\dfrac{q}{24EI}(4a^3 + 4a^2 l - l^3)$

10.6　$w = -\dfrac{F}{3E}\left(\dfrac{l_1^3}{I_1} + \dfrac{l_2^3}{I_2}\right) - \dfrac{F l_1 l_2}{E I_2}(l_1 + l_2)$,　$\theta = -\dfrac{F l_1^2}{2E I_1} - \dfrac{F l_2}{E I_2}\left(\dfrac{l_2}{2} + l_1\right)$

10.7　$w = 12.1\,\mathrm{mm} < [w]$,　安全。

10.8　梁内最大正应力 $\sigma_{\max} = 156\,\mathrm{MPa}$，拉杆的正应力 $\sigma_{\max} = 185\,\mathrm{MPa}$

10.9　(1)　$F_{N1} = \dfrac{F}{5}$,　$F_{N2} = \dfrac{2}{5}F$　　(2)　$F_{N1} = \dfrac{(3lI + 2a^3 A)}{15lI + 2a^3 A}F$,　$F_{N2} = \dfrac{6lI}{15lI + 2a^3 A}F$

10.10　$w_D = 5.06\,\mathrm{mm}$（向下）

第 11 章 习 题

11.2　(a)$\sigma_\alpha = 35\,\mathrm{MPa}$,　$\tau_\alpha = -8.66\,\mathrm{MPa}$　　　　(b)　$\sigma_\alpha = -38.8\,\mathrm{MPa}$,　$\tau_\alpha = 0\,\mathrm{MPa}$

(c) $\sigma_\alpha = 47.32 \text{ MPa}, \tau_\alpha = -7.32 \text{ MPa}$ (d) $\sigma_\alpha = 10 \text{ MPa}, \tau_\alpha = 15 \text{ MPa}$

11.3   (a) $\sigma_1 = 37.02 \text{ MPa}, \sigma_2 = 0, \sigma_3 = -27.02 \text{ MPa}, \tan 2\alpha_0 = 0, \alpha_0 = 19.33°$

(b) $\sigma_1 = 57.36 \text{ MPa}, \sigma_2 = 7.64, \sigma_3 = 0, \tan 2\alpha_0 = -2, \alpha_0 = -31.7°$

(c) $\sigma_1 = 11.23 \text{ MPa}, \sigma_2 = 0, \sigma_3 = -71.23 \text{ MPa}, \tan 2\alpha_0 = -4, \alpha_0 = -37.98°$

11.4 $\sigma_y = -198.5 \text{ MPa}, \tau_\alpha = 74.63 \text{ MPa}$

$\sigma_1 = 100 \text{ MPa}, \sigma_2 = 0, \sigma_3 = -198.5 \text{ MPa}, \tau_{\max} = 149.25 \text{ MPa}, \alpha_0 = 0°$

11.5   点 1： $\sigma_1 = \sigma_2 = 0, \sigma_3 = -144 \text{ MPa}$

点 2： $\sigma_1 = 36 \text{ MPa}, \sigma_2 = 0, \sigma_3 = -36 \text{ MPa}$

点 3： $\sigma_1 = 81 \text{ MPa}, \sigma_2 = 0, \sigma_3 = -9 \text{ MPa}$

点 4： $\sigma_1 = 144 \text{ MPa}, \sigma_2 = \sigma_3 = 0$

11.6 $\sigma_1 = 0, \sigma_2 = -60 \text{ MPa}, \sigma_3 = -200 \text{ MPa}$

11.7 $\sigma_x = 87.5 \text{ MPa}, \sigma_t = 175 \text{ MPa} = \sigma_{\max}, \tau_{\max} = 87.5 \text{ MPa}$

11.8 $\sigma_{r1} = 25 \text{ MPa} < [\sigma], \sigma_{r2} = 29.83 \text{ MPa} < [\sigma]$

第 12 章   习   题

12.1 $\sigma_{\max y} = 138.4 \text{ MPa}$， C 截面上边缘； $\sigma_{\max} = 135.1 \text{ MPa}$， C^+ 截面上边缘

12.2 $\sigma_{\max} = 10.5 \text{ MPa}$

12.3 $P = 14.7 \text{ kN}, \delta = 3.57 \text{ mm}$

12.4 $\sigma_{\max y} = 5.2 \text{ MPa}, h = 277 \text{ mm}$

12.5 $\sigma_{\max y} = 149 \text{ MPa}$

12.6 $\sigma_A = 4.24 \text{ MPa}, \sigma_B = -5.52 \text{ MPa}$

12.7 $F = 6.38 \text{ kN}$

12.8 $d = 60 \text{ mm}$

12.9 $\sigma_{r3} = 39.09 \text{ MPa} < [\sigma]$

第13章 习 题

13.1 矩形 $F_{cr} = 375\,kN$ ，方形 $F_{cr} = 643\,kN$ ，圆形 $F_{cr} = 637\,kN$ ，圆环形 $F_{cr} = 768\,kN$

13.2 $l = 860\,mm$

13.3 $\sigma_{cr} = 176\,MPa, F_{cr} = 773\,kN$

13.4 $F_{cr} = 259\,kN$

13.5 $a = 43.1\,mm,\ F_{cr} = 443\,kN$

13.6 $n = 3.32 > 3$ ，安全

13.7 $n = 3.27$

13.8 $n = 6.5 > 5$ ，安全

参 考 文 献

[1] 范钦珊. 工程力学教程（I、II）[M]. 北京：高等教育出版社，2000.

[2] 哈尔滨工业大学理论力学教研组. 理论力学（I、II）[M]. 6 版. 北京：高等教育出版社，2006.

[3] 孙训方，方孝泰，关来泰. 材料力学（I、II）[M] . 4 版. 北京：高等教育出版社，2002.

[4] PYTE A，KIUSALASS J. Engineering Mechanics : Statics (Second Edition)，工程力学静力学[M]. 2 版. 北京：清华大学出版社，2005.

[5] Ferdinand P Beer，E Russell，Johnston，Jr，John T Dewolf. Material of mechanics (Third Edition)，材料力学[M]. 3 版. 北京：清华大学出版社，2008.

[6] PYTE A，KIUSALASS J. Engineering Mechanics : Dynamics (Second Edition). 工程力学动力学[M]. 2 版. 北京：清华大学出版社，2004.

[7] 李廉锟. 结构力学[M]. 4 版. 北京：高等教育出版社，2004.

[8] 金玉澄，陈超核. 工程结构实验与数值分析[M]. 海口：南海出版社，1999.

[9] 王杏根，高大兴，徐育澄. 工程力学实验[M]. 武汉：华中科技大学出版社，2002.

[10] 刘鸿文，吕荣坤. 材料力学实验[M]. 2 版. 北京：高等教育出版社，2000.

[11] 贾有权. 材料力学实验[M]. 2 版. 北京：高等教育出版社，2006.